1+X职业技能等级证书（物联网工程实施与运维）配套教材

物联网工程实施与运维
（初级）

组　编　北京新大陆时代教育科技有限公司
主　编　陈继欣　邓　立　林世舒
副主编　林志坚　徐云晴　孙振楠　傅　峰
　　　　李延峰　徐　成　李忠生
参　编　张力唯　崔永亮　江朝晖　张　扬
　　　　赵宇明　郑智飞　刘晓东　黄非娜　翁　平

机械工业出版社

本书是1+X职业技能等级证书——物联网工程实施与运维（初级）的配套教材。

本书采用职业教育体系中较为通用的项目式模式开发，结合物联网系统的工程项目特点和运作方式进行编写。通过项目任务的方式，使读者在完成不同的任务时，达到理论与实践相结合的目的，更好地诠释了“实践验证理论，理论促进实践”的职教理念，充分领会职业教育所提倡的“在做中学，在学中做”的教学思想。本书以此思想为引领，共设有3个项目12个任务，包括智慧社区设备的安装与调试、部署智能办公系统和智能车库设备的运行与维护。针对物联网不同的应用场景并结合学生实际学习生活中较为常见的场景，任务内容生动有趣，激发学生的兴趣，达到寓教于乐的目的。

本书可作为职业院校物联网应用技术等相关专业的教材，也可作为物联网技术爱好者、信息系统工程人员的参考用书。

本书配有电子课件等教学资源，教师可登录机械工业出版社教育服务网（www.cmpedu.com）注册后免费下载或联系编辑（010-88379194）咨询。

图书在版编目（CIP）数据

物联网工程实施与运维：初级 / 陈继欣，邓立，林世舒主编.
—北京：机械工业出版社，2021.2（2025.1重印）
1+X职业技能等级证书（物联网工程实施与运维）配套教材
ISBN 978-7-111-67576-1

Ⅰ. ①物… Ⅱ. ①陈… ②邓… ③林… Ⅲ. ①物联网—职业技能—鉴定—教材 Ⅳ. ①TP393.4 ②TP18

中国版本图书馆CIP数据核字（2021）第031602号

机械工业出版社（北京市百万庄大街22号 邮政编码100037）
策划编辑：梁 伟 责任编辑：梁 伟 张星瑶 刘益汛
责任校对：郑 婕 封面设计：鞠 杨
责任印制：常天培
北京机工印刷厂有限公司印刷
2025年1月第1版第5次印刷
184mm×260mm · 16.25印张 · 394千字
标准书号：ISBN 978-7-111-67576-1
定价：53.00元

电话服务
客服电话：010-88361066
010-88379833
010-68326294

网络服务
机 工 官 网：www.cmpbook.com
机 工 官 博：weibo.com/cmp1952
金 书 网：www.golden-book.com
机工教育服务网：www.cmpedu.com

关于“十四五”职业教育
国家规划教材的出版说明

为贯彻落实《中共中央关于认真学习宣传贯彻党的二十大精神的决定》《习近平新时代中国特色社会主义思想进课程教材指南》《职业院校教材管理办法》等文件精神，机械工业出版社与教材编写团队一道，认真执行思政内容进教材、进课堂、进头脑要求，尊重教育规律，遵循学科特点，对教材内容进行了更新，着力落实以下要求：

1. 提升教材铸魂育人功能，培育、践行社会主义核心价值观，教育引导学生树立共产主义远大理想和中国特色社会主义共同理想，坚定“四个自信”，厚植爱国主义情怀，把爱国情、强国志、报国行自觉融入建设社会主义现代化强国、实现中华民族伟大复兴的奋斗之中。同时，弘扬中华优秀传统文化，深入开展宪法法治教育。

2. 注重科学思维方法训练和科学伦理教育，培养学生探索未知、追求真理、勇攀科学高峰的责任感和使命感；强化学生工程伦理教育，培养学生精益求精的大国工匠精神，激发学生科技报国的家国情怀和使命担当。加快构建中国特色哲学社会科学学科体系、学术体系、话语体系。帮助学生了解相关专业和行业领域的国家战略、法律法规和相关政策，引导学生深入社会实践、关注现实问题，培育学生经世济民、诚信服务、德法兼修的职业素养。

3. 教育引导学生深刻理解并自觉实践各行业的职业精神、职业规范，增强职业责任感，培养遵纪守法、爱岗敬业、无私奉献、诚实守信、公道办事、开拓创新的职业品格和行为习惯。

在此基础上，及时更新教材知识内容，体现产业发展的新技术、新工艺、新规范、新标准。加强教材数字化建设，丰富配套资源，形成可听、可视、可练、可互动的融媒体教材。

教材建设需要各方的共同努力，也欢迎相关教材使用院校的师生及时反馈意见和建议，我们将认真组织力量进行研究，在后续重印及再版时吸纳改进，不断推动高质量教材出版。

机械工业出版社

前言

本书是1+X职业技能等级证书——物联网工程实施与运维（初级）的配套教材。

本书根据物联网工程实施与运维职业技能等级标准（初级）部分的内容要求编写，包括智慧社区设备的安装与调试、部署智能办公系统和智能车库设备的运行与维护3个项目，每个项目包括若干个由单一到综合的系统工程集成任务。

本书通过对典型项目的任务过程分解，帮助读者掌握物联网工程实施与运维初级应具备的职业技能，全面提升综合职业能力。

本书由北京新大陆时代教育科技有限公司组编，陈继欣、邓立、林世舒任主编，林志坚、徐云晴、孙振楠、傅峰、李延峰、徐成、李忠生任副主编，参与编写的还有张力唯、崔永亮、江朝晖、张扬、赵宇明、郑智飞、刘晓东、黄非娜和翁平。

由于编者水平有限，书中难免存在不足之处，恳请读者批评指正。

编　者

二维码索引

名称	图形	页码	名称	图形	页码
知识扩展 CAN总线通信		—	安装与配置JDK		120
知识扩展 数字量传感器介绍		—	MySQL安装		140
知识扩展 NB-IoT是如何实现低功耗		—	MySQL密码重置		143
云平台注册及登录		50	数据库表格添加（语句）		147
Windows Server 2019安装		97	数据库备份与还原		153
IIS安装		108	IIS网站创建		154
虚拟机共享设置		113			

CONTENTS

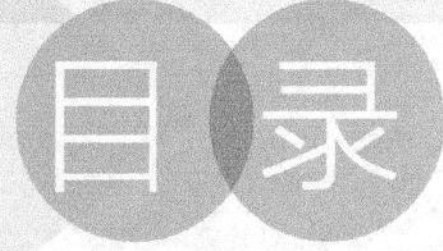

目录

前言

二维码索引

项目 1
智慧社区设备的安装与调试 1

任务1　智慧社区设备的开箱验收 2
任务2　安装智能花圃环境系统设备 13
任务3　安装智慧气象环境系统设备 34
任务4　安装智能路灯系统设备 50
任务5　安装智能活动中心系统设备 77

项目2
部署智能办公系统 95

任务1　部署系统环境 96
任务2　部署智能通道系统 132
任务3　部署智能照明系统 157
任务4　部署智能工作区系统 175

项目3
智能车库设备的运行与维护 191

任务1　车库环境系统设备的运行监控 192
任务2　智能停车门禁系统的故障维护 211
任务3　车位管理系统的故障维护 237

参考文献 252

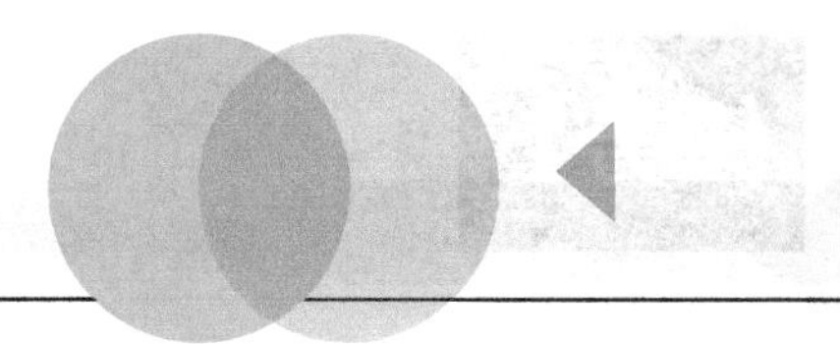

Project 1

项目 1

智慧社区设备的安装与调试

引导案例

智慧社区是指通过各种智能技术和方式，整合社区现有的各类服务资源，为社区群众提供政务、商务、娱乐、教育、医护及生活互助等多种便捷服务的模式。从应用方向来看，“智慧社区”应实现“以智慧政务提高办事效率，以智慧民生改善人民生活，以智慧家庭打造智能生活，以智慧小区提升社区品质”的目标。

各种感知设备的部署是智慧社区的基础，感知信号的传输方式可分为有线传输与无线传输两种。无线传输采用的技术有ZigBee技术、蜂窝移动通信技术、NB-IoT、Wi-Fi等。有线传输方式有CAN总线、RS-485串行总线、RS-232串行总线等。各种技术都有各自的适用场景，在不同的场景需要选择不同的方式与技术传输信号以满足不同的需求。

本项目列举了4个场景，分别采用ZigBee、NB-IoT、LoRa及有线传输方式对感知信号进行传输。通过4个场景的学习可以了解不同的传输方式下的设备配置方法及安装要求。

智慧社区生态图如图1-0-1所示，在监控中心即可实时查看智慧社区的综合情况。读者可以观察一下，你所在的小区有哪些智能化的设施，它们是采用哪种通信方式来传输信号的？

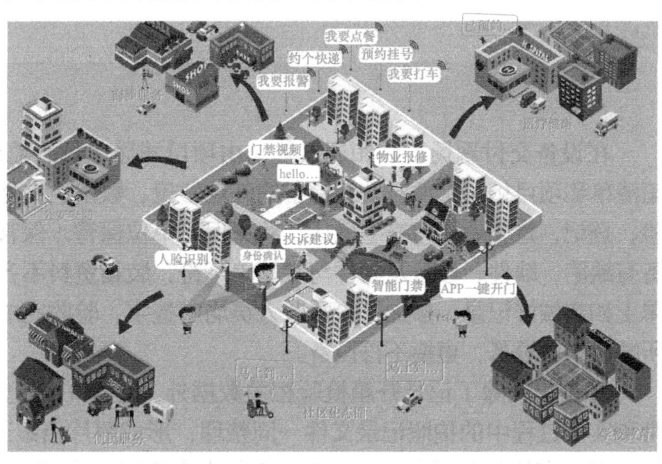

图1-0-1　智慧社区生态图

任务1 智慧社区设备的开箱验收

职业能力

- 能根据项目产品规格、参数要求，准确核对进场设备，完成设备一致性判断。
- 能根据产品说明书、厂商发货清单中的产品外观、随箱附件描述，观察产品外观、清点随箱附件，完成设备完好性判断。
- 能查阅产品说明书，根据信号灯、声音警示、屏幕提示等信息，正确判断设备情况。

任务描述与要求

任务描述

小陆所在的公司承接A社区的智慧社区建设项目，目前设备准备进场，小陆作为承建单位代表将与建设单位、监理单位及供货商共同进行开箱验收工作，并做好相关记录。

任务要求

- 核对设备参数及数量。
- 观察产品外观、清点随箱附件，完成设备完好性判断。
- 使用相关检测手段，检测设备情况。
- 正确填写开箱验收单。

知识储备

1．开箱验收内容

在设备交付现场安装和调试前，由项目建设单位、监理单位和承建单位共同按照设备装箱清单和项目相关文件对安装设备的外观质量、数量、文件资料及其与实物的对应情况进行检验、登记，查验后双方签字确认、移交保管单位保管（保管单位通常为承建单位）。若发现设备有缺陷、缺件、设备及附件与装箱单不符，装箱资料不齐全等情况，应在设备开箱检验记录单上如实做好记录，参加开箱验收人员均应签字，验收完成后，要求承建单位按时间要求提供所缺资料或设备，更换不符设备。

开箱验收除了记录开箱检验相关数据外，还要拍照记录。货物开箱拍照记录的文件，通常和实施过程中的拍照记录文件一同整理，形成照片档案进行存档，一般提供电子档1份，按规定尺寸印刷的纸质版1份。部分工程中客户无要求可不进行照片档案编制，但仍需拍照记录，作为工程实施汇报素材使用。

（1）进场设备质量要求

进场设备质量应符合下列要求：

1）设备型号、规格、数量、性能、安装要求应与合同文件、设计图样和技术协议要求相符。

2）设备安装环境及使用条件应符合本项目的具体要求。

3）设备技术性能和工作参数以及控制要求应满足设计要求。

（2）设备开箱验收程序及注意事项

1）开箱检验是对货物的外观质量、数量、文件资料与实物对应的检验，开箱前对包装质量先进行验收。

2）开箱后清点设备及附件是否与装箱单相符合，装箱单是否与合同相符合。

3）设备外形及接口应与工艺设计相符合。

4）装箱资料应齐全，一般包括：设备清单和说明书；设备总图；基础外形图和荷载图；性能曲线；使用维护说明；出厂检验和性能试验记录。

2．开箱验收表格样例

工程设备进场开箱验收单见表1-1-1。

表1-1-1　工程设备进场开箱验收单

合同名称：智慧A社区一期项目　　　　编号：ZHASQ-2020-KXYS-01

智慧A社区一期项目设备于××××年××月××日到达F市A社区施工现场，设备数量及开箱验收情况如下。

序号	名称	规格型号	数量	检查							开箱日期
				外包装情况(是否良好)	开箱后设备外观质量(有无磨损、撞击)	备品备件检查情况	设备合格证	产品检验证	产品说明书	备注	
1	路由器	……	1台	外包装良好，开箱后设备外观无磨损、撞击，合格证、检验证书、说明书等随箱附件齐全							××××年××月××日
2	物联网网关	……	1台	外包装良好，开箱后设备外观无磨损、撞击，合格证、说明书等随箱附件齐全							××××年××月××日
3	LoRa网关	……	1个	外包装良好，开箱后设备外观无磨损、撞击，合格证、说明书等随箱附件齐全							××××年××月××日
4	LoRa模块	……	1张	外包装良好，开箱后设备外观无磨损、撞击							××××年××月××日
5	RS-232转RS-485模块	……	2个	外包装良好，开箱后设备外观无磨损、撞击，合格证、说明书等随箱附件齐全							××××年××月××日

备注：经发包人、监理机构、承包人、供货单位四方现场开箱，进行设备的数量及外观检查，符合设备移交条件，自开箱验收之日起移交承包人保管

承包人：S科技有限公司 代表：××× 日期：××××年××月××日	供货单位：S科技有限公司 代表：××× 日期：××××年××月××日	监理机构：×××工程监理咨询公司 代表：××× 日期：××××年××月××日	发包人：N发展有限公司 代表：××× 日期：××××年××月××日

说明：本表一式4份，由监理机构填写。发包人、监理机构、承包人、供货单位各1份。

3. 常用调试设备与工具

（1）数字万用表

数字万用表就是在电气测量中要用到的电子仪器。它可以通过红黑表笔（见图1-1-1）对电压、电阻和电流进行测量。数字万用表作为现代化的多用途电子测量仪器，主要用于物理、电气、电子等测量领域。常常通过测量传感器设备的阻值、输出电流或输出电压来判断设备的好坏。

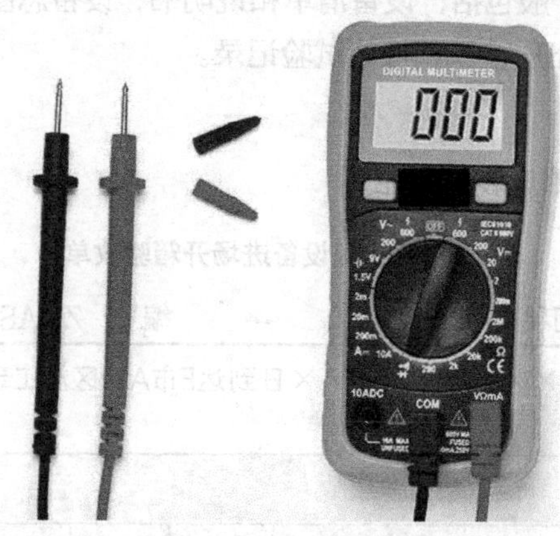

图1-1-1　数字万用表

1）测量电阻。

将表笔插入“COM”和“VΩ”孔中，把旋钮旋到“Ω”中所需的量程，把表笔接在电阻两端金属部位，测量中可以用手接触电阻，但不要把手同时接触电阻两端，这样会影响测量准确度（人体是电阻很大但有限的导体），如图1-1-2所示。读数时，要保持表笔和电阻有良好的接触。在“200”档时单位是“Ω”，在“2k”～“200k”档时单位为“kΩ”，“2M”以上的单位是“MΩ”。

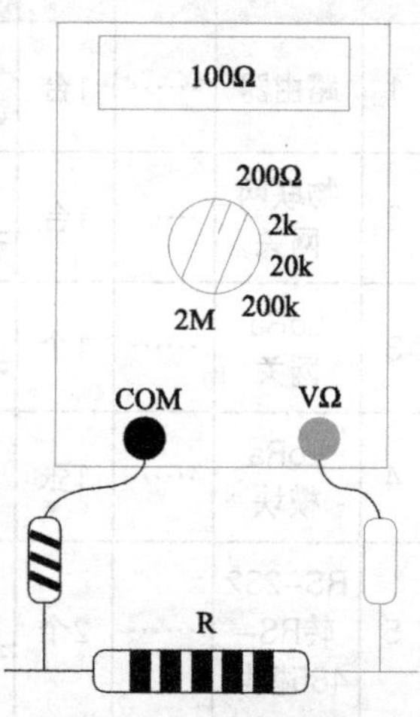

图1-1-2　测量电阻

测量电阻时必须在关闭电路电源的情况下进行，否则会损坏表或电路板。在进行低电阻的精确测量时，必须从测量值中减去测量导线的电阻。

2）测量电压。

测量电压时要把万用表表笔并接在被测电路上，根据被测电路的大约数值选择一个合适的量程位置。在实际测量中，遇到不能确定被测电压的大约数值时，可以把开关拨到最大量程档，再逐档减小量程到合适的位置，量程太大也会影响准确性。测量直流电压时应注意正、负极性，若表笔接反了，表针会反打。如果不知道电路的正负极性，可以把万用表量程放在最大档位，在被测电路上很快试一下，看笔针怎么偏转就可以判断出正、负极性。

测量直流电压时，首先将黑表笔插入“COM”孔，红表笔插入“VΩ”，如图1-1-3所示。把旋钮旋到比估计值大的量程（注意：表盘上的数值均为最大量程，“V−”表示直流电压档，“V～”表示交流电压档，“A”是电流档），接着把表笔接电源或电池两端，保持接触稳定。数值可以直接从显示屏上读取，如果显示为“1.”，则表明量程太小，则要加大量程后再测量。如果在数值左边出现“-”，则表明表笔极性与实际电源极性相反，此时红表笔接的是负极。

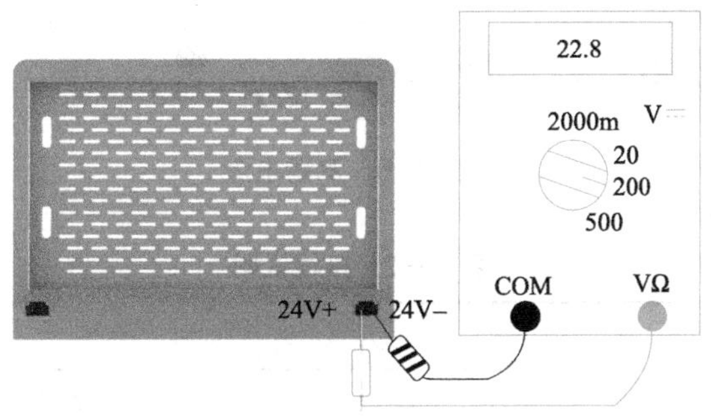

图1-1-3　测量直流电压

测量交流电压时，表笔插孔与直流电压的测量一样，不过应该将旋钮旋到交流档“V～”处所需的量程，如图1-1-4所示。交流电压无正负之分，测量方法跟前面相同。无论测交流还是直流电压，都要注意人身安全，不要随便用手触摸表笔的金属部分。

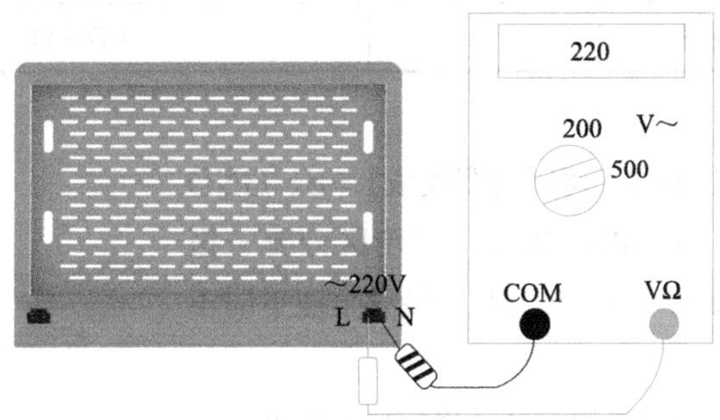

图1-1-4　测量交流电压

3）测量电流

万用表有多个电流档位，对应多个取样电阻，测量时将万用表串联接在被测电路中，选择对应的档位，流过的电流在取样电阻上会产生电压，将此电压值送入A—D模数转换芯片，由模拟量转换成数字量，再通过电子计数器计数，最后将数值显示在屏幕上。万用表的内部有串联采样电阻，万用表串入待测电路，就会有电流流过采样电阻，电流流过会在电阻两端形成电压差，通过ADC检测到电压并转换成数值，再通过欧姆定律把电压值换算成电流值，通过液晶屏显示出来。

将黑表笔接入COM口，被测电流分为交流电流和直流电流，在测量设备时，需要选择合适的档位，档位的值需要大于被测电流。例如，光照度传感器输出信号为4～20mA电流，将档位调至20mA（见图1-1-5），则可以通过串联测出光照度传感器的输出电流，具体接线方式可参照表1-1-2。

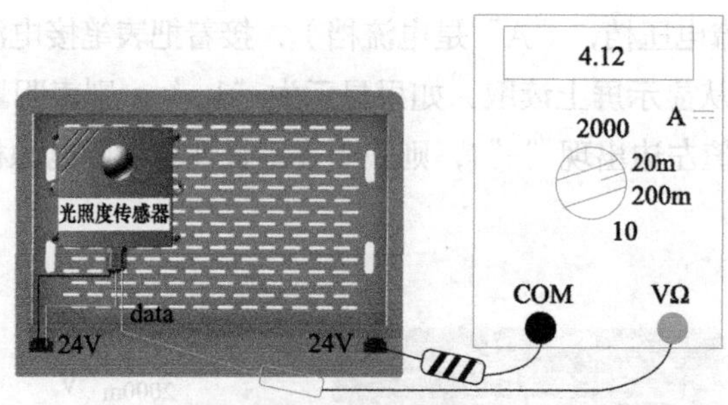

图1-1-5　测量电流

表1-1-2　接线说明

光照度传感器	实训工位
红色线	24V红色引脚
黑色线	24V黑色引脚
万用表	实训工位
COM（黑色笔针）	24V黑色引脚
光照度传感器	万用表
黄色线	VΩ（红色笔针）

（2）网线检测器

网线检测器（见图1-1-6）可以对双绞线1～8、GND线（接地线）对逐根（对）进行测试，并可区分哪一根（对）错线、短路和开路。RJ-45头铜片没完全压下时不能测试。测试方法如下。

图1-1-6　网线检测器

步骤1：将网线检测器的电源打开，确定检测器通电。

步骤2：网线检测器在测量时，先将电源开关关闭，需要将一条网线的两端，一端接到该检测器主机的网线接口上，另一端接到检测器副机的网线接口上。然后将主机上的电源打开，观察测试灯的显示状况。

细心观察主机和副机两排显示灯上的数字，是否同时对称显示，若对称显示，则代表该网线良好；若不对称显示或个别灯不亮，则代表网线断开或制作网线头时线芯排列错误。

（3）串口调试工具

串口调试工具中常使用串口调试助手（见图1-1-7）。串口调试助手主要用于和下位机通信（如单片机、485传感器），使用的通信协议就是串口通信协议。打开串口前需要根据串口发过来的信息选择波特率，波特率应根据实际需要选择，要保证收发一致，否则可能收不到数据或者数据为乱码。

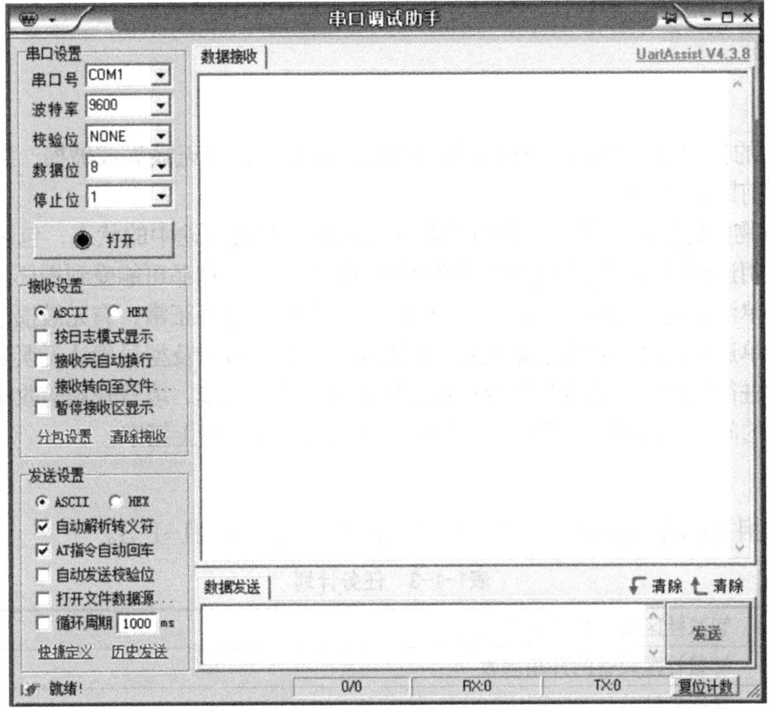

图1-1-7 串口调试助手

4. 智慧社区项目模拟供货清单

供货清单如图1-1-8所示。

智慧社区项目供货清单							
序号	名称	规格及参数	单位	数量	单价/元	总价/元	备注
1	F8914E	12V适配器	个	2	×××	×××	
2	串口服务器	12V	台	1	×××	×××	
3	D_LINK	9V适配器	台	1	×××	×××	
4	边缘网关	12V适配器	台	1	×××	×××	
5	OMRON CP2E	24V CP2E-N14	台	1	×××	×××	
6	E90-DTU	12V适配器 433L30	个	2	×××	×××	
7	TiBOX-NB200	12V适配器	个	1	×××	×××	
8	ADAM-4017+	24V	个	1	×××	×××	
9	485二氧化碳传感器	24V	个	1	×××	×××	
10	485温湿度传感器	24V	个	1	×××	×××	
11	485光照传感器	24V	个	1	×××	×××	
12	风速传感器	24V	个	1	×××	×××	
13	风向传感器	24V	个	1	×××	×××	
14	大气压力传感器	24V	个	1	×××	×××	
15	灯座		个	1	×××	×××	
16	灯泡	12V	个	1	×××	×××	
17	风扇	24V	个	1	×××	×××	
18	RS-232转RS-485的无源转换器		个	1	×××	×××	
19	USB转串口线		条	1	×××	×××	

图1-1-8 供货清单

任务计划与决策

1. 任务分析

开箱验收的目的是检查项目进场设备是否按合同发货，有无缺失或破损，为后续的安装调试工作做好前期准备工作。

先检查货物的外包装。包装外观可从侧面反映货品在运输途中的状态，包装破损或者出现严重凹陷说明运输过程中货物极有可能受到严重撞击，内部物品可能受到损坏。外观检查完毕，按装箱清单清点设备及附件的数量，同时查看设备外观是否正常，有无破损情况。将采购清单与装箱清单进行比对，查看设备型号、数量是否吻合。数量及型号确认无误后，在安装前分类别对设备进行检测，检测设备是否存在电气故障。检查完毕，填写开箱验收单，应详细记录验收中发现的问题和破损件，参加验收的单位人员要在验收单上签字。

2. 制订计划

根据所学相关知识，请制订完成本次任务的实施计划，见表1-1-3。

表1-1-3　任务计划

项目名称	智慧社区设备的安装与调试
任务名称	智慧社区设备的开箱验收
计划方式	自行设计
计划要求	用6个以内的计划步骤来完整描述出如何完成本次任务
序　　号	任务计划
1	
2	
3	
4	
5	
6	

3. 设备与资源准备

任务实施前必须先准备好以下设备与资源，见表1-1-4。

表1-1-4　设备与资源

序号	设备/资源名称	数量	是否准备到位（√）
1	系统集成初级套件	1	
2	开箱验收单	1	
3	万用表	1	
4	设备检测报告单	1	

任务实施

要完成本次任务，可以将实施步骤分成以下5步。

- 查看外包装。

- 清点设备数量。
- 核对参数。
- 检测设备。
- 填写验收单。

具体实施步骤如下。

一、查看外包装

查看外包装是否完好、是否有凹陷、是否有水浸的痕迹等。如果有不正常的状况则拍照留下记录，并在开箱验收单上如实记录。

二、清点设备数量

检查设备数量与型号否与装箱单相符，检查设备外观是否完好，查看合格证、保修卡是否齐全，如图1-1-9所示。

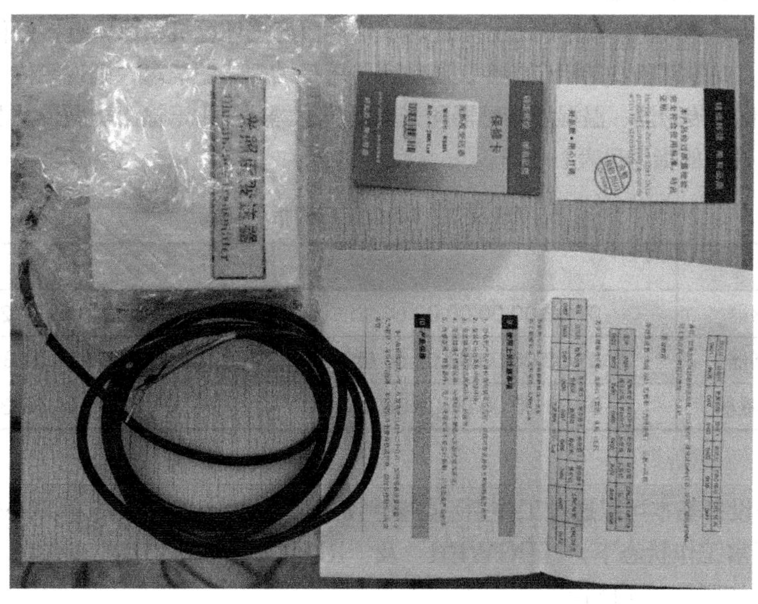

图1-1-9　设备完好，附件齐全

三、核对参数

核对供货清单与装箱单上的设备数量与参数是否吻合，如有不符，则在验收单上做好记录，并要求供货商予以更换。

四、检测设备

1. 检测传感器

（1）检测电流输出型传感器

可采用万用表测量输出电流值是否在4～20mA之间来初步判别传感器好坏，若电流值不在此区间范围则可判定此传感器存在质量问题。电流测量的接线方法见本任务知识储备中万用表使用的相关内容。风速传感器、风向传感器及大气压力传感器均可通过测量输出电流来判别质量好坏。测量大气压力传感器的输出电流如图1-1-10所示。

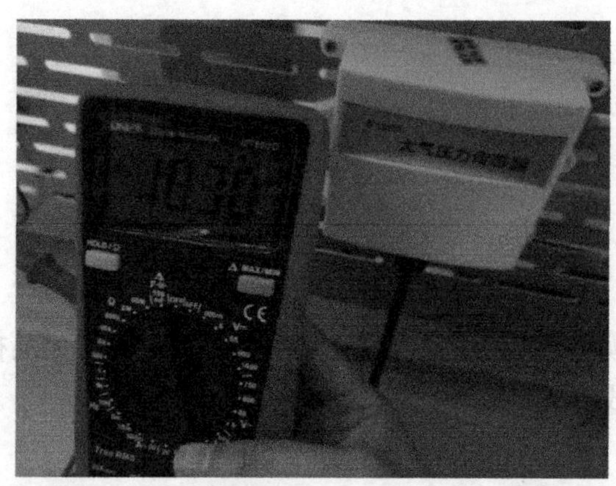

图1-1-10　测量大气压力传感器的输出电流

（2）检测485型传感器

将485型传感器的485输出端通过485转232接口连接计算机串口，连接好传感器电源后打开串口助手，向传感器发送相应指令，若收到传感反馈回来的信息，则说明传感器是好的。本项目中二氧化碳传感器、温湿度传感器和光照度传感器属于485输出类型传感器，它们的默认地址为01，对应的指令见表1-1-5。

表1-1-5　485型传感器指令

设备名称	串口发送命令	应答样例
温湿度传感器	01 03 00 00 00 02 c4 0b	01 03 04 01 DB 01 21 4A 7C
光照度传感器	01 03 00 00 00 02 c4 0b	01 03 04 00 00 01 81 3B C3
二氧化碳传感器	01 03 00 00 00 01 84 0A	01 03 02 04 AE 3B 38

2．检测路由器等设备

路由器等设备基本可以通过工作指示灯来判别其工作状态是否正常。以OMR CP2E为例，通电后正常工作状态下，“POWER”及“RUN”灯常亮，若出现故障，则“ERR/ALM”灯亮，如图1-1-11所示。

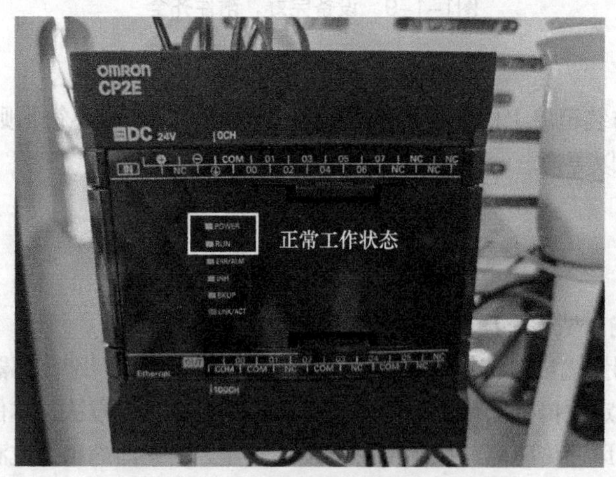

图1-1-11　设备指示灯显示设备状态

五、填写验收单

将验收结果填入验收单，见表1-1-6。

表1-1-6　工程设备进场开箱验收单

合同名称：智慧A社区一期项目　　　　编号：ZHASQ-2020-KXYS-01

智慧A社区一期项目设备于　　年　　月　　日到达F市A社区施工现场，设备数量及开箱验收情况如下。

序号	名称	规格型号	数量	检查							开箱日期
				外包装情况(是否良好)	开箱后设备外观质量(有无磨损、撞击)	备品备件检查情况	设备合格证	产品检验证	产品说明书	备注	
1	F8914E		个								
2	串口服务器		台								
3	D_LINK		台								
4	边缘网关		台								
5	OMRON CP2E		台								
6	E90-DTU		个								
7	TiBOX-NB200		个								
8	ADAM-4017+		个								
9	485二氧化碳传感器		个								
10	485温湿度传感器		个								
11	485光照度传感器		个								
12	风速传感器		个								
13	风向传感器		个								
14	大气压力传感器		个								
15	灯座		个								
16	灯泡		个								
17	风扇		个								
18	RS-485转RS-232无源转换器		个								
19	USB转串口线		条								

备注：经发包人、监理机构、承包人、供货单位四方现场开箱，进行设备的数量及外观检查，符合设备移交条件，自开箱验收之日起移交承包人保管

承包人：S科技有限公司	供货单位：S科技有限公司	监理机构：×××工程监理咨询公司	发包人：N发展有限公司
代表：××× 日期：　年　月　日	代表：××× 日期：　年　月　日	代表：××× 日期：　年　月　日	代表：××× 日期：　年　月　日

任务检查与评价

完成任务实施后，进行任务检查与评价，具体检查评价单见表1-1-7。

表1-1-7　任务检查评价单

<table>
<tr><td colspan="2">项目名称</td><td colspan="4">智慧社区设备的安装与调试</td></tr>
<tr><td colspan="2">任务名称</td><td colspan="4">智慧社区设备的开箱验收</td></tr>
<tr><td colspan="2">评价方式</td><td colspan="4">可采用自评、互评、老师评价等方式</td></tr>
<tr><td colspan="2">说　明</td><td colspan="4">主要评价学生在项目学习过程中的操作技能、理论知识、学习态度、课堂表现、学习能力等</td></tr>
<tr><td>序号</td><td>评价内容</td><td colspan="2">评价标准</td><td>分值</td><td>得分</td></tr>
<tr><td rowspan="2">1</td><td rowspan="2">理论知识（20%）</td><td colspan="2">掌握开箱验收的流程及主要验收内容</td><td>10分</td><td rowspan="2"></td></tr>
<tr><td colspan="2">正确阅读设备说明书，获取关键信息</td><td>10分</td></tr>
<tr><td rowspan="3">2</td><td rowspan="8">专业技能（40%）</td><td rowspan="3">核对设备（15%）</td><td>正确查验设备外包装情况（5分）</td><td rowspan="3">15分</td><td rowspan="3"></td></tr>
<tr><td>正确核对设备及附件数量（5分）</td></tr>
<tr><td>正确核对设备参数是否符合合同要求（5分）</td></tr>
<tr><td rowspan="3">3</td><td rowspan="3">设备检测（20%）</td><td>正确检测3个485传感器（6分）</td><td rowspan="3">20分</td><td rowspan="3"></td></tr>
<tr><td>正确检测3个电流输出型传感器（6分）</td></tr>
<tr><td>通过指示灯正确判断各设备质量（8分）</td></tr>
<tr><td rowspan="2">4</td><td rowspan="2">填写检收单（5%）</td><td>正确记录开箱验收情况（5分）</td><td rowspan="2">5分</td><td rowspan="2"></td></tr>
<tr><td>无法正确填写开箱验收单（0分）</td></tr>
<tr><td rowspan="2">5</td><td rowspan="2">核心素养（20%）</td><td colspan="2">具有自主学习能力（10分）</td><td rowspan="2">20分</td><td rowspan="2"></td></tr>
<tr><td colspan="2">具有分析解决问题的能力（10分）</td></tr>
<tr><td>6</td><td>课堂纪律（20%）</td><td colspan="2">设备无损坏、设备摆放整齐、工位区域内保持整洁、不干扰课堂秩序（20分）</td><td>20分</td><td></td></tr>
<tr><td colspan="4">总得分</td><td></td><td></td></tr>
</table>

任务小结

通过完成智慧社区设备的开箱验收任务，读者可了解开箱验收的基本过程，了解常用的调试设备与工具的使用，并掌握不同类型传感器的基本检测方法，能根据信号灯等信息正确判断设备的好坏情况。

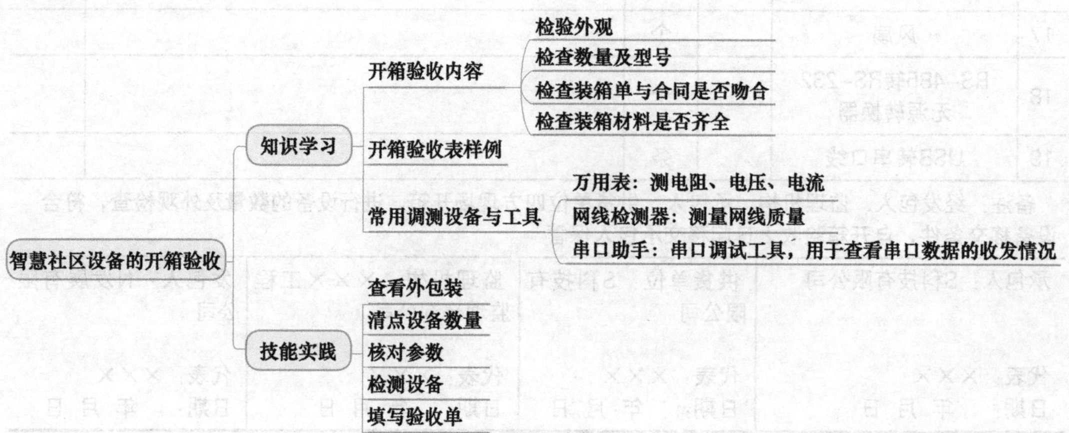

任务拓展

各厂商项目的开箱验收并无统一的模版，请上网查询开箱验收单，通过对比借鉴，结合实际情况，设计一份智慧社区的设备开箱验收单，并结合设计的开箱验收单，阐述对物联网设备开箱验收流程及侧重点的理解。

任务2 安装智能花圃环境系统设备

职业能力

- 能根据使用说明书使用相关配置工具，正确配置ZigBee节点。
- 能根据使用说明书正确配置串口服务器、路由器等网络通信设备。
- 能根据智能花圃环境系统安装图样，正确安装传感器和ZigBee节点等设备。
- 能根据网络拓扑图和设备说明书，正确安装路由器、串口服务器等网络通信设备。
- 能根据接线图正确完成设备接线与供电。

任务描述与要求

任务描述

小陆所在的公司承接A客户的智能家居系统集成项目，客户的私家花圃中种植一些名贵的观赏植物，这些植物对环境温湿度要求较高。客户要求在原有智能家居系统中增加智能花圃系统，通过该系统能够实时监测花圃中的环境数据，最终实现对花圃中环境的智能调控。小陆根据客户功耗要低、传感器位置调整方便等需求，结合现场空间不大的实际情况，建议传感网络部分采用ZigBee方式进行部署。

任务要求

- 正确配置ZigBee传感节点。
- 正确配置串口服务器、路由器等网络通信设备。
- 正确安装ZigBee传感节点。
- 正确安装路由器与串口服务器等网络通信设备。
- 正确完成设备接线与供电。
- 可以通过应用程序接收温湿度传感信号。

知识储备

1. 设备安装与调试流程

（1）设备安装选点

安装位置通常在设计文档、施工图样中有标注，但从项目设计阶段到施工阶段，现场环境可能存在变动，同时设计文档根据不同行业的不同项目特性，标注的精确度也不同，所以通常还需要在资料标注设备安装位置的基础上，结合项目施工时的实际情况进行选点安装。例如，某智慧水利项目中设计在某条河道建设1个自动流量监测站，设计文档中提供自动流量监测站安装的经纬度和站点在地图中的点位图，但由于坐标系转换和经纬度测量工具测量精度的不同，存在坐标偏移情况，项目实施过程中仍需要到现场，按文档提供的经纬度，结合采购设备的特性和实际情况，明确设备安装的准确位置和安装方法，再进行安装。

设备安装选点通常需要考虑的因素如下。

1）国家、行业标准与规范规定的设备布设距离、密度等要求。

2）设计文档中设备测量范围、测量精度对设备安装的要求。

3）设备厂商提供的设备选点及安装的相关要求。

4）现场环境（供电、通信、防雷、维护等）的要求。

（2）设备配置

设备配置通常是为实现设备的组网和数据采集而发送参数来对设备进行配置，常见设备参数配置内容包括设备地址、工作模式、通信方式、通信地址及端口号、通信协议、数据采集或发送周期，设备现场工作环境参数等。在设备配置过程中，有时还要利用固件烧写工具对设备固件进行更新和维护。

设备的配置可以在设备安装前或安装后进行，但物联网系统集成项目实施过程中通常在设备安装前进行已知参数的配置，避免安装后发现设备故障、高空配置设备等影响施工效率或安全的事项。设备配置应尽量使用厂商提供的配置工具，配置参考资料可从厂商项目对接人、厂商官网等途径获取。

配置设备时连接设备的方式很多，常见设备连接配置方式如下。

1）直接根据设备上的按钮进行配置。

2）通过计算机串口或USB转串口线连接设备进行配置。

3）计算机或手机通过Wi-Fi、网线连接设备进行配置。

（3）设备安装

设备的安装就是设备的各部分按图样和工程质量规范标准进行安放和装配，使其能按预定的要求进行工作。

1）设备安装的方式。常见设备安装方式有立杆式安装、壁挂式安装、吊顶式安装、导轨式安装等方式，其中壁挂式安装、吊顶式安装和导轨式安装通常选择厂家设备配备的结构件进行，立杆式安装通常根据现场情况以及设备安装规范的要求选择不同的立杆标准进行。

2）设备安装的注意事项。在安装前，需要掌握设备的原理、构造、技术性能、装配关系以及安装质量标准，要详细检查各零部件的状况，不得有缺损，要制订好安装施工计划，做好充分准备，以便安装工作顺利进行。

安装前要认真阅读设备说明书，一定要遵守说明书中要求的安全注意事项，接线要按图样要求使用合适截面积的线缆。

要在断电的情况下进行安装，正确连接电源正负极和信号线，所有部件安装到位，检查并确认连线正确后才允许上电，防止因为设备接线错误而导致设备的损坏。

固定设备的螺钉、垫片应该按照规格要求进行选择，要将设备固定紧实，不得遗漏，防止因为设备固定不牢而导致设备脱落，造成不必要的人员受伤或设备损坏。

（4）综合布线

安装设备时的连接线应该横平竖直，变换布线走向时应垂直布放，线的连接布放应牢固可靠，整洁美观。连接设备的电源线和信号线之间需要设置间隔距离，避免互相干扰而导致信号传递错误。连接线路如果存在二次回路，连接线中间不应该有接头，连接接头只能在设备的接线端子上，接线端子上的连接线应该紧压在端子里面，线芯不要暴露在外面，且接线端子不能压到绝缘层，否则会引起接触不良，导致设备无法供电或信号传递错误等情况出现。

（5）设备上电

设备在正式集成调试前，需要先对其连接线路再次进行检测。一般需要进行以下几个方面的检测：①短路检查；②断路检查；③对地绝缘检查。最好是使用万用表的通断挡位进行逐根线路的检查，虽然花费时间较长，但是检查是最完整的。确认线路无短路、断路情况且对地绝缘良好后，还需要对设备的供电电压进行检查，是否符合设备的供电要求，是否将电源正负极反接，避免对人员造成不必要的伤害，对设备造成不可逆的损坏。

感知网设备上电后，各个模块通常会初始化和自检，成功后会有提示，如蜂鸣器鸣叫一声或指示灯就位亮起等，这个可以根据不同设备模块的说明来具体甄别。上电后可以用万用表测量关键设备的电压值，查看供电是否正常。若上电后出现异常的情况，如蜂鸣器不停鸣叫、指示灯不亮或者LCD上显示Err等情况，需要对照感知设备的相关文档进行逐个排查，查看固件烧写是否完好、初始电压是否正常、提供的供电电压和电流是否符合模块要求、是否存在模块连接松动问题等，需要细致地排查，或者采取模块化的逐一排除法进行排查处理，排除故障问题后重新上电检测。

（6）设备调试

上电后，经补充配置安装前未配置的设备参数后，对设备进行单机调试，单机调试完成，运行正常后，再进行子系统集成调试，再到整个项目系统的集成调试。不同的设备使用的调试工具均存在差异，可通过万用表、调试工具（原厂调试工具、第三方通用调试工具）等对设备进行调试。集成调试的目的是确保项目设备正确安装，工作正常、可靠，系统完全实现了项目需求和设计的功能。

2. 项目实施过程文档简介

项目实施过程中必须仔细阅读以下文档。

1）网络拓扑图：通过拓扑图了解电路结构，了解信号传输路径及方式。

2）设备安装布局图：设备安装施工的依据。

3）设备连线图：设备间相互连线的依据。

4）物联网系统工程实施与运维用户部署文档。

3. 设备安装常用工具简介

设备安装的常用工具有螺钉旋具、斜口钳、剥线钳和尖嘴钳，如图1-2-1所示。

（1）螺钉旋具

常用的螺钉旋具有一字螺钉旋具与十字螺钉旋具，要根据螺钉顶部的开关及尺寸来选择合适的螺钉旋具。顺时针方向旋转拧紧，逆时针方向旋转拧松。

（2）斜口钳

斜口钳主要用于剪切导线，也可用来剖切软电线的橡皮或塑料绝缘层。

（3）剥线钳

剥线钳广泛用于工地、车间、家庭等环境，主要用于剥削小导线头部表面的绝缘层，部分剥线钳还有断线口可剪切铜线、铝线、软性铁线。

（4）尖嘴钳

钳柄上套有的绝缘套管，是一种常用的钳形工具。主要用来剪切线径较细的单股与多股线，以及给单股导线接头弯圈、剥塑料绝缘层等，能在较狭小的工作空间操作，不带刃口者只能夹捏工作，带刃口者能剪切细小零件。

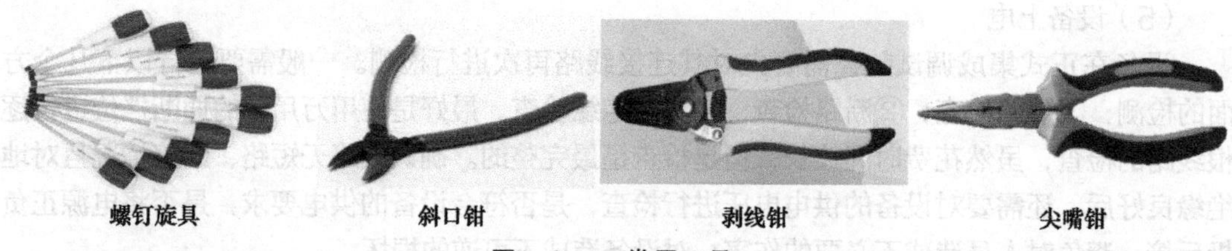

图1-2-1 常用工具

4．智能花圃设备简介

（1）串口服务器

串口服务器提供串口转网络功能，能够将RS-232/485/422串口转换成TCP/IP网络接口，实现双向透明传输或者支持ModBus协议双向传输。使得串口设备能够立即具备TCP/IP网络接口功能，连接网络进行数据通信，扩展串口设备的通信距离。串口服务器简况及安装方法见表1-2-1。

表1-2-1 串口服务器简况及安装方法

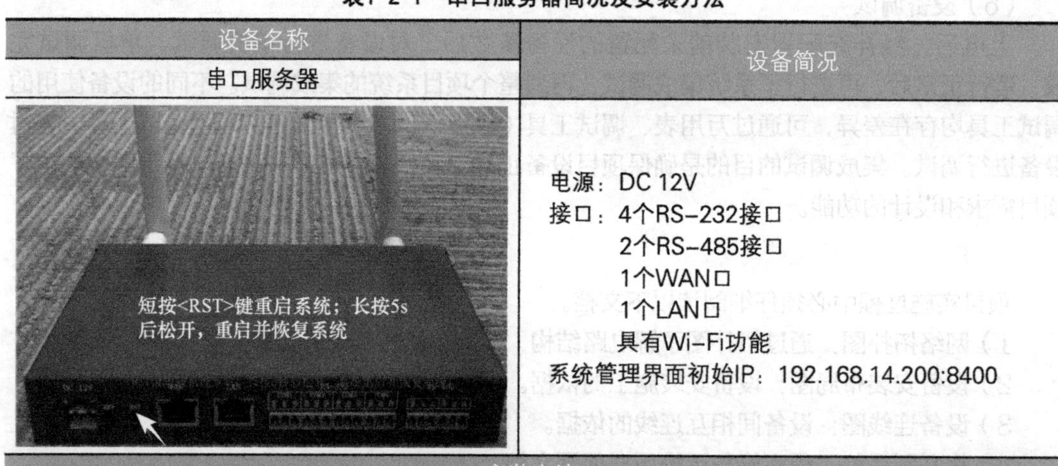

设备名称	设备简况
串口服务器	
	电源：DC 12V 接口：4个RS-232接口 2个RS-485接口 1个WAN口 1个LAN口 具有Wi-Fi功能 系统管理界面初始IP：192.168.14.200:8400
安装方法	
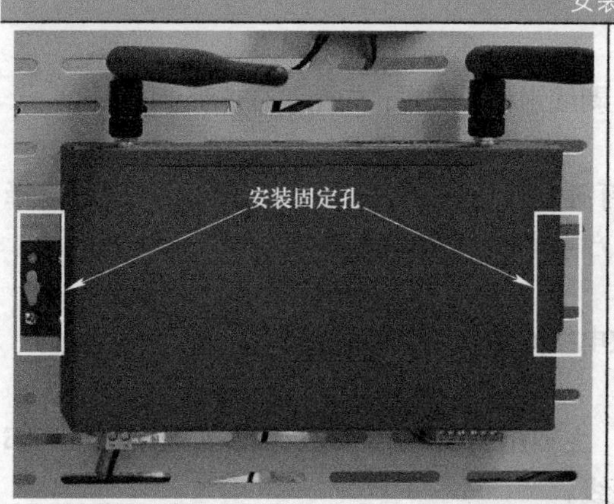	两侧配有固定的孔位，通过固定孔位用M4螺钉将设备固定于墙上或安装面板上

（2）路由器

路由器（Router）是连接内部网络与公网的重要设备。主要用于连接多个逻辑上分开的网络。所谓逻辑网络就是一个单独的网络或者一个子网。IP地址采用层次结构，按照逻辑网络结构进行划分，与地理位置无关。例如，只要两台主机具有相同的网络号，不论它们在什么地方，都属于同一逻辑网络；如果两台主机网络号不同，即使比邻放置，也属于不同的逻辑网络。而数据由一个子网传输到另一个子网，可以通过路由器的路由功能进行处理。在网络通信中，路由器具有判断网络地址以及选择IP路径的作用，可以在多个网络环境中构建灵活的链接系统，通过不同的数据分组以及介质访问方式对各个子网进行链接。路由器在操作中仅接受源站或者其他相关路由器传递的信息，是一种基于网络层的互联设备。路由器简况及安装方法见表1-2-2。

表1-2-2　路由器简况及安装方法

设备名称	设备简况
路由器	
	电源：DC 9V（适配器） 接口：1个WAN口 4个LAN口 具有Wi-Fi功能 系统管理界面初始IP：192.168.1.1
安装方法	
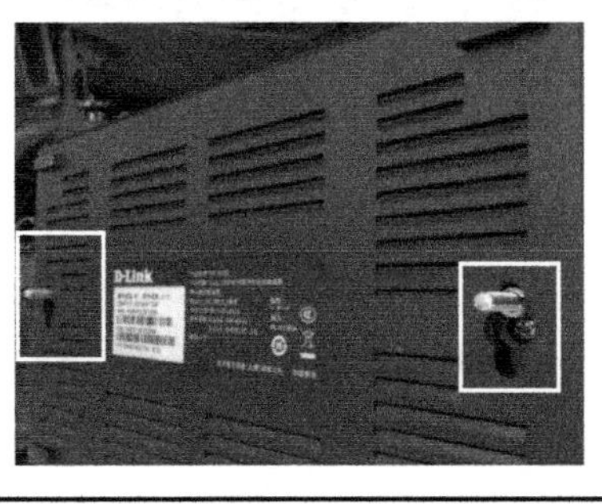	1. 可将设备平放于桌面或任意平面上 2. 设备背后有两个卡口，可在墙体上对应的位置固定两个M4螺钉，通过卡口将设备挂在螺钉上

（3）F8914-E ZigBee数据传输终端

F8914-E ZigBee数据传输终端是一种物联网无线数据终端，利用ZigBee网络为用户提供无线数据传输功能。采用高性能的工业级ZigBee方案，以嵌入式实时操作系统为软件支撑平台，同时提供RS-232和RS-485（或RS-422）接口，可直接连接串口设备，实现数据透明传输功能；低功耗设计，最低功耗2.2mA；提供5路I/O，可实现数字量输入输出、模拟量输入、脉冲计数等功能。F8914-E ZigBee数据传输终端简况及安装方法见表1-2-3。

表1-2-3　F8914-E ZigBee数据传输终端简况及安装方法

设备名称	设备简况
F8914-E ZigBee数据传输终端	
	电源：DC 5～35V 建议采用DC 12V/0.5A（适配器） 接口：1个RS-232接口 1个RS-485接口 5个I/O口 配置需要使用专用程序
安装方法	
	两侧配有固定的孔位，通过固定孔位用M4螺钉将设备固定于墙上或安装面板上

安装天线的注意事项如下。

1）尽量远离大面积的金属平面及地面。

2）天线尽量保证可对视状态。

3）尽量减少天线之间的障碍物。

4）尽量缩短天线与模块之间的馈线长度。

天线的最佳安装方式如图1-2-2所示。

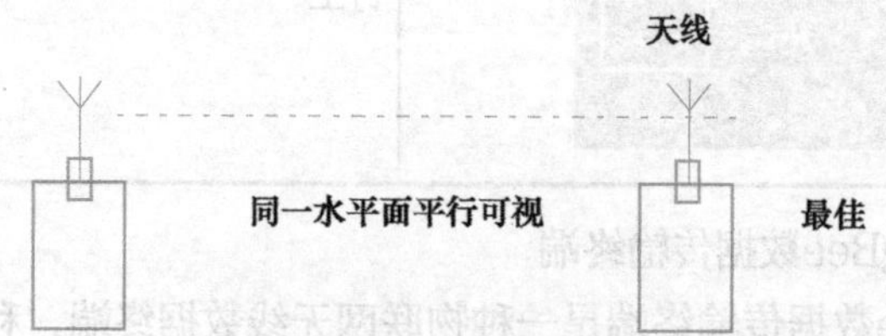

图1-2-2　天线的最佳安装方式

（4）485型温湿度传感器

传感器的输出方式可分为模拟量与数字量。485型温湿度传感器是一款数字量输出类型的传感器，输出RS-485信号。485型温湿度传感器简况及安装方法见表1-2-4。

表1-2-4　485型温湿度传感器简况及安装方法

设备名称	设备简况
485型温湿度传感器	
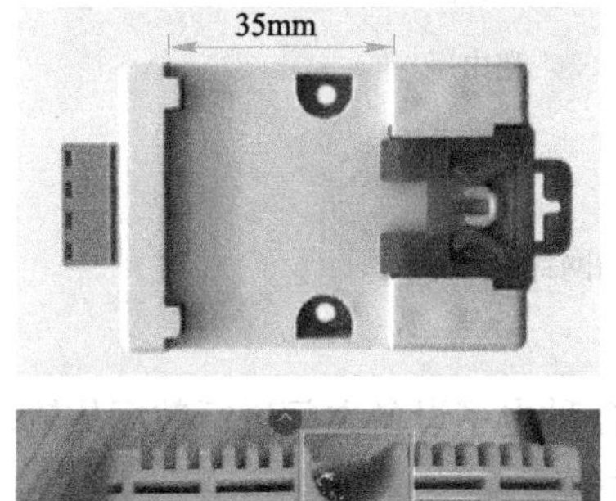	电源：DC 24V 接口：1个RS-485接口
安装方法	
	方法1：采用标准导轨安装的形式，将背面卡扣卡在导轨上即可
	方法2：配备两个安装孔位，可用较长的M4螺钉直接固定于墙上或面板上

扩展阅读：ZigBee知识简介

（1）设备类型及作用

ZigBee设备共有3种设备类型：协调器、路由和终端设备。

每个ZigBee网络只允许有一个ZigBee的协调器，协调器扫描现存网络的环境，选择信道和网络标识符，然后启动网络。当协调器启动和配置网络完成后，协调器就运行类似路由的功能。协调器组完网后，即使移除协调器，网络仍然可以由路由继续维持运行。

路由设备可以允许其他设备加入网络，能够实现其他节点的消息转发功能。ZigBee的树形网络可以有多个ZigBee路由器设备，星形网络不支持ZigBee的路由器设备。

ZigBee终端节点是具体执行数据采集传输的设备，不能转发其他节点的消息。

（2）网络拓扑

ZigBee网络层支持星形、树形和网状（mesh）网络拓扑。在星形拓扑中，网络由协调器单个设备控制，协调器起到了启动和维护网络中设备的作用，所有设备直接和协调器通信。在mesh和树形拓扑中，ZigBee协调器的职责是启动网络，网络延展性可以通过路由来扩充。在树形网络中，路由在网络中通过分层策略中继数据和控制信息。在mesh网络中允许所有路由功能的设备直接互联，由路由器中的路由表实现消息的网状路由，使得设备间可以对等通信。路由功能还能够自愈ZigBee网络，当某个无线连接断开时，路由功能又能自动寻找一条新的路径避开断开的网络连接。由于ZigBee执行基于AODV专用网络的路由协议，该协议有助于网络处理设备移动、连接失败和数据包丢失等问题。网状拓扑减少了消息的延时，同时增强了可靠性。ZigBee的网络结构如图1-2-3所示。

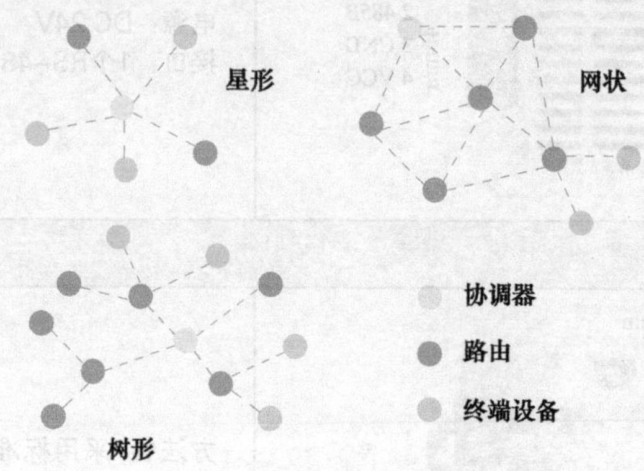

图1-2-3　ZigBee的网络结构

（3）ZigBee应用场景特点

主要用于距离短、功耗低且传输速率不高的各种电子设备之间进行数据传输以及典型的有周期性数据、间歇性数据和低反应时间数据的传输。

任务计划与决策

1．设备安装总体思路

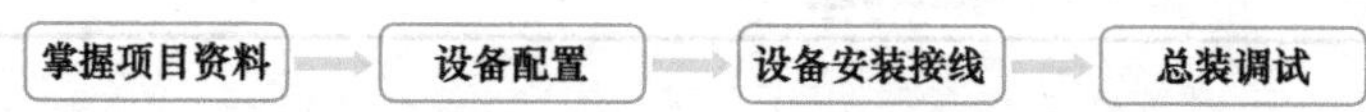

2．任务分析

智能花圃环境系统是智能家居系统的组成部分，它主要结合ZigBee技术与RS-485总线传输传感信号。通过本任务的网络拓扑图可知，传感器获取的信号通过ZigBee路由节点传送给ZigBee协调器，然后通过RS-485总线传输给串口服务器，再由网线经路由器传送给计算机，计算机接收到信号后通过应用程序呈现，如图1-2-4所示。

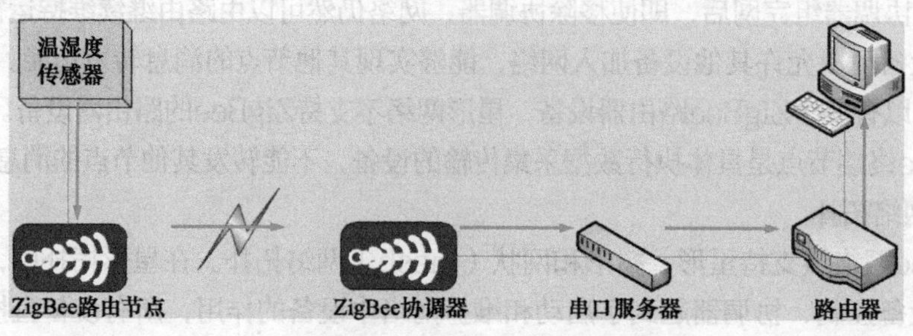

图1-2-4　智能花圃拓扑图

通过ZigBee设备、串口服务器与路由器的配置和测试，逐段保证通信线路畅通，然后进行设备安装与连线，可以最大程度防止通信故障，也能减轻查找故障的负担。因此，ZigBee节点的配置与调试、串口服务器与路由器配置是本任务能否顺利完成的关键。

设备的安装与接线需要根据设备连线图（见图1-2-5）进行操作。

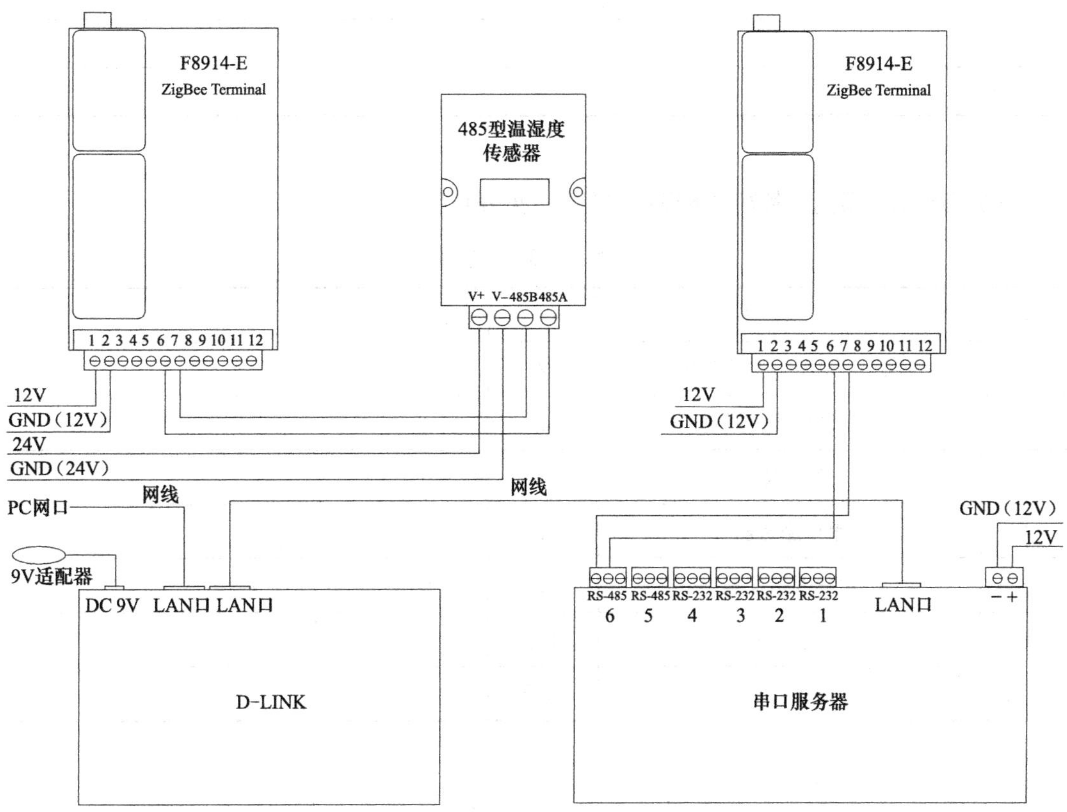

图1-2-5　智能花圃设备连线图

3. 制订计划

根据所学相关知识，制订完成本次任务的实施计划，见表1-2-5。

表1-2-5　任务计划

项目名称	智慧社区设备的安装与调试
任务名称	安装智能花圃环境系统设备
计划方式	自行设计
计划要求	用8个以内的计划步骤来完整描述出如何完成本次任务
序　　号	任务计划
1	
2	
3	
4	

（续）

序　号	任务计划
5	
6	
7	
8	

4. 设备与资源准备

任务实施前必须先准备好以下设备与资源，见表1-2-6。

表1-2-6　设备与资源

序号	设备/资源名称	数量	是否准备到位（√）
1	F8914-E ZigBee数据传输终端	2	
2	485 温湿度传感器	1	
3	D-LINK	1	
4	串口服务器	1	
5	用户部署文档	1	
6	安装工具	1套	
7	安装耗材	若干	

任务实施

要完成本次任务，可以将实施步骤分成以下5步。

- 配置ZigBee节点。
- 配置网络通信设备。
- 安装设备。
- 设备连线。
- 查看结果。

具体实施步骤如下。

一、配置ZigBee节点

本任务用到两个ZigBee节点，要将其中一个配置成协调器，另一个配置成路由节点。

1. 配置协调器

1）连线。

ZigBee节点配置接线如图1-2-6所示。

① 为F8914-E电源接口，接12V适配器，黑白线接1口、黑线接2口。

② 为F8914-E RS-232接口，串口连接线的黑线接3口、蓝线接4口、棕线接5口。

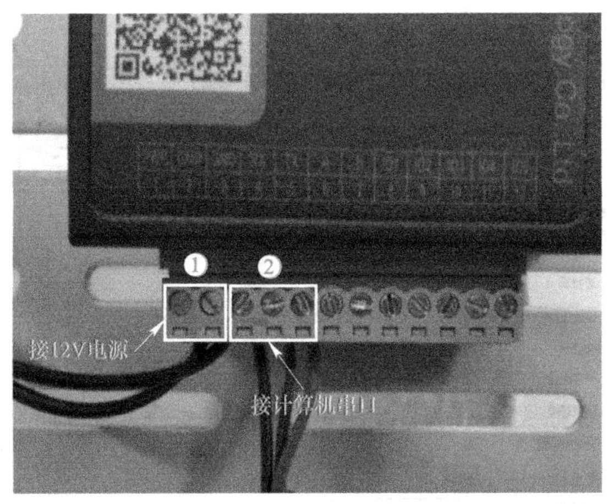

图1-2-6　ZigBee节点配置接线图

2）打开ZigBee配置软件ZigbeeConfig. exe，如图1-2-7所示。

名称	修改日期
Chinese.dll	2020/5/13 10:33
LibAPI.dll	2020/5/13 10:33
ParamCfg.ini	2020/5/14 11:28
Zigbee Config Tool Descriptions_201...	2020/5/13 10:33
ZigbeeConfig.exe	2020/5/13 10:33
Zigbee配置软件使用说明_20151125.pdf	2020/5/13 10:33

图1-2-7　打开ZigBee配置软件

3）选择实际连接串口，配置模式选择“默认”，然后单击“打开”按钮，如图1-2-8所示。

4）单击“加载参数”按钮可以查看当前设备的配置信息，如图1-2-9所示。

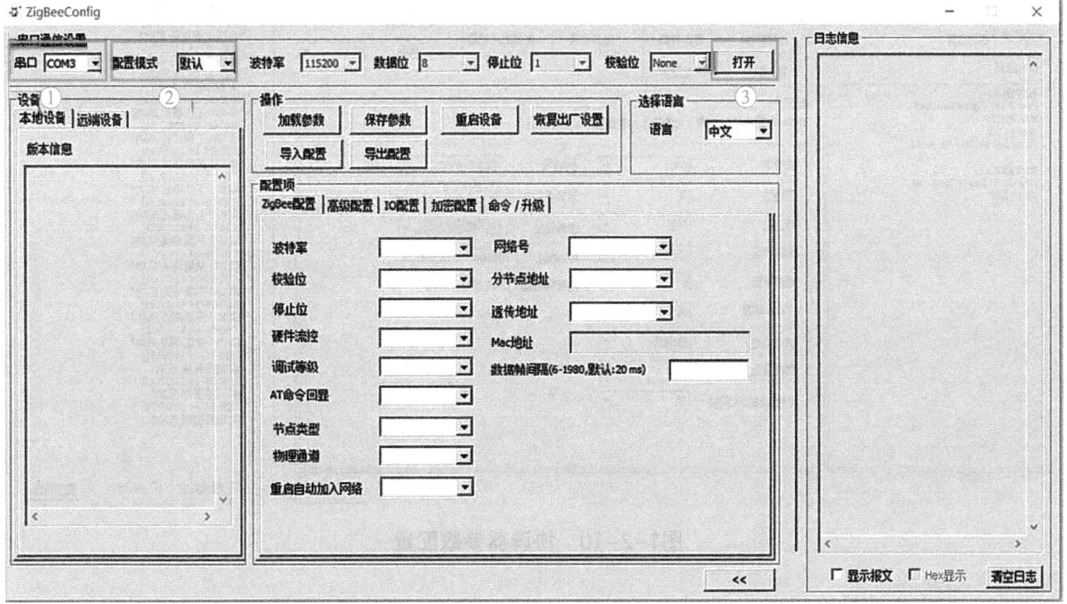

图1-2-8　打开串口

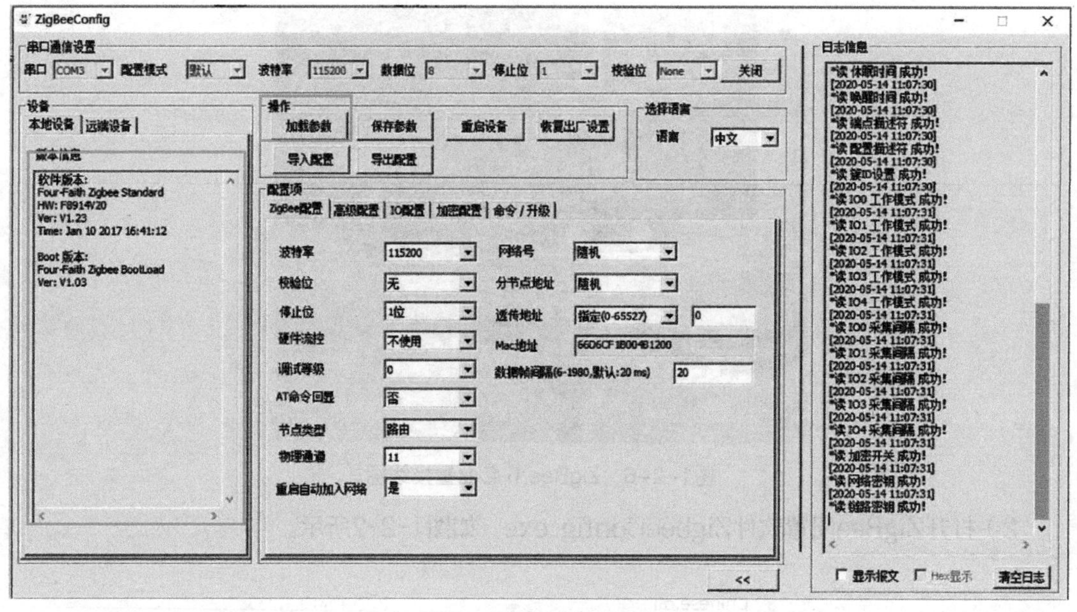

图1-2-9　加载参数

5）参数配置。

在配置项中波特率选择“9600”，节点类型选择“协调器”，物理通道可以自行选择（例如，11。注意：同一网络的所有设备物理通道号需要配置一样），网络号可以自行选择（例如，800。注意：同一网络的所有设备网络号需要配置一致），透传地址选择“广播”，如图1-2-10所示。

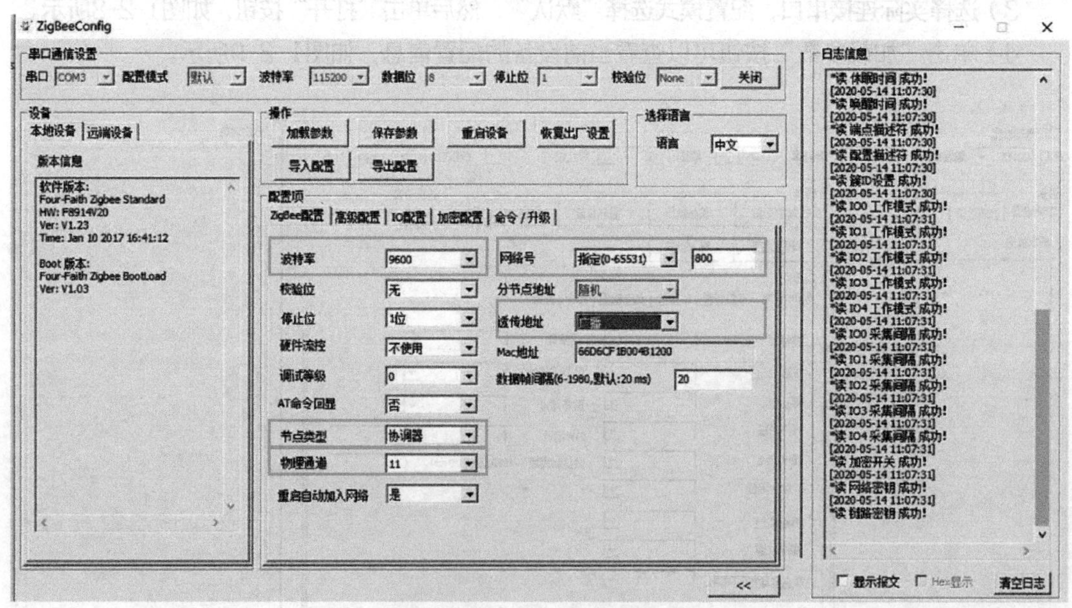

图1-2-10　协调器参数配置

2. 配置路由器

1）~4）步骤与协调器配置一致。

5）参数配置。

在配置项中波特率选择“9600”，节点类型选择“路由”，物理通道需要与协调器一致，网络号与协调器一致，分节点地址可自行选择（如1000），透传地址可以选择“广播”或者“0”（0为协调器的地址），如图1-2-11所示。

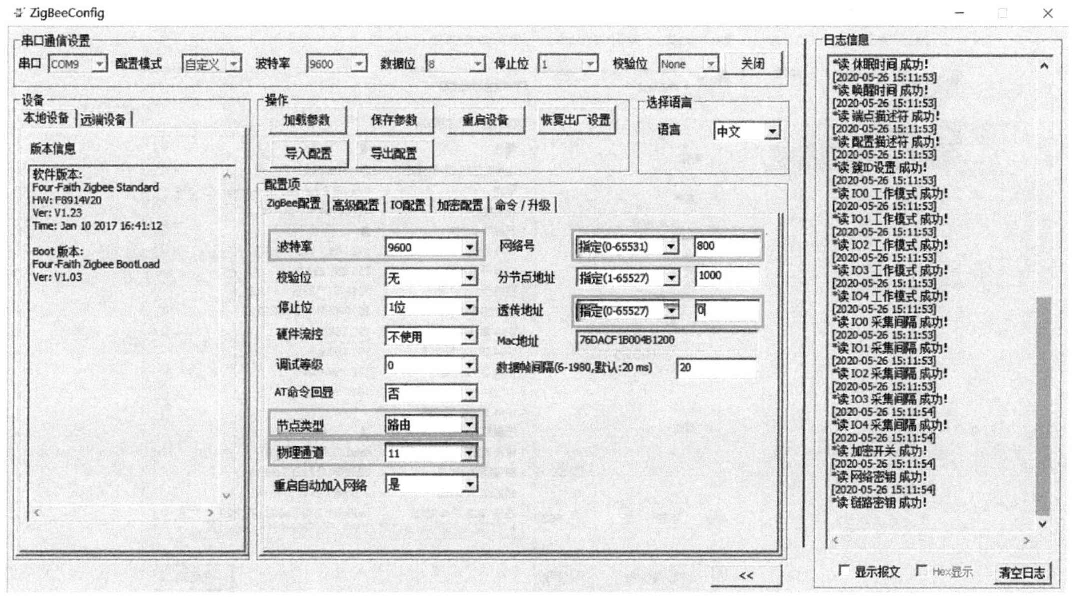

图1-2-11　路由节点参数配置

3. 测试配置结果

打开串口调试工具进行两边的数据收发，有相应的返回则说明配置成功，如图1-2-12所示。

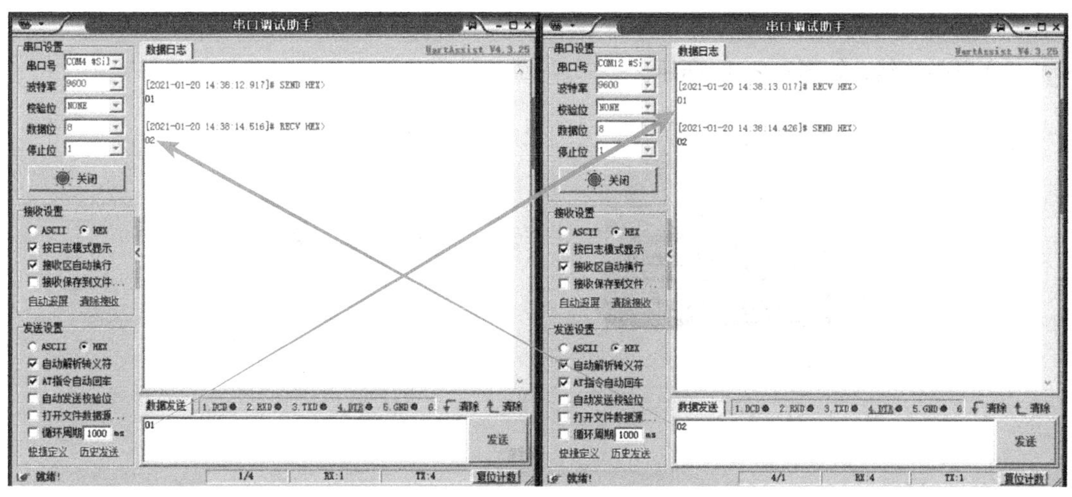

图1-2-12　测试配置结果

二、配置网络通信设备

本次任务需要串口服务器、路由器与PC处于同一网段。

1．配置路由器

1）获取路由器的IP所处的网段。

路由器的LAN口通过网线连接到计算机，查看“IPv4默认网关”，如图1-2-13所示。

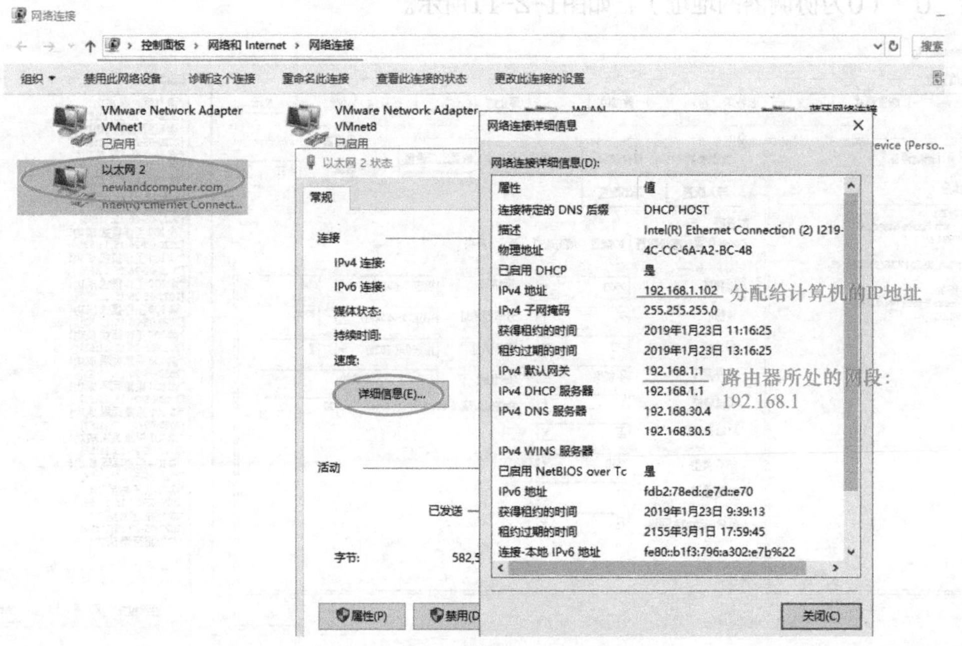

图1-2-13　获取路由器IP

2）修改路由器的IP地址。

打开IE浏览器，输入路由器的IP地址，进入路由器配置界面，将路由器的IP地址配置为目标IP地址。

2．配置串口服务器

1）硬件连线，如图1-2-14所示。

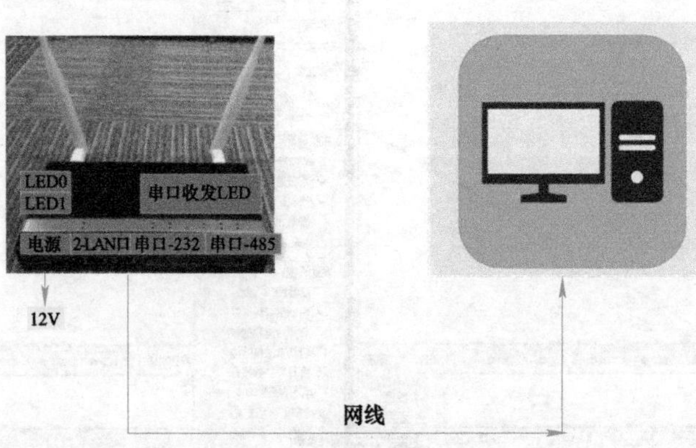

图1-2-14　串口服务器调配硬件连线

2）计算机开启自动获取IP，如图1-2-15所示。

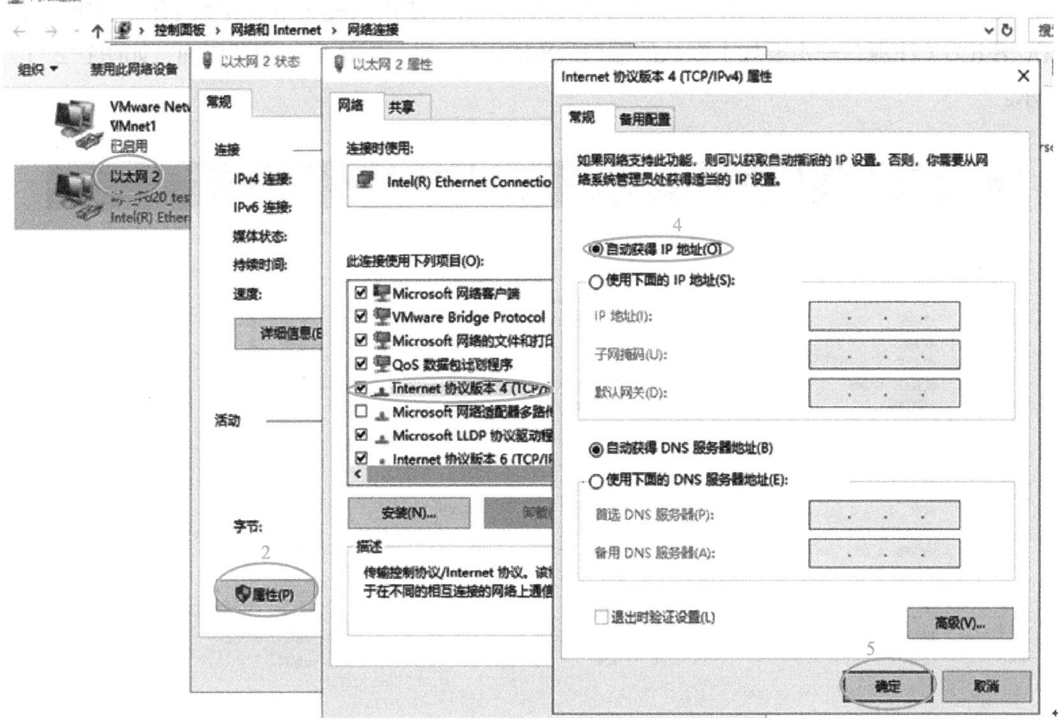

图1-2-15 计算机开启自动获取IP

3）获取串口服务器的IP地址（默认IP地址为192.168.14.200，也可以通过系统复位，把IP还原为该地址），如图1-2-16所示。

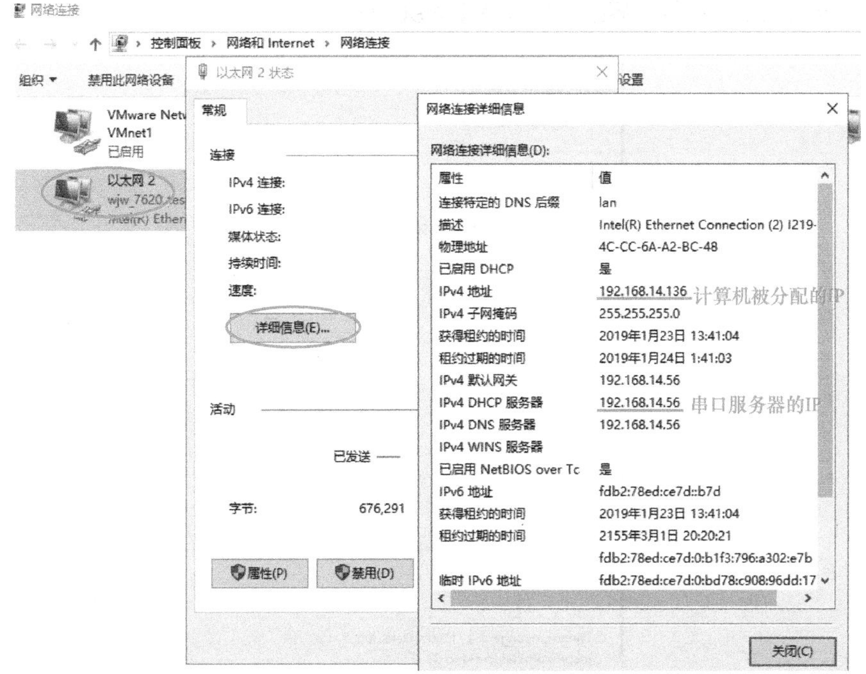

图1-2-16 获取串口服务器IP

4）打开浏览器，输入串口服务器的IP地址，初次使用时输入默认地址192.168.14.200:8400（注意，一定要加上默认的端口号8400），显示默认串口配置界面，如图1-2-17所示。

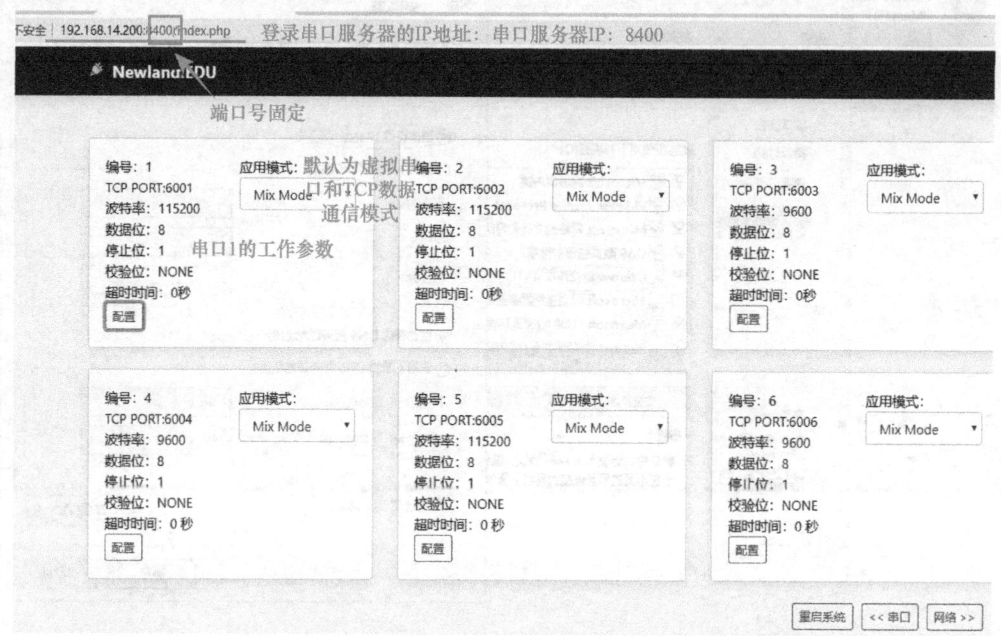

图1-2-17　串口配置界面

5）修改配置。

① 配置串口，单击需要设置的串口对应的“配置”按钮，如图1-2-18所示。记住对应的TCP端口号，修改串口波特率为9600。

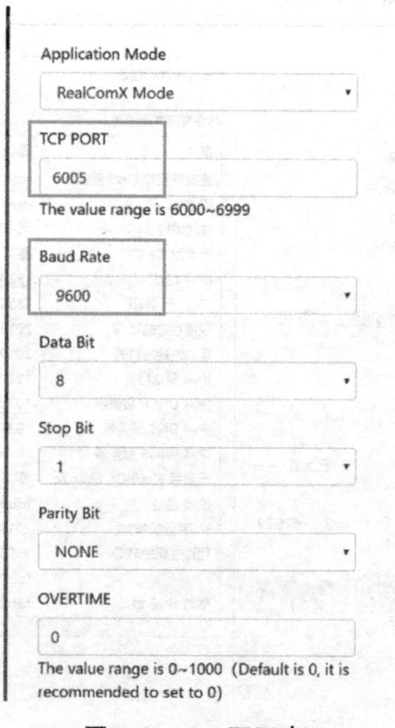

图1-2-18　配置串口

② 网络设置，单击右下角的“网络”按钮，单击“配置”按钮修改IP地址，如图1-2-19所示。

修改后的串口服务器要与路由器IP地址处于同一个网段。设置的串口服务器IP不能与路由器下的其他IP地址冲突。

图1-2-19 修改网络配置

配置完成后，单击“提交”按钮，重启串口服务器。

三、安装设备

根据图1-2-20所示的设备布局图安装设备。要求设备安装牢固，布局合理。

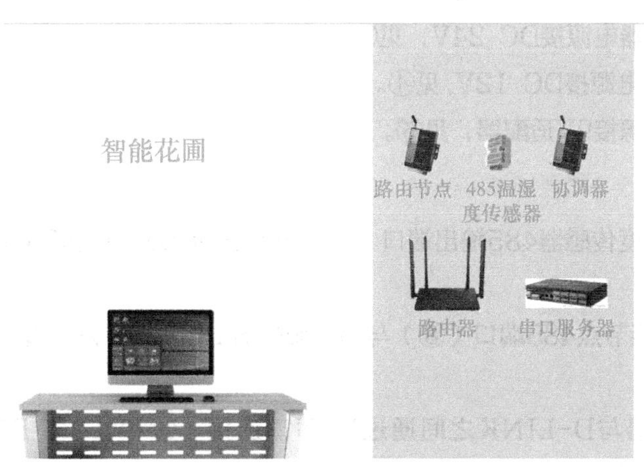

图1-2-20 智能花圃设备参考布局图

四、设备连线

根据智能花圃设备连线（见图1-2-21）进行连线。

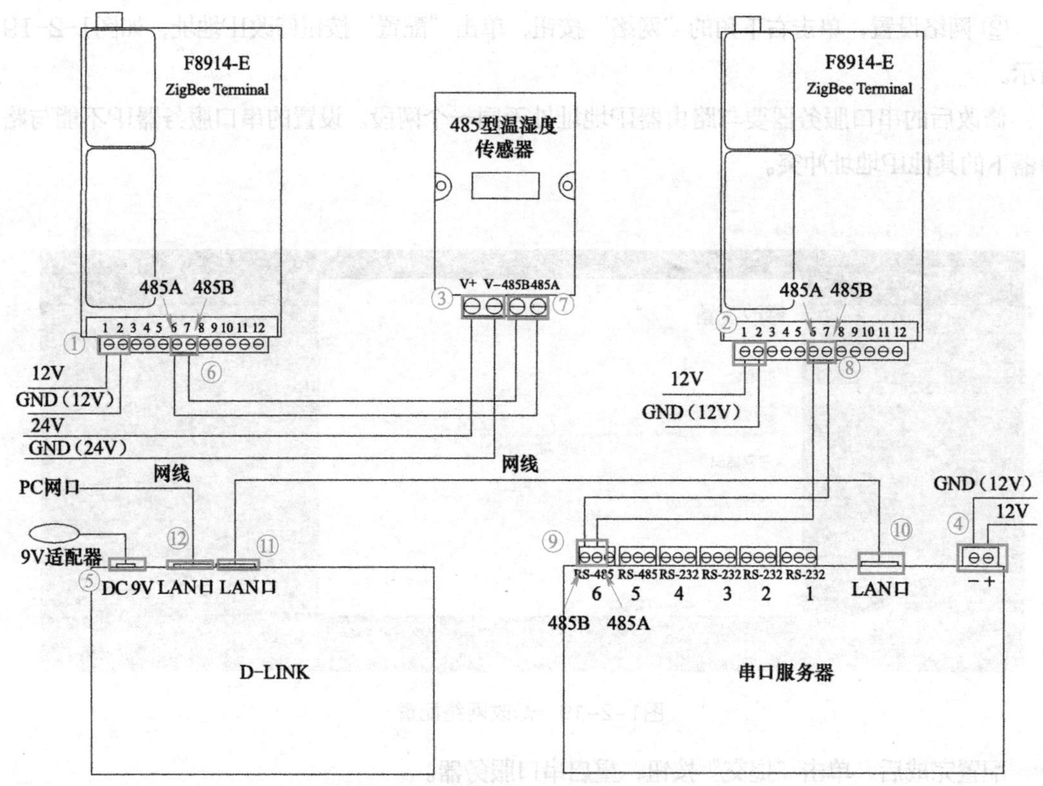

图1-2-21 设备连线图

1．电源部分（见图1-2-21的①～⑤）

1）F8914-E电源接12V适配器，见①、②。

2）485型传感器电源接DC 24V，见③。

3）串口服务器电源接DC 12V，见④。

4）D-LINK电源接9V适配器，见⑤。

2．数据连线部分（见连线图⑥～⑫）

1）485型温湿度传感器485输出端口（⑦）与ZigBee传感节点485端（⑥）相连，注意区分485A与485B。

2）ZigBee汇聚节点485端口（⑧）与串口服务器485端口相连（⑨），注意区分485A与485B。

3）串口服务器与D-LINK之间通过LAN口连接（⑩和⑪），PC端通过网线连接D-LINK的LAN口（⑫）。

3．连线完成，逐一检查

1）检查设备电源是否连接正确，包含检查极性及电压大小。

2）信号输入输出是否连接正确。

检查无误，通电测试系统效果。

五、查看结果

1）打开虚拟串口软件，单击“添加”按钮，选择对应虚拟串口，网络协议选择“TCP Client”，目标IP填写串口服务器IP，目标端口填写串口对应的端口号（6001～6006），串口服务器的6口，对应用的端口号为6006，单击“确认”按钮完成配置，如图1-2-22所示。

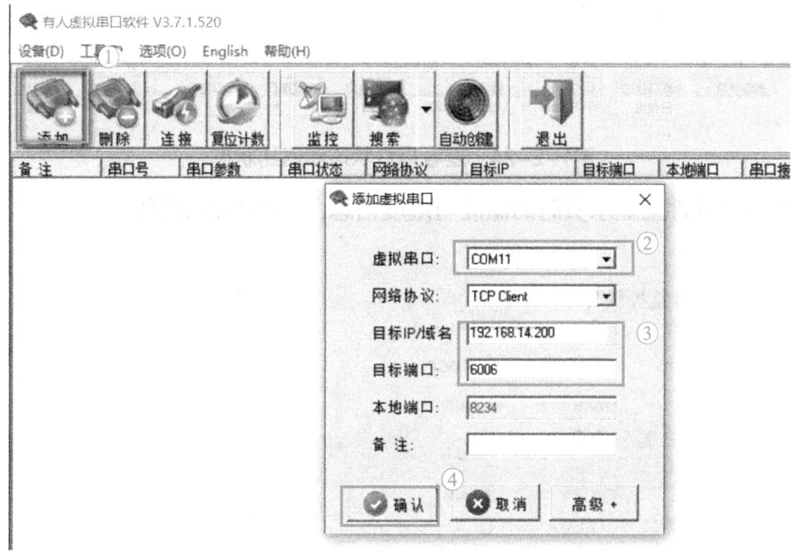

图1-2-22　添加虚拟串口

2）打开传感器监控软件“温湿度上位机.exe”，串口号选择虚拟串口对应的串口号，波特率选择“9600”，传感器类型选择“无其他传感器”，单击“连接设备”按钮，如图1-2-23所示。

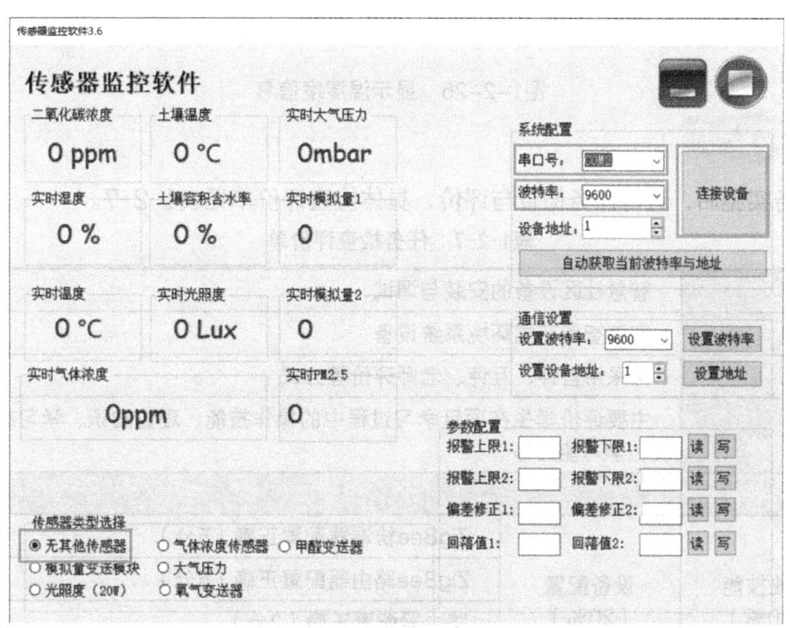

图1-2-23　传感器监控软件主界面

3）查看效果

① 虚拟串口软件中，对应虚拟串口的串口状态为“已使用”，网络状态为“已连接”，串口接收与网络接收数字不断增加，如图1-2-24所示。

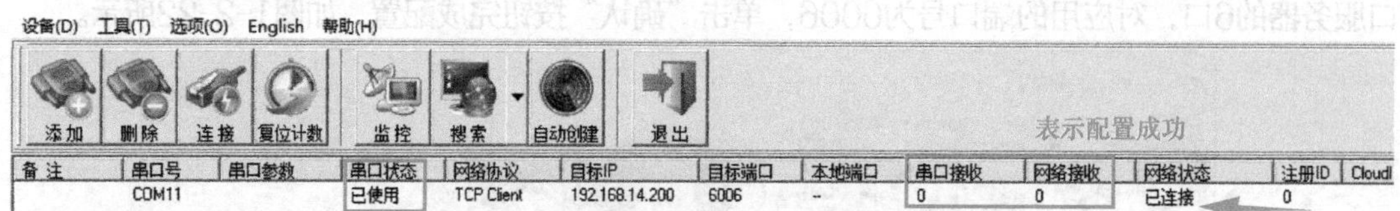

图1-2-24 查看串口状态和网络状态

② 传感器监控软件上显示实时的温度与湿度信息，如图1-2-25所示。

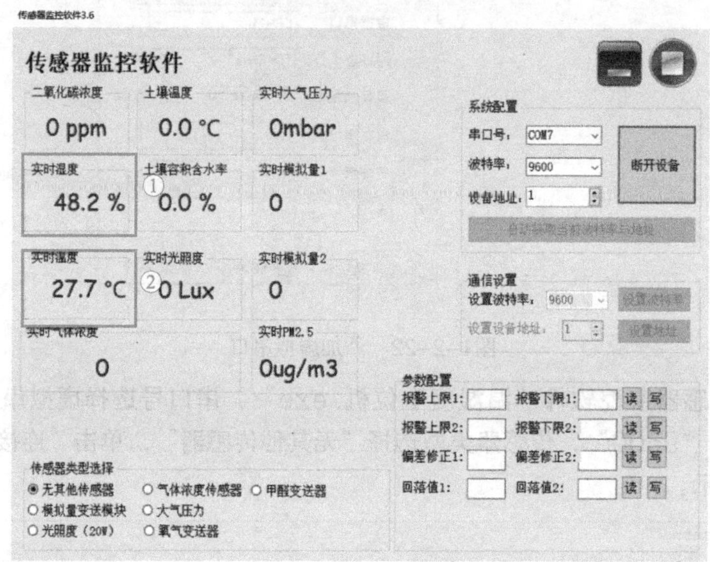

图1-2-25 显示温湿度信息

任务检查与评价

完成任务实施后，进行任务检查与评价，具体检查评价单见表1-2-7。

表1-2-7 任务检查评价单

<table>
<tr><td colspan="2">项目名称</td><td colspan="4">智慧社区设备的安装与调试</td></tr>
<tr><td colspan="2">任务名称</td><td colspan="4">安装智能花圃环境系统设备</td></tr>
<tr><td colspan="2">评价方式</td><td colspan="4">可采用自评、互评、老师评价等方式</td></tr>
<tr><td colspan="2">说　明</td><td colspan="4">主要评价学生在项目学习过程中的操作技能、理论知识、学习态度、课堂表现、学习能力等</td></tr>
<tr><td>序号</td><td>评价内容</td><td colspan="2">评价标准</td><td>分值</td><td>得分</td></tr>
<tr><td rowspan="4">1</td><td rowspan="4">专业技能（60%）</td><td rowspan="4">设备配置（20%）</td><td>ZigBee协调器配置正确（5分）</td><td rowspan="4">20分</td><td rowspan="4"></td></tr>
<tr><td>ZigBee路由器配置正确（5分）</td></tr>
<tr><td>路由器配置正确（2分）</td></tr>
<tr><td>串口服务器配置正确（8分）</td></tr>
</table>

（续）

序号	评价内容	评价标准		分值	得分
2	专业技能（60%）	设备安装（15%）	设备安装牢固（10分）	15分	
			布局合理（5分）		
			注：设备安装一处松动扣2分		
3		按照接线图进行设备连接（20%）	485型温湿度传感器接线正确（4分）	20分	
			ZigBee 协调器接线正确（5分）		
			ZigBee 路由器接线正确（5分）		
			路由器连线正确（2分）		
			串口服务器连线正确（4分）		
4		整机调试（5%）	PC端能够监测到温湿度数值（5分）	5分	
5	核心素养（20%）	具有自主学习能力（10分）		20分	
		具有分析解决问题的能力（10分）			
6	课堂纪律（20%）	设备无损坏、设备摆放整齐、工位区域内保持整洁、不干扰课堂秩序（20分）		20分	
总得分					

任务小结

通过完成安装智能花圃环境系统设备的任务，读者可以了解设备安装的基本过程及ZigBee相关的知识，并掌握ZigBee节点配置与连接的基本方法，强化设备安装与接线的技能。

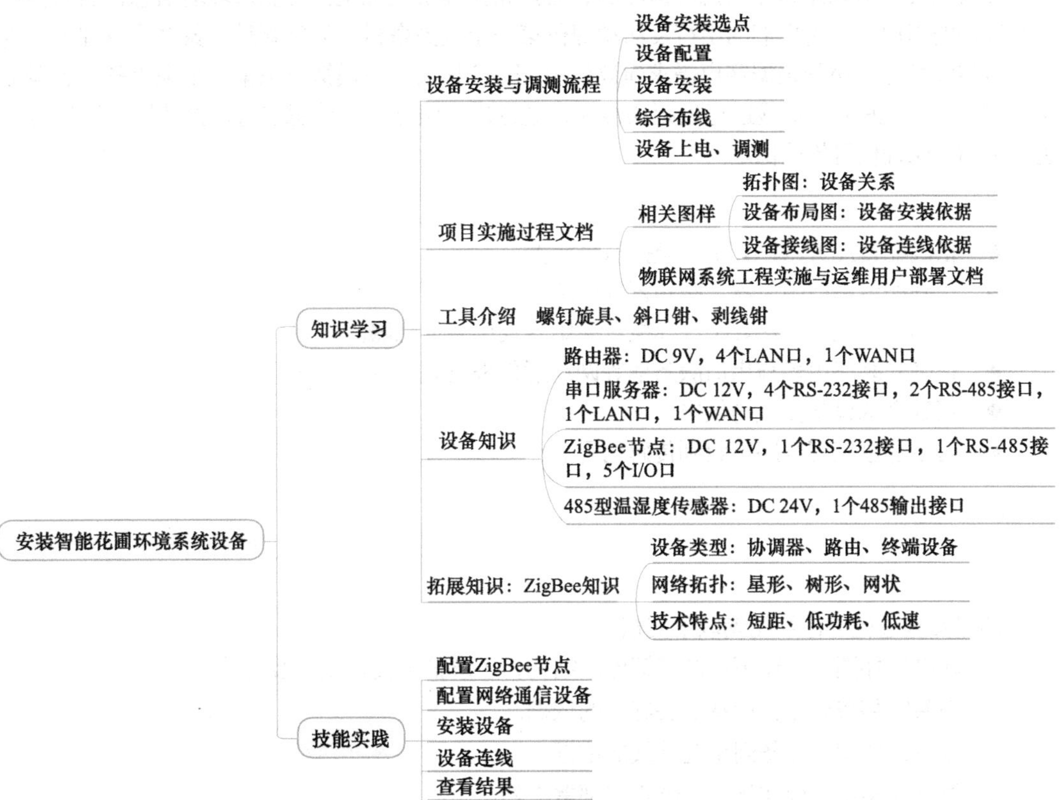

任务拓展

请认真阅读物联网系统实施与运维的用户部署文档，通过ZigBee传输采集一个电流输出类型的传感器信号，具体要求如下。

1）配置相应的传感节点。

2）经过调试能从应用软件中读取传感信息值。

任务3　安装智慧气象环境系统设备

职业能力

- 能根据使用说明书使用相关配置工具，正确配置模拟量信号采集器。
- 能根据智慧气象系统安装图样，正确安装传感器和模拟量信号采集器等设备。
- 能根据接线图，正确完成设备接线与供电。

任务描述与要求

任务描述

小陆所在的公司承接了智慧社区项目，客户希望能够更加全面地获取环境信息，实时推送给社区中的用户，为用户们的出行及活动提供第一手气象资料。社区智慧气象站位置固定，要求信号传输稳定。小陆根据客户需求建议使用ADAM-4017+模拟量采集器来采集各传感器输出的信号，通过RS-485线进行近距离传输，通过串口服务器将传感信号转换成以太网的方式进行传输，保证信号传输稳定。

任务要求

- 正确配置ADAM-4017+模拟量采集器。
- 正确配置串口服务器、路由器等网络通信设备。
- 正确安装ADAM-4017+模拟量采集器及相关传感器。
- 正确安装路由器与串口服务器等网络通信设备。
- 正确完成设备接线与供电。
- 可以通过应用程序接收到传感信号。

知识储备

1．项目实施过程文档简介

项目实施过程需仔细阅读以下文档。

1）网络拓扑图：通过拓扑图了解电路结构，了解信号传输路径及方式。

2）设备安装布局图：设备安装施工的依据。

3）设备连线图：设备间相互连线的依据。

4）物联网系统工程实施与运维用户部署文档。

2. 智慧气象环境系统设备简介

(1) ADAM-4017+

ADAM-4017+是一款16位、8通道的模拟量输入模块，可编程输入通道的输入范围，可以采集电压、电流等模拟量输入信号。这些模块在工业测量和监控应用方面是一项经济的解决方案。它能够在模拟量输入通道与模块之间提供DC 3000V的光隔绝保护，以避免模块和周边设备被输入线上的高压损坏。ADAM-4017+支持8路差分信号，还支持ModBus协议。各通道可独立设置其输入范围，同时在模块右侧使用一个拨码开关来设置INIT和正常工作状态的切换。ADAM-4017+模拟量采集器简况及安装方法见表1-3-1。

表1-3-1 ADAM-4017+模拟量采集器简况及安装方法

设备名称						设备简况	
模拟量采集器							
						电源：DC 24V 16位分辨率 8路差分输入 输入类型：mV、V、mA 隔离电压：DC 3000V 支持ModBus/RTU控制 支持4～20mA	
安装方法							
						先将配件长方形小塑料板安装在工位上，把模拟量表面的两颗螺钉旋松，再把模拟量背后螺钉孔对准长方形小塑料板，将模拟量安装在塑料板上	
测试指令							
02	03	00	00	00	08	44	3F

扩展阅读：ModBus协议简介

ModBus是由Modicon（现为施耐德电气公司的一个品牌）在1979年发明的，是全球第一个真正用于工业现场的总线协议。为更好地普及和推动ModBus在基于以太网上的分布式应用，目前施耐德公司已将ModBus协议的所有权移交给IDA（Interface for Distributed Automation分布式自动化接口）组织，并成立了ModBus-IDA组织，为ModBus今后的发展奠定了基础。在我国，ModBus已经成为国家标准GB/T19582—2008。2020年5月29日工业通信和工业物联网（IIoT）解决方案的独立供应商HMS Networks发布了2020年度全球工业网络市场分析报告，现场总线ModBus RTU市场占有率为5%，基于以太网的ModBus-TCP市场占有率为5%。

ModBus协议是应用于电子控制器上的一种通用语言。通过此协议，控制器相互之间、控制器经由网络（如以太网）和其他设备之间可以通信。它已经成为一种通用的工业标准。有了它，不同厂商生产的控制设备可以连成工业网络，进行集中监控。此协议定义了一个控制器能认识使用的消息结构，而不管它们是经过何种网络进行通信的。它描述了一个控制器请求访问其他设备的过程、如何回应来自其他设备的请求以及怎样侦测错误并记录。它制订了消息域格局和内容的公共格式。

当在ModBus网络上通信时，此协议决定了每个控制器需要知道它们的设备地址，识别按地址发来的消息，决定要产生何种行动。如果需要回应，控制器将生成反馈信息并用ModBus协议发出。在其他网络上，包含了ModBus协议的消息转换为在此网络上使用的帧或包结构。这种转换也扩展了根据具体的网络解决节地址、路由路径及错误检测的方法。

ModBus具有以下几个特点。

1）标准开放，用户可以免费、放心地使用ModBus协议，不需要交纳许可证费，也不会侵犯知识产权。目前，支持ModBus的厂家超过400家，支持ModBus的产品超过600种。

2）ModBus可以支持多种电气接口，如RS-232、RS-485等，还可以在各种介质上传送，如双绞线、光纤、无线等。

3）ModBus的帧格式简单、紧凑，通俗易懂。用户使用容易，厂商开发简单。

（2）风速传感器

风速传感器是具有高灵敏度、高可靠性的风速观测仪器。采用三风杯式结构，当风杯转动时，带动同轴的多齿截光盘或磁棒转动，通过电路得到与风杯转速成正比的脉冲信号，该脉冲信号由计数器计数，经换算后就能得出实际的风速值。被广泛应用于温室、环境保护、气象站、船舶、码头、养殖等环境的风速测量。风速传感器简况及安装方法见表1-3-2。

表1-3-2　风速传感器简况及安装方法

设备名称 风速传感器	设备简况
	电　　源：DC 24V 输出电流：4～20mA 量　　程：0～30m/s 分 辨 率：0.1m/s 接　　线： 红线　接24V 黑线　接GND 蓝线　为信号线
安装方法	
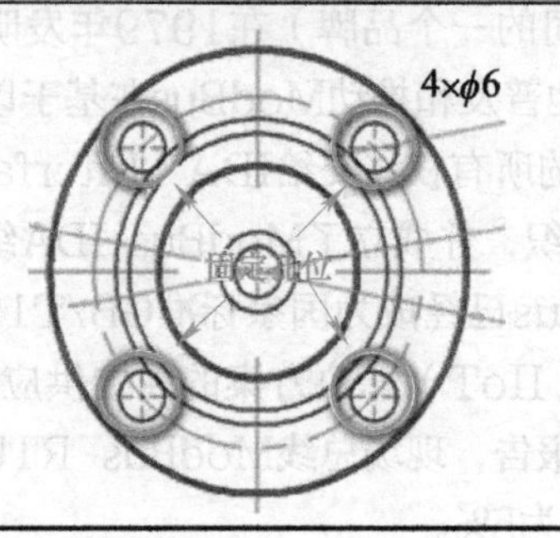	采用法兰安装，螺纹法兰连接使风向传感器下部管件牢牢固定在法兰盘上，底盘孔径为65mm，在孔径50mm的圆周上开4个孔径均为6mm的安装孔，用螺栓将其紧紧固定在支架上

(3) 风向传感器

风向是指风吹来的方向。日常生活生产中，很多地方都需要对风向进行测定，如海上作业、飞行作业、气象信息采集等领域。全方位风向传感器的测量范围为0～360°，输出标准的电流信号，采集方便，安装简单，被广泛应用于温室、环境保护、气象站、码头、养殖等环境的风向测量。风向传感器简况及安装方法见表1-3-3。

表1-3-3 风向传感器简况及安装方法

设备名称	设备简况
风向传感器	
	电　　源：DC 24V 输出电流：4～20mA 测量范围：16个方向 接　　线： 红线　接24V 黑线　接GND 蓝线　为信号线
安装方法	
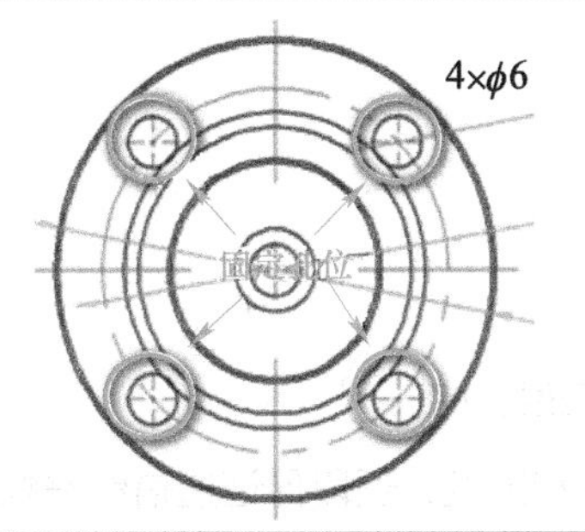	采用法兰安装，螺纹法兰连接使风向传感器下部管件牢牢固定在法兰盘上，底盘孔径为65mm，在孔径50mm的圆周上开4个孔径均为6mm的安装孔，使用螺栓将其紧紧固定在支架上

(4) 大气压力传感器

适用于各种环境的大气压力测量。大气压力传感器简况及安装方法见表1-3-4。

表1-3-4 大气压力传感器简况及安装方法

设备名称	设备简况
大气压力传感器	
	电　　源：DC 24V 输出电流：4～20mA 量　　程：0～110kPa 准 确 度：±1% 接　　线： 红线　接24V 黑线　接GND 蓝线　为信号线
安装方法	
	两侧配有固定的孔位，通过固定孔位用M4螺钉将设备固定于墙上或安装面板上

任务计划与决策

1．任务分析

智慧气象环境系统主要采用ADAM-4017+来采集气象相关传感信号，通过RS-485总线传输信号。通过本任务的网络拓扑图可知，传感器获取的信号汇总到ADAM-4017+，数据信息通过ModBus协议封装，然后通过串口服务器由网线经路由器传送给计算机，计算机接收的信号通过应用程序呈现，如图1-3-1所示。

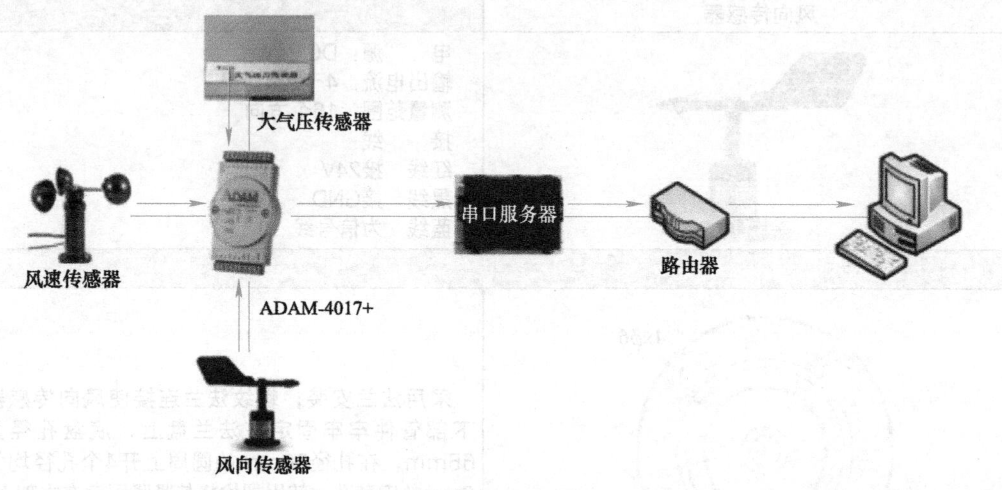

图1-3-1　智慧气象环境系统拓扑图

通过ADAM-4017+、串口服务器与路由器的配置和测试，逐段保证通信线路畅通，而后进行设备安装与连线可以最大限度防止通信故障，也能减轻查找故障的负担。因此，ADAM-4017+的配置与调试、串口服务器与路由器配置是本任务能否顺利完成的关键所在，串口服务器与路由器配置方法在前一任务中已经说明，本任务中就不再赘述，注意保证串口服务器、路由器及计算机要在同一网段（如192.168.14.0/24网段）。

在实际应用场合，风速传感器与风向传感器应该避开障碍物，尽量选择较高的位置安装。部分地区的风向传感器应该做好防雷处理，尤其是避雷针设施的安装，尽量防止雷电对传感器的损害，如图1-3-2所示。

图1-3-2　风速、风向传感器安装位置

特殊说明：为了方便教学，本次智慧气象环境系统的设备检测、安装、调试采用模拟实验的方式进行，风速与风向传感器按设备布局图安装、固定到面板上，如图1-3-3所示。

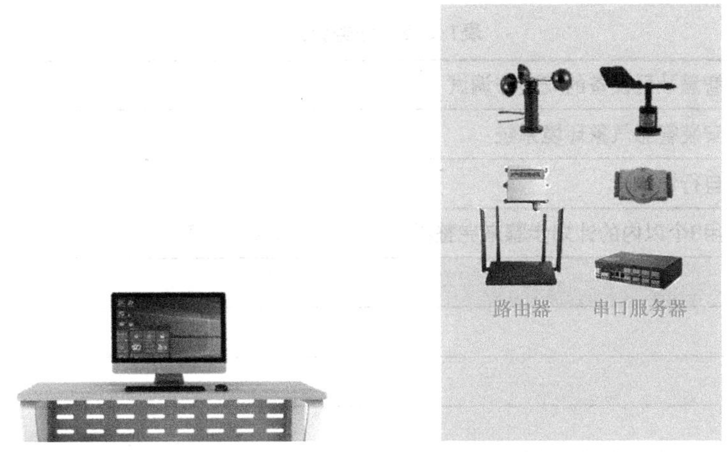

图1-3-3　智慧气象环境系统的设备布局图

安装好设备后按照连线图进行接线，如图1-3-4所示。

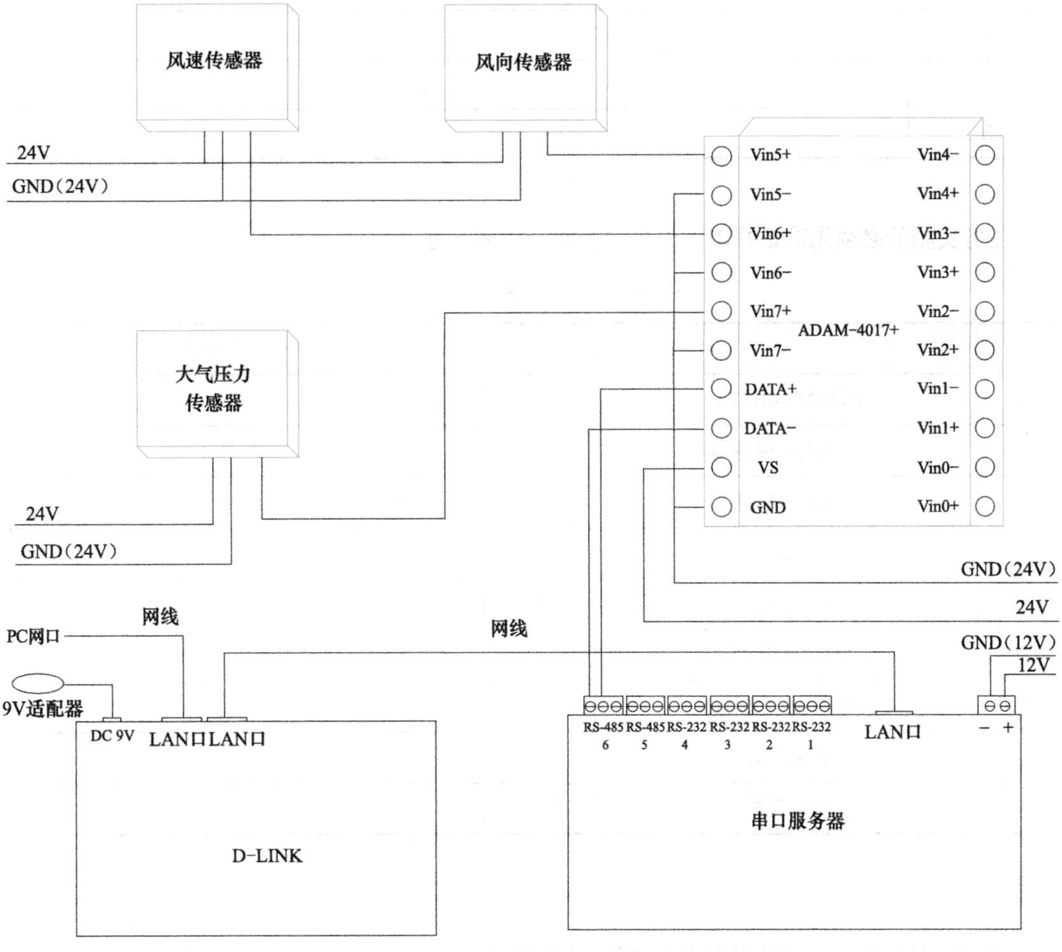

图1-3-4　智慧气象环境系统连线图

2．制订计划

根据所学相关知识，请制订完成本次任务的实施计划，见表1-3-5。

表1-3-5　任务计划

项目名称	智慧社区设备的安装与调试
任务名称	安装智慧气象环境系统
计划方式	自行设计
计划要求	用8个以内的计划步骤来完整描述出如何完成本次任务
序　号	任务计划
1	
2	
3	
4	
5	
6	
7	
8	

3．设备与资源准备

任务实施前必须先准备好以下设备与资源，见表1-3-6。

表1-3-6　设备与资源

序号	设备/资源名称	数量	是否准备到位（√）
1	ADAM-4017+	1	
2	大气压力传感器	1	
3	风速传感器	1	
4	风向传感器	1	
5	D-LINK	1	
6	串口服务器	1	
7	设备说明文档	1	
8	安装工具	1套	
9	安装耗材	若干	

任务实施

要完成本次任务，可以将实施步骤分成以下5步。

- 配置ADAM-4017+。
- 配置网络通信设备。
- 安装设备。
- 设备连线。
- 查看结果。

具体实施步骤如下。

一、配置ADAM-4017+

1．安装配置软件

1）双击安装程序“Advantech Adam.NET Utility.exe”进入安装界面，单击“Next”按钮进入下一步，如图1-3-5所示。

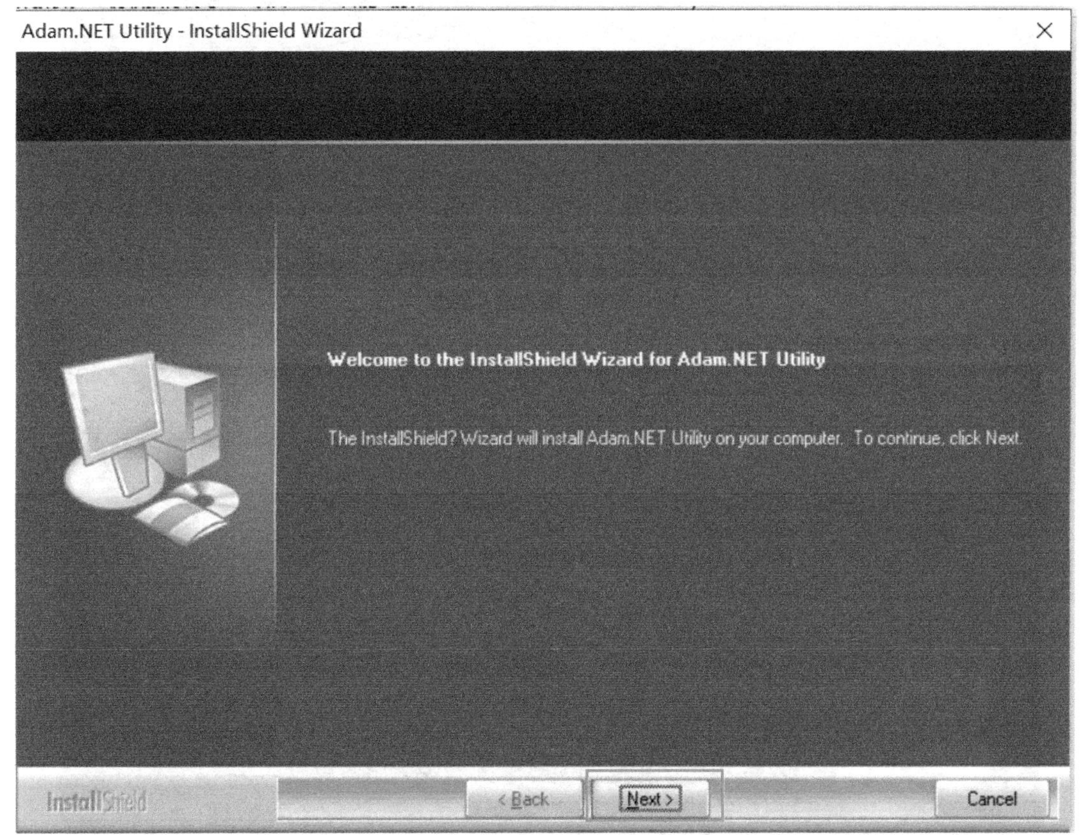

图1-3-5　软件安装界面

2）输入用户信息，单击“Next”按钮进入下一步，如图1-3-6所示。

3）选择安装模式，选择“Complete”进行完全安装。单击“Next”按钮进入下一步，如图1-3-7所示。

4）单击“Install”按钮开始安装，如图1-3-8所示。

5）软件安装完成后单击“Finish”按钮结束安装，如图1-3-9所示。

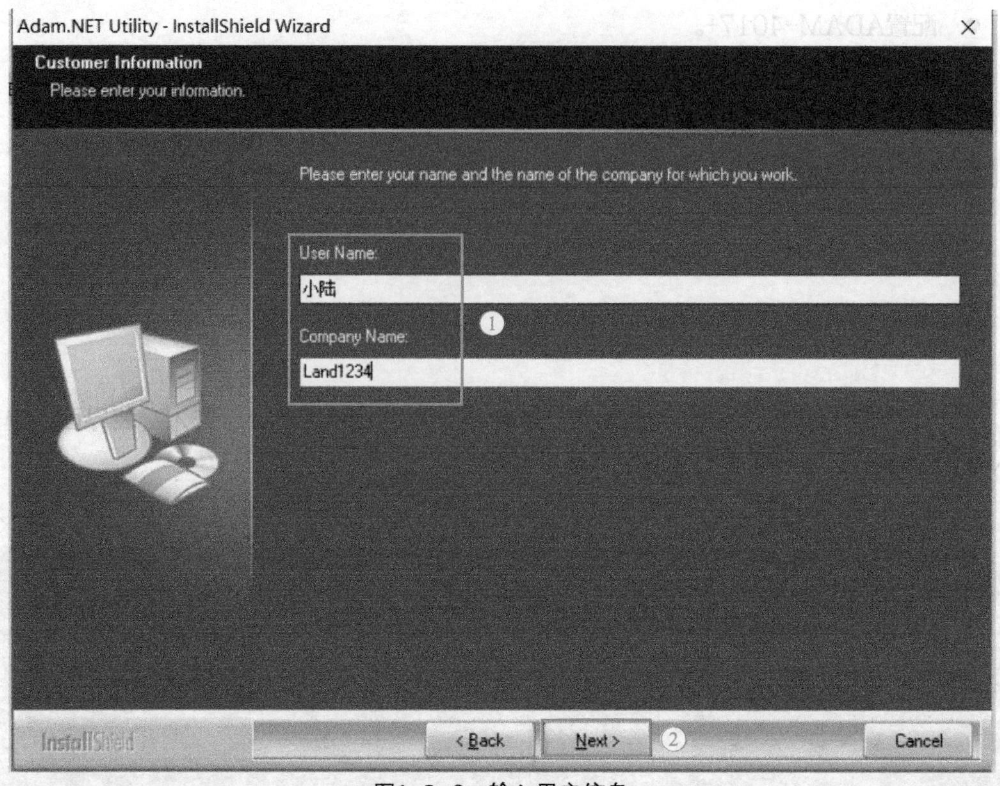

图1-3-6　输入用户信息

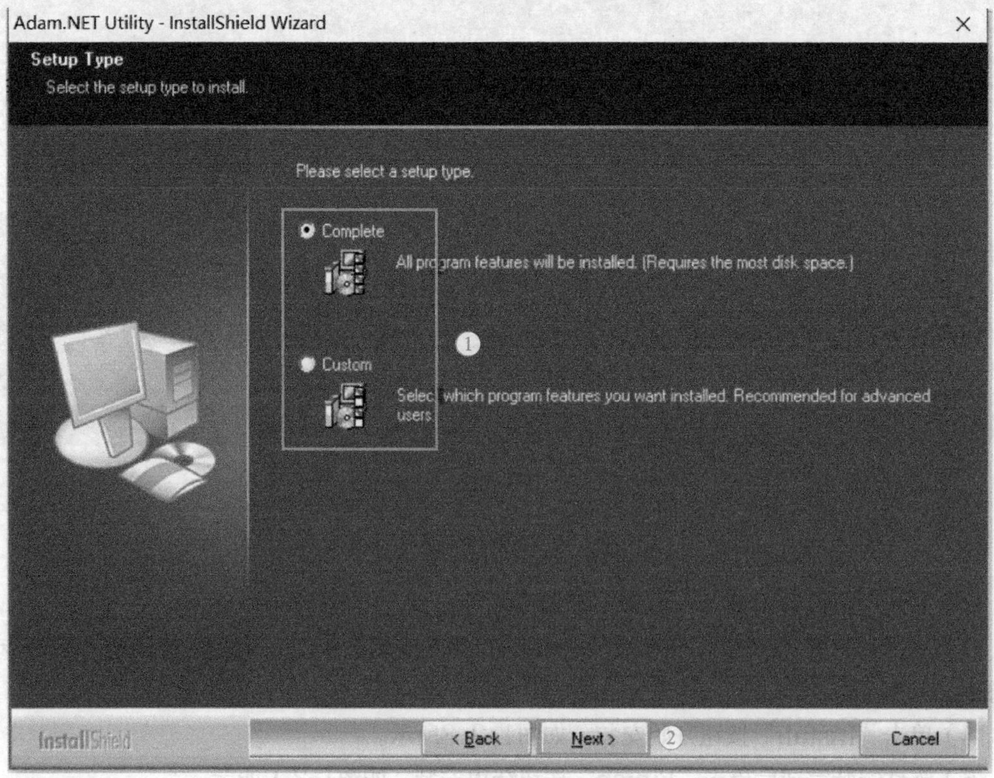

图1-3-7　选择完全安装模式

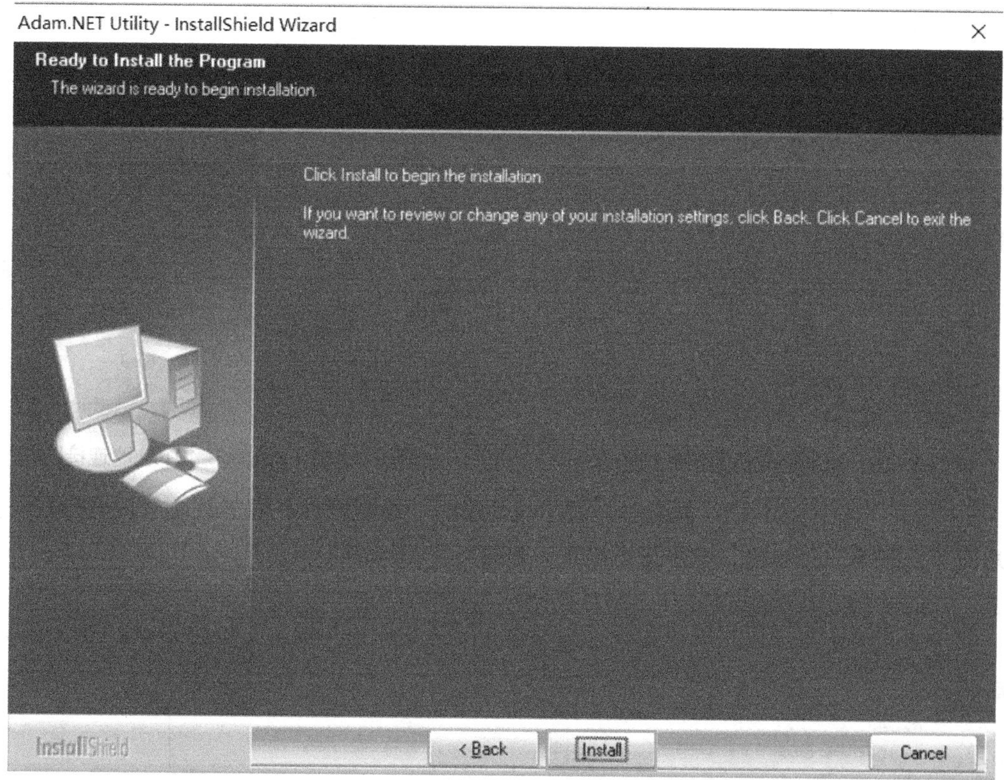

图1-3-8　开始安装

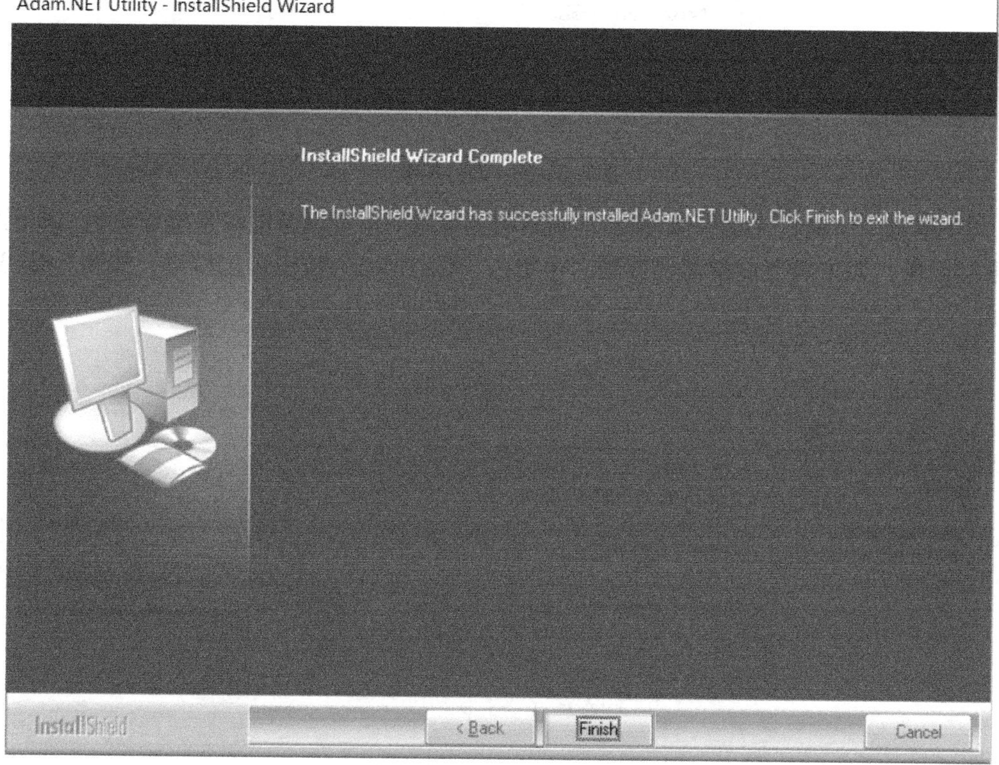

图1-3-9　完成安装

2. 设置ADAM-4017+

1）将ADAM设备边侧的开关从“Normal”调到“Init”状态，如图1-3-10所示。按照图1-3-11将ADAM-4017+连接至PC端串口，给设备上电。

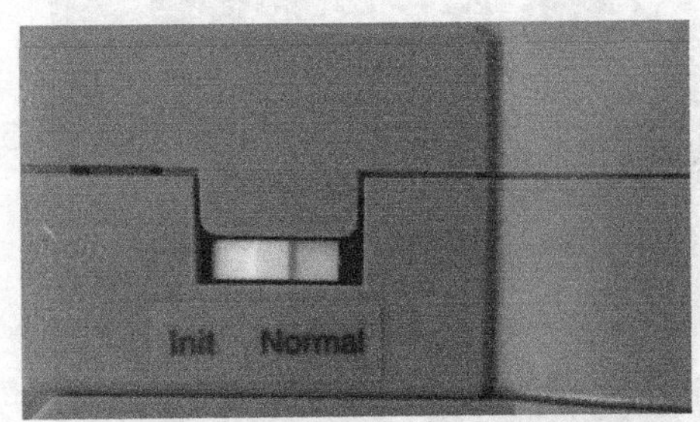

图1-3-10　ADAM设备边侧的开关

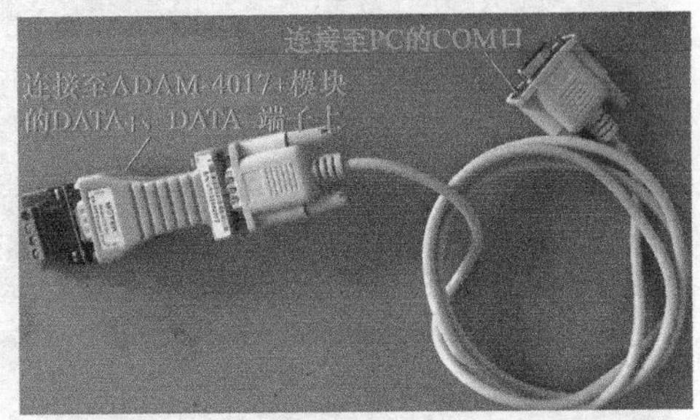

图1-3-11　ADAM-4017+的连接图

2）打开“Advantech Adam.NET Utility”设置软件，右击连接对应的串口（如COM3），选择“Search”命令进行搜索，如图1-3-12所示。

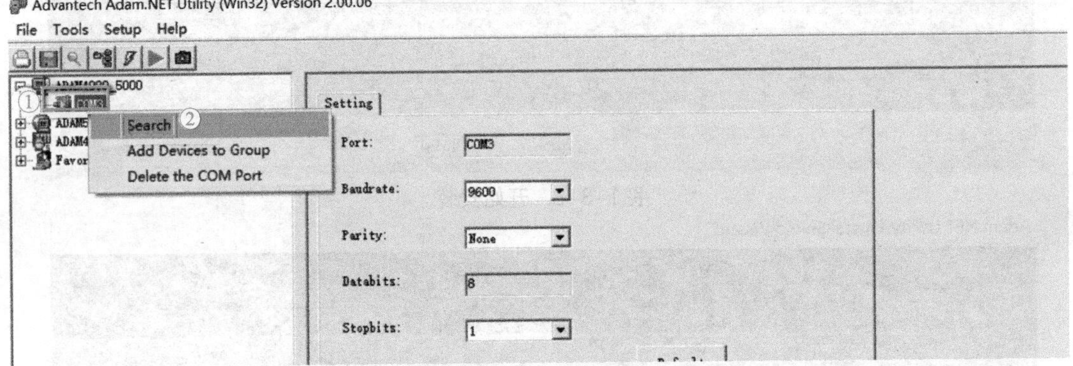

图1-3-12　进行搜索

3）单击“Start”按钮开始搜索，如果相应串口下出现设备图标及型号说明，则已经搜索到设备，如果所有设备都已搜到，可单击“Cancel”按钮退出搜索，如图1-3-13所示。

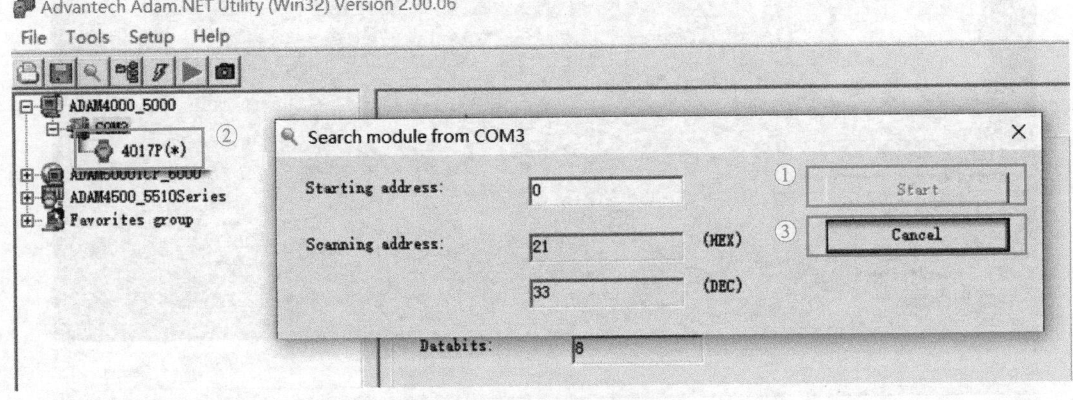

图1-3-13　完成设备搜索

4）左侧模块地址为“*”号，表明模块在初始化的状态下可以修改模块的地址、波特率、协议、数据结构等参数。单击左侧的“4017P（*）”，在右侧选择“Module setting”选项卡。将“Address”设为2，“Baudrate”设为“9600 bps”，“Protocol”设为“Modbus”（即将ADAM-4017+地址设为02，波特率设为9600，通信协议设为Modbus）。再单击“Apply change”按钮完成配置，如图1-3-14所示。

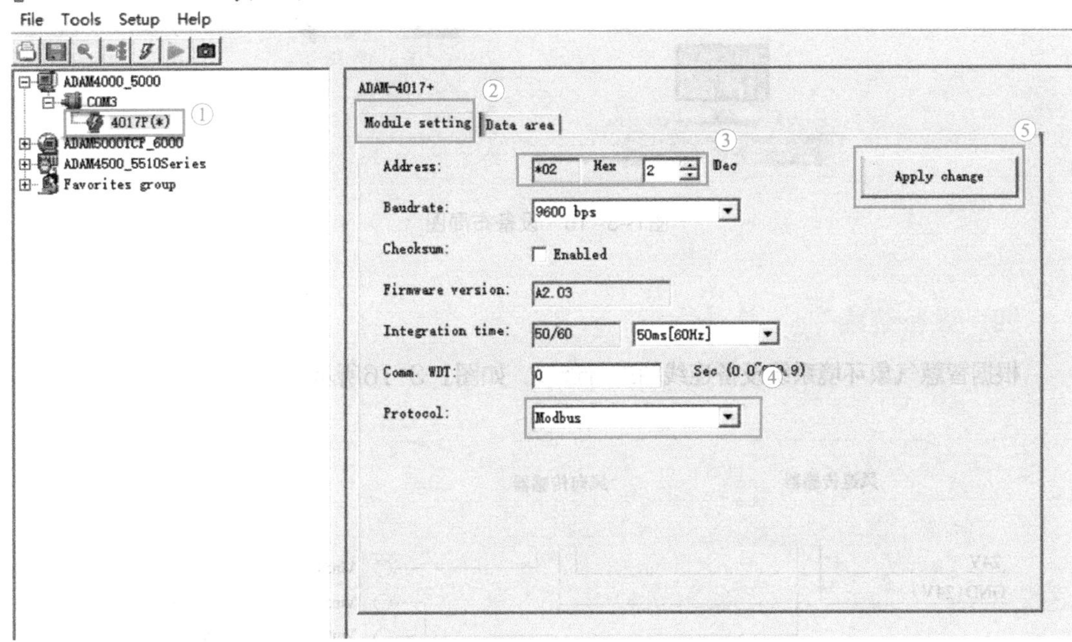

图1-3-14　配置地址、波特率、通信协议

5）完成后先将设备断电，将边侧的开关从“Init”调到“Normal”状态，重新上电。

二、配置网络通信设备

本次任务需要串口服务器、路由器与PC处于同一网段，如将各设备IP设置在192.168.14.0/24网段。具体分配见表1-3-7。

表1-3-7　设置IP

设备名称	IP	网关
路由器	192.168.14.1	
串口服务器	192.168.14.200	192.168.14.1
PC	自动获取	192.168.14.1

串口服务器数据端口采用6口（6006），具体配置方法参考本项目任务2的相关内容。

三、安装设备

根据图1-3-15所示的设备布局图安装设备，要求设备安装牢固，布局合理。

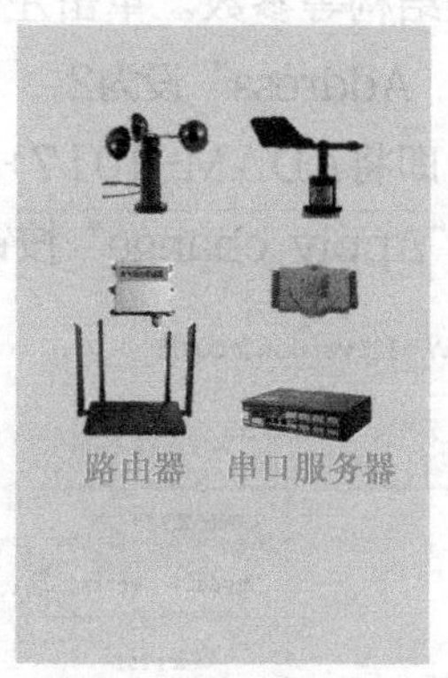

图1-3-15　设备布局图

四、设备连线

根据智慧气象环境系统设备连线图进行连线，如图1-3-16所示。

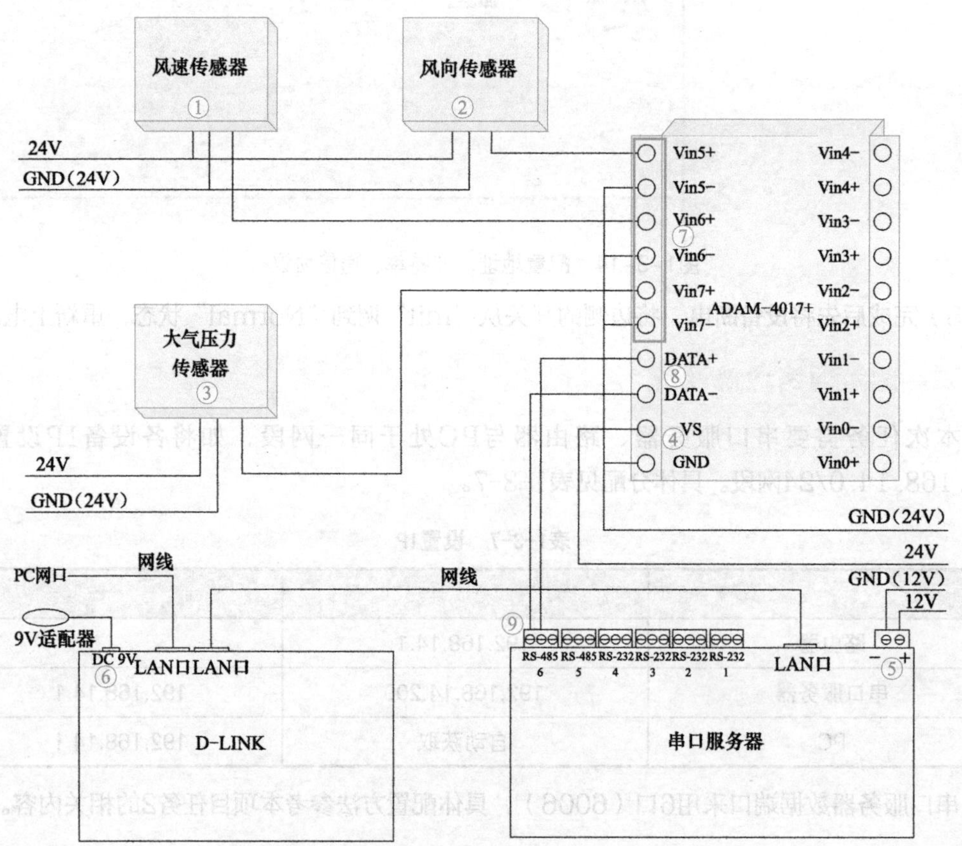

图1-3-16　智慧气象环境系统设备连线图

1．电源部分（见连线图①~⑥）

1）风速传感器、风向传感器及大气压力传感器电源：红线接24V，黑线接GND（24V），见①~③。

2）ADAM-4017+电源接DC 24V，见④。

3）串口服务器电源接DC 12V，见⑤。

4）D-LINK电源接9V适配器，见⑥。

2．数据连线部分

1）风向传感器、风速传感器及大气压力传感器的数据线（蓝线）分别接ADAM-4017+的Vin5+、Vin6+、Vin7+（可任选3个VinX+），对应的Vin5-、Vin6-、Vin7-与GND（24V）相连，见⑦。

2）ADAM-4017+数据传输接口（DATA+与DATA-）（见⑧）与串口服务器485端口相连（见⑨），注意区分485A与485B。

3）串口服务器与D-LINK之间通过LAN口连接，PC端通过网线连接D-LINK的LAN口。

3．连线完成，逐一检查

1）检查设备电源是否连接正确，包含检查极性及电压大小。

2）信号输入输出是否连接正确。

检查无误，通电测试系统效果。

五、查看结果

1）打开虚拟串口软件，添加虚拟串口，串口号为COM11，网络协议为TCP Client，目标IP为192.168.14.200，目标端口为6006。

2）打开“4017数据采集”程序“adam4017.exe”，串口选择虚拟串口对应的串口号COM11，单击“打开串口”按钮选择传感器端口，单击“获取数据”按钮即可查询相应的传感器数据，如图1-3-17所示。

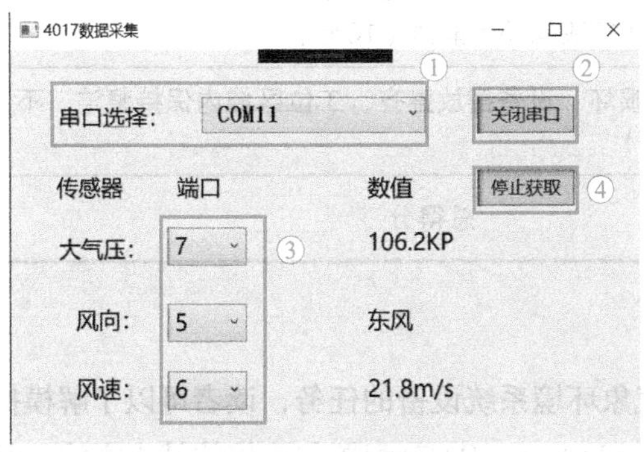

图1-3-17　查看结果

任务检查与评价

完成任务实施后，进行任务检查与评价，具体检查评价单见表1-3-8。

表1-3-8　任务检查评价单

项目名称	智慧社区设备的安装与调试				
任务名称	安装智慧气象环境系统设备				
评价方式	可采用自评、互评、老师评价等方式				
说　明	主要评价学生在项目学习过程中的操作技能、理论知识、学习态度、课堂表现、学习能力等				
序号	评价内容		评价标准	分值	得分
1	专业技能（60%）	设备配置（15%）	ADAM-4017+配置正确（5分） 路由器配置正确（2分） 串口服务器配置正确（8分）	15分	
2		设备安装（15%）	设备安装牢固（10分） 布局合理（5分） 注：设备安装一处松动扣2分	15分	
3		按照接线图进行设备连接（25%）	3个传感器接线正确（9分） ADAM-4017+接线正确（10分） 路由器连线正确（2分） 串口服务器连线正确（4分）	25分	
4		整机调试（5%）	PC端能够监测到3个传感数值（5分）	5分	
5	核心素养（20%）	具有自主学习能力（10分） 具有分析解决问题的能力（10分）		20分	
6	课堂纪律（20%）	设备无损坏、设备摆放整齐、工位区域内保持整洁、不干扰课堂秩序（20分）		20分	
总得分					

任务小结

通过完成安装智慧气象环境系统设备的任务，读者可以了解模拟量信号采集器及气象相关的传感器知识，并掌握ADAM-4017+配置与连接的基本方法，强化了设备安装与接线的技能。

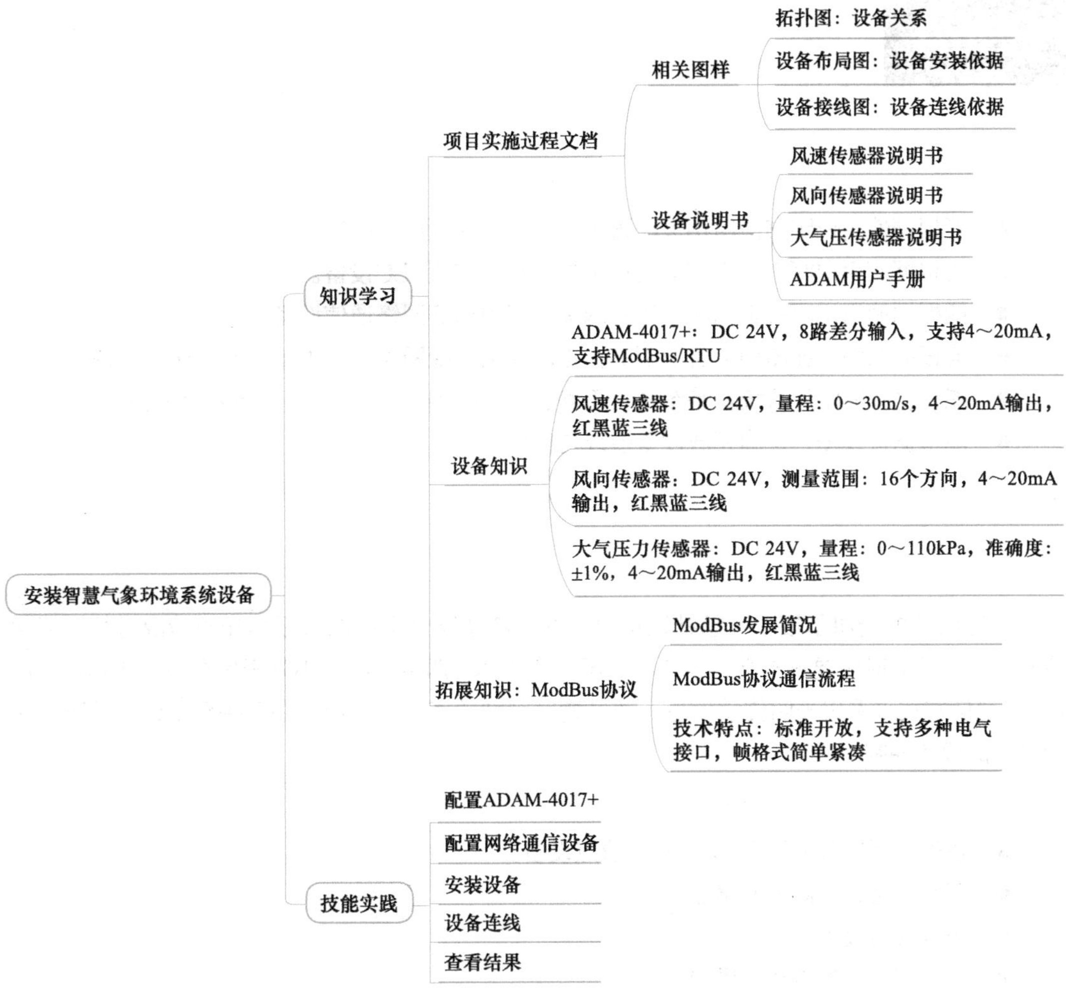

- 安装智慧气象环境系统设备
  - 知识学习
    - 项目实施过程文档
      - 相关图样
        - 拓扑图：设备关系
        - 设备布局图：设备安装依据
        - 设备接线图：设备连线依据
      - 设备说明书
        - 风速传感器说明书
        - 风向传感器说明书
        - 大气压传感器说明书
        - ADAM用户手册
    - 设备知识
      - ADAM-4017+：DC 24V，8路差分输入，支持4～20mA，支持ModBus/RTU
      - 风速传感器：DC 24V，量程：0～30m/s，4～20mA输出，红黑蓝三线
      - 风向传感器：DC 24V，测量范围：16个方向，4～20mA输出，红黑蓝三线
      - 大气压力传感器：DC 24V，量程：0～110kPa，准确度：±1%，4～20mA输出，红黑蓝三线
    - 拓展知识：ModBus协议
      - ModBus发展简况
      - ModBus协议通信流程
      - 技术特点：标准开放，支持多种电气接口，帧格式简单紧凑
  - 技能实践
    - 配置ADAM-4017+
    - 配置网络通信设备
    - 安装设备
    - 设备连线
    - 查看结果

素养提升

古人通过长期对自然现象的观察，总结自然规律得出一些农谚，例如通过动物的反应或自然现象的变化，来预测中长期天气趋势。如“一年四季东风雨，立夏东风昼夜晴”和“小寒大寒冻得透，来年春天暖得早”，这些农谚源于农业生产实践，又指导和服务于农业生产活动。古与今相对照，现代气象预报趋势与节气农谚大体一致。

任务拓展

请在现有任务基础上修改部分配置，并完成数据采集。

1）将局域网设备所处的网段修改为192.168.1.0/24。

2）将ADAM-4017+信号采集通道修改为：风速传感器Vin3，风向传感器Vin2，大气压传感器Vin1。

任务4 安装智能路灯系统设备

职业能力

- 能根据使用说明书使用相关配置工具，正确配置LoRa节点。
- 能根据使用说明书使用相关配置工具，正确配置PLC设备。
- 能根据使用说明书正确配置边缘网关、路由器等网络通信设备。
- 能根据网络拓扑图和设备说明书，正确安装边缘网关、路由器等网络通信设备。
- 能根据智能路灯系统安装图样，正确安装传感器、LoRa节点、PLC等设备。
- 能根据接线图，正确完成设备接线与供电。

任务描述与要求

任务描述

小陆所在的公司承接了智慧社区项目，客户希望路灯系统能够根据光照情况进行智能化控制，但对反应时间要求不高，希望尽量不要占用本地服务资源。小陆根据客户需求建议采用LoRa通信方式来采集光照传感信息，通过物联网网关连接云平台，在云平台上设置策略，实现灯光的智能控制。

任务要求

- 正确配置LoRa DTU及PLC等节点设备。
- 正确配置路由器等网络通信设备。
- 正确安装设备。
- 正确完成设备接线与供电。
- 正确配置云平台。
- 可以通过云平台接收到传感信号并实现智能控制。

知识储备

1．项目实施过程文档简介

项目实施需要仔细阅读以下文档。

1）网络拓扑图：通过拓扑图了解电路结构，了解信号传输路径及方式。

2）设备安装布局图：设备安装施工的依据。

3）设备连线图：设备间相互连线的依据。

4）物联网系统工程实施与运维用户部署文档。

扫码看视频

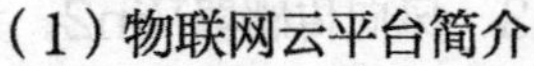
2．新大陆物联网云平台

（1）物联网云平台简介

新大陆物联网云平台提供建立物联网项目的基础设施，是一个物联网项目的核心设施。

新大陆物联网云平台，以项目（Project）为单位管理物联网设备和应用程序（Application），如图1-4-1所示。

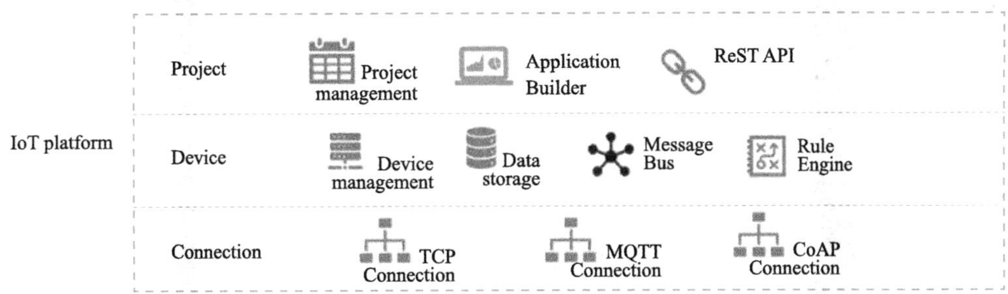

图1-4-1　新大陆物联网云平台

（2）注册用户

在新大陆物联网云平台上创建物联网项目，首先需要注册一个账号。可以使用手机号注册，也可以使用邮箱注册。

在浏览器中输入新大陆物联网云平台的URL：http://www.nlecloud.com。单击右上角的“新用户注册”按钮，如图1-4-2所示。

图1-4-2　新用户注册

在弹出的注册对话框中，以手机号作为账号填写新用户信息，单击“确定”按钮完成注册，如图1-4-3所示。

（3）申请ApiKey

将鼠标放到右上角账户区域，然后选择“开发设置”命令，如图1-4-4所示。

单击“生成”按钮生成并显示ApiKey，设置密钥的期限（尽量选择较长时间），单击“确认提交”按钮完成ApiKey申请，如图1-4-5所示。

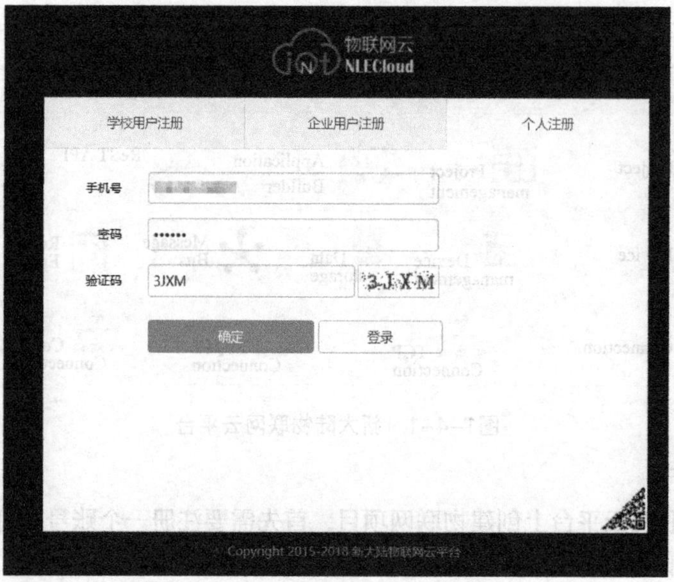

图1-4-3　填写信息完成注册

图1-4-4　开发设置

图1-4-5　申请ApiKey

3．智能路灯系统设备简介

（1）LoRa DTU

LoRa基于Sub-GHz的频段使其更易以较低功耗远距离通信，可以使用电池供电或者其他能量收集的方式供电；较低的数据速率也延长了电池寿命和增加了网络的容量。LoRa信号对建筑的穿透力也很强。LoRa的这些技术特点更适合低成本、大规模的物联网部署。

E90-DTU是采用军工级LoRa调制技术的数传电台，由于其先进的调制方式大大提升了通信距离与通信稳定性。在原有基础上内置了功率放大器（PA）与低噪声放大器（LNA），使得最大发射功率达到1W的同时接收灵敏度也得到了一定程度的提升，在整体的通信稳定性上较没有功率放大器与低声放大器的产品大幅度提升。数传电台提供透明RS-232/RS-485接口，电台工作在433Hz频段，通信距离可达8km。E90-DTU简况及安装方法见表1-4-1。

表1-4-1　E90-DTU简况及安装方法

<table>
<tr><th>设备名称
E90-DTU</th><th>设备简况</th></tr>
<tr><td>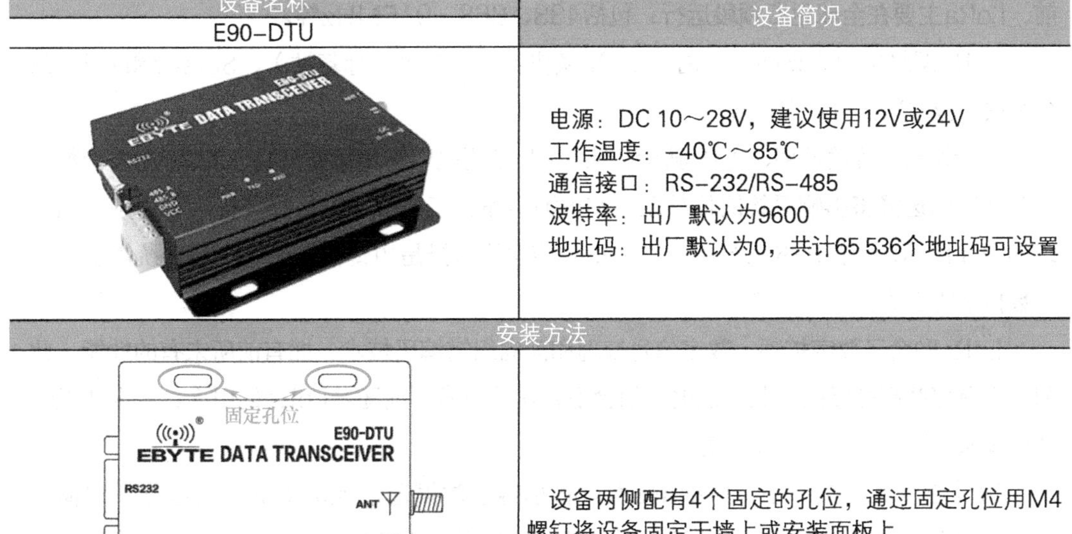</td><td>电源：DC 10～28V，建议使用12V或24V
工作温度：-40℃～85℃
通信接口：RS-232/RS-485
波特率：出厂默认为9600
地址码：出厂默认为0，共计65 536个地址码可设置</td></tr>
<tr><th colspan="2">安装方法</th></tr>
<tr><td></td><td>设备两侧配有4个固定的孔位，通过固定孔位用M4螺钉将设备固定于墙上或安装面板上</td></tr>
</table>

E90-DTU均拥有4种工作模式，在正常通信无低功耗需求时，则推荐将电台配置为一般模式（模式0），对电台配置时需要处于休眠模式（模式3），如图1-4-6所示。

模式	类别	M1	M0	注释
模式0	一般模式	ON	ON	串口打开，无线打开，透明传输（出厂默认模式）
模式1	唤醒模式	ON	OFF	空中唤醒发射模式，数据包自带唤醒码
模式2	省电模式	OFF	ON	空中唤醒接收模式，节省自身接收功耗，该模式不能发射
模式3	休眠模式	OFF	OFF	模块进入休眠，可以使用配置软件对电台进行编程

模式0

模式1

模式2

模式3

图1-4-6　E90-DTU工作模式

扩展阅读：LoRa简介

物联网应用中的无线技术有多种，可组成局域网或广域网。组成局域网的无线技术主要有2.4GHz的Wi-Fi、蓝牙、ZigBee等，组成广域网的无线技术主要有2G、3G、4G等。在低功耗广域网（Low Power Wide Area Network，LPWAN）产生之前，似乎远距离和低功耗两者之间只能二选一。当采用LPWAN技术之后，设计人员可以做到两者兼顾，最大程度实现更长距离通信与更低功耗，同时还可节省额外的中继器成本。

LoRa是LPWAN通信技术的一种，是美国Semtech公司采用和推广的一种基于扩频技术的超远距离无线传输方案。这一方案改变了以往关于传输距离与功耗的折中考虑方式，为用户提供一种简单的、远距离、长电池寿命、大容量的系统，进而扩展传感网络。目前，LoRa主要在全球免费频段运行，包括433、868、915MHz等。

LoRa网络主要由终端（可内置LoRa模块）、网关（或称基站）、Server和云4个部分组成。应用数据可双向传输。

一般说来，传输速率、工作频段和网络拓扑结构是影响传感网络特性的3个主要参数。传输速率的选择将影响系统的传输距离和电池寿命；工作频段的选择要折中考虑频段和系统的设计目标；而在FSK系统中，网络拓扑结构的选择是由传输距离要求和系统需要的节点数目来决定的。

LoRa融合了数字扩频、数字信号处理和前向纠错编码技术，拥有前所未有的性能。此前，只有那些高等级的工业无线电通信会融合这些技术，而随着LoRa的引入，嵌入式无线通信领域的局面发生了彻底改变。

通过使用高扩频因子，LoRa技术可将小容量数据通过大范围的无线电频谱传输出去。实际上，当通过频谱分析仪测量时，这些数据看上去像噪声，但区别在于噪声是不相关的，而数据具有相关性，基于此，数据实际上可以从噪音中被提取出来。扩频因子越高，越多数据可从噪声中提取出来。在一个运转良好的GFSK接收端，8dB的最小信噪比（SNR）需要可靠地解调信号，采用配置AngelBlocks的方式，LoRa可解调一个信号，其信噪比为-20dB，GFSK方式与这一结果的差距为28dB，这相当于范围和距离扩大了很多。在户外环境下，6dB的差距就可以实现原来传输距离的2倍。因此，LoRa技术能够以低发射功率获得更广的传输范围和距离，这种低功耗广域技术正是用户所需的。

低功耗广域网是物联网中不可或缺的一部分，具有功耗低、覆盖范围广、穿透性强的特点，适用于每隔几分钟发送和接收少量数据的应用情况，如水运定位、路灯监测、停车位监测等。LPWAN相关组织LoRa联盟目前在全球已有145位成员，其繁茂的生态系统让遵循LoRaWAN协议的设备具有很强的互操作性。一个完全符合LoRaWAN标准的通信网关可以接入5～10km内上万个无线传感器节点，其效率远高于传统的点对点轮询的通信模式，也能大幅度降低节点的通信功耗。

（2）物联网网关

本项目采用的物联网网关是部署在网络边缘侧的网关，通过网络连接、协议转换等功能连接物理和数字世界，提供多样化的接口，提供轻量化的连接管理、实时数据分析及应用管理功能。

物联网网关采用模块化设计，包括以下模块。

1）IoT平台客户端代理。与物联网平台通信的物联网平台客户端代理。网关中的其他模块通过此模块与物联网平台进行通信。

2）Gateway配置Web App。Gateway配置Web App是网关的配置工具。

3）规则引擎。规则引擎可以从物联网平台下载规则并在网关上执行它们。

4）连接器。连接器在网关和传感器网络之间连接，可以根据需要配置连接器的数量。连接器分为以下两类。

① 串口连接器。通过RS-232/RS-485或USB连接到网关的IoT设备必须使用这种类型的连接器。常用串口连接器如下。

- ModBus Over serial connector（适用于数据格式为ModBus协议的串口连接设备）。
- LED Display connector（适用于LED显示屏）。
- Wiegand Bus connector（适用于门禁Wiegand转485）。
- ZigBee 2 MQTT connector（适用于智能家居设备）。

② 网络连接器。通过TCP/IP网络连接到网关的IoT设备必须使用这种类型的连接器。

- ModBus Over TCP connector（适用于数据格式为ModBus协议的网络设备）。
- HAIDAI BRESEE CAMERA connector（适用于车牌识别摄像头）。
- HAIDAI Face Recognizer connector（适用于门禁识别终端）。
- OMRON PLC connector（适用于OMR PLC设备）。

物联网网关配置的基本流程如图1-4-7所示。

图1-4-7　物联网网关配置的基本流程

物联网网关简况及安装方法见表1-4-2。

（3）光照度传感器

光照度传感器采用具有高灵敏度的感光探测器，配合高精度线性放大电路，经过数字线性化修正，具备高精度、高稳定性，广泛应用于气象站、农业、林业、温室大棚、养殖、建筑、实验室、城市照明等需要监测光照强度的领域。光照度传感器简况及安装方法见表1-4-3。

表1-4-2　物联网网关简况及安装方法

设备名称	设备简况
物联网网关	
	电　源：DC 12V适配器 接　口：4个USB接口 1个RJ-45接口 1个RS-485接口 1个Digital I/O接口 1个HDMI接口 1个OTG接口 初始IP：192.168.1.100
安装方法	
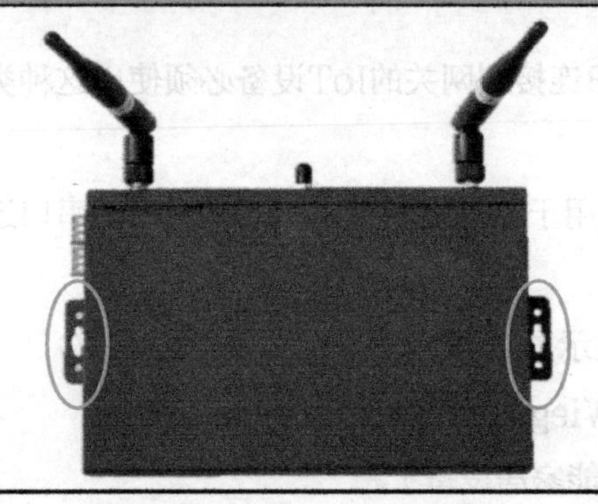	设备两侧配有固定的孔位，通过固定孔位用M4螺钉将设备固定于墙上或安装面板上

表1-4-3　光照度传感器简况及安装方法

设备名称	设备简况
光照度传感器	
	电　源：DC 24V 输　出：485输出 量　程：0~200k lx 准确度：±1% 接　线：红线接24V，黑线接GND 黄线接RS-485A，绿线接RS-485B
安装方法	
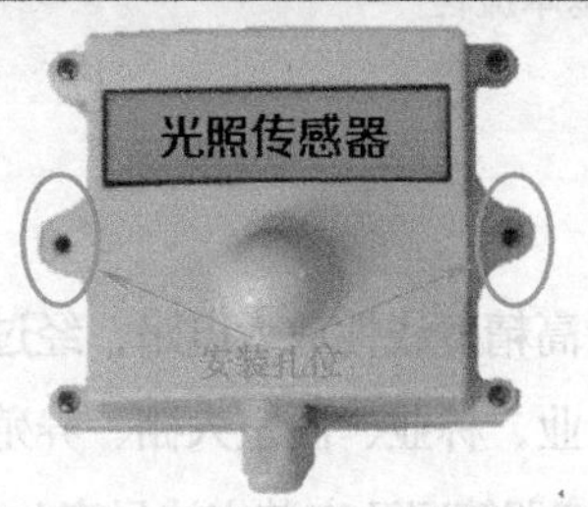	两侧配有固定的孔位，通过固定孔位用M4螺钉将设备固定于墙上或安装面板上

（4）PLC设备

可编程逻辑控制器（PLC）是一种专门为在工业环境下应用而设计的数字运算操作电子系统。它采用可编程的存储器，在其内部存储执行逻辑运算、顺序控制、定时、计数和算术运算等操作的指令，通过数字式或模拟式的输入输出来控制各种类型的机械设备或生产过程。现在工业上使用的可编程逻辑控制器已经相当或接近于一台紧凑型计算机的主机，其在扩展性和可靠性方面的优势使其被广泛应用于目前各类工业控制领域。不管是在计算机直接控制系统，还是集中分散式控制系统DCS，或是现场总线控制系统FCS中，都会大量使用各类PLC控制器。

本项目采用的是OMR CP2E-N14型可编程控制器，拥有14个I/O点数，支持Ethernet的连接，使用基本、传送、算术和比较等指令实现基本控制应用，定位功能增强，可实现双轴直线插补和脉冲，通过选件板最多可扩展至两个端口。OMRON CP2E简况及安装方法见表1-4-4。

表1-4-4 OMRON CP2E简况及安装方法

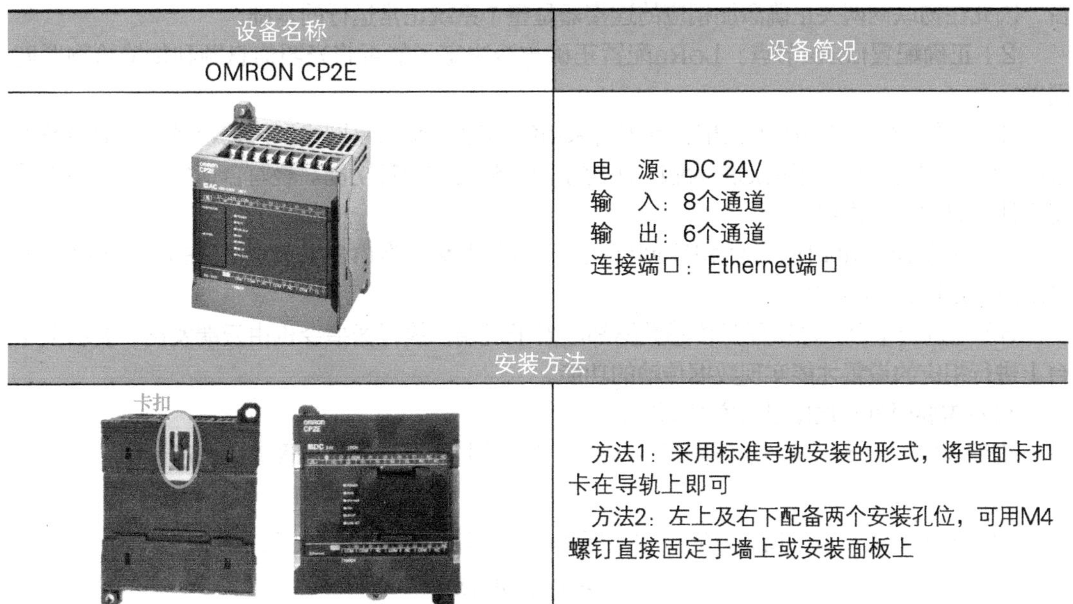

设备名称 OMRON CP2E	设备简况
（图）	电　源：DC 24V 输　入：8个通道 输　出：6个通道 连接端口：Ethernet端口
安装方法	
卡扣	方法1：采用标准导轨安装的形式，将背面卡扣卡在导轨上即可 方法2：左上及右下配备两个安装孔位，可用M4螺钉直接固定于墙上或安装面板上

任务计划与决策

1．任务分析

智能路灯系统能够根据光照度传感器采集的光照强度灵活控制路灯。通过本任务的网络拓扑图（见图1-4-8）可知，传感器经LoRa节点通过无线传输给LoRa Master，通过485双绞线连接物联网网关，再经过路由器将数据上传至云服务器。在云服务器上对数据进行分析处理，下发控制指令。控制指令下发至PLC设备，PLC根据收到的指令控制输出端口电平，实现对灯的控制。

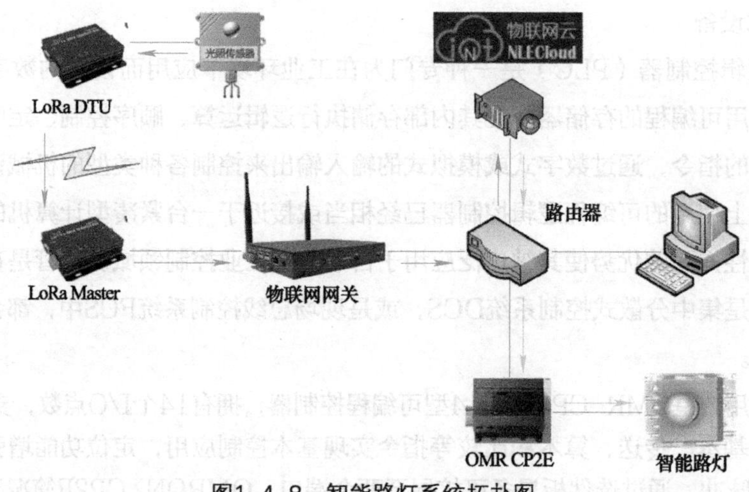

图1-4-8　智能路灯系统拓扑图

保证系统通信正常的关键点如下。

1）正确配置物联网网关：LoRa Master与PLC设备需要通过物联网网关来连接云平台，因此在物联网网关正确添加相应的连接器是整个系统正常运行的基础。

2）正确配置LoRa节点：LoRa配置正确与否决定了能否将光照信息顺利传输给物联网网关。

3）配置及烧写OMR CP2E：本项目采用的CP2E-N14是网络型PLC设备，需要设置相应的IP。PLC程序相当于PLC的大脑，决定了PLC将具有何种功能。烧写合适的程序对PLC的正常使用起到关键作用。

4）注意保证串口服务器物联网网关、PLC设备、路由器及计算机在同一网段（如192.168.14.0/24网段）。

5）配置云平台：本次任务传感数据都汇聚于云端，执行器指令也由云端发出。要在云平台上进行相应的设置才能实现数据传输的功能。

设备需要根据布局图进行安装固定。

安装固定好设备后按照连线图进行接线，智能路灯系统连线图如图1-4-9所示。

2. 制订计划

根据所学相关知识，请制订完成本次任务的实施计划，见表1-4-5。

表1-4-5　任务计划

项目名称	智慧社区设备的安装与调试
任务名称	安装智能路灯系统设备
计划方式	自行设计
计划要求	用8个以内的计划步骤来完整描述出如何完成本次任务
序　号	任务计划
1	
2	
3	
4	
5	
6	
7	
8	

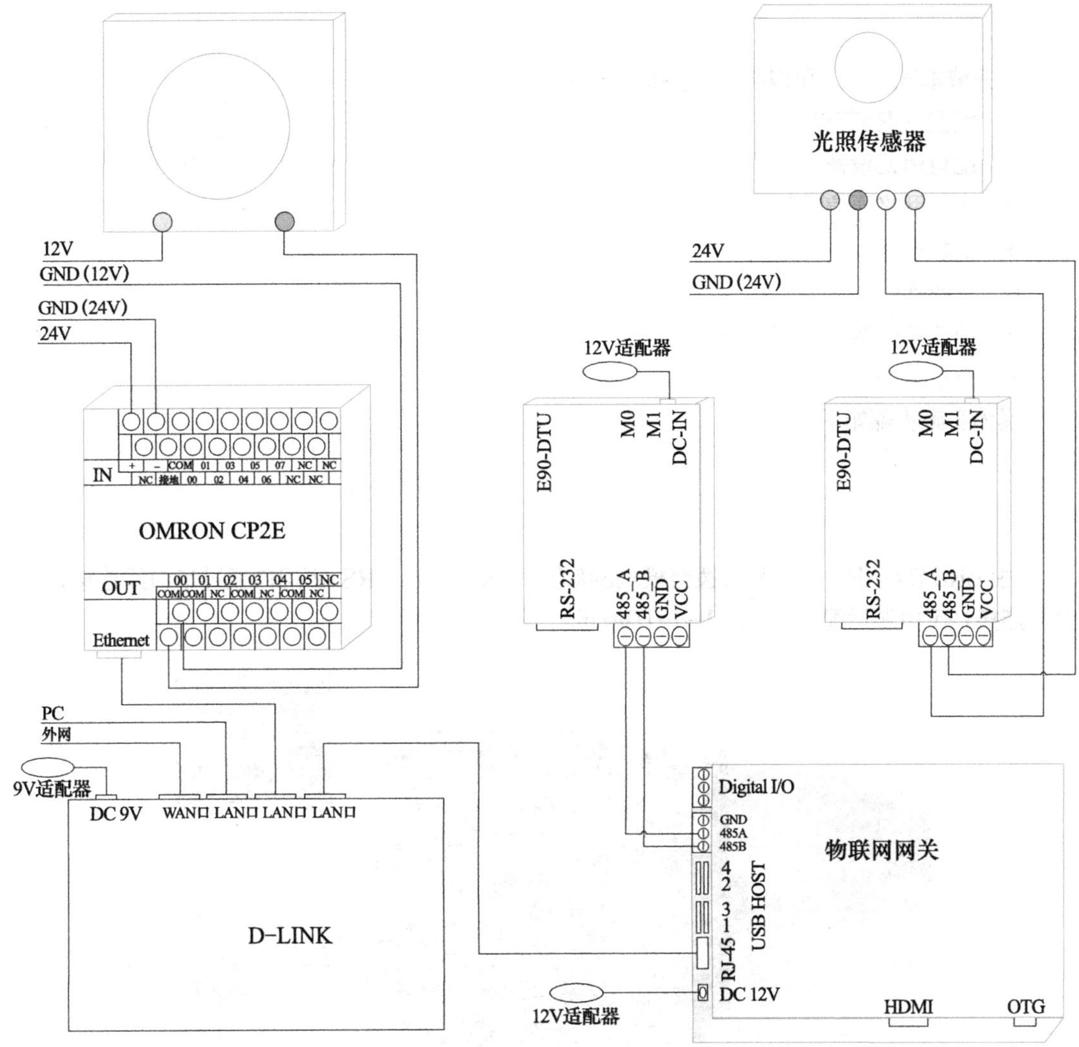

图1-4-9 智能路灯系统连线图

3. 设备与资源准备

任务实施前必须先准备好以下设备与资源，见表1-4-6。

表1-4-6 设备与资源

序号	设备/资源名称	数量	是否准备到位（√）
1	E90-DTU	2	
2	物联网网关	1	
3	OMRON CP2E-N14	1	
4	光照度传感器	1	
5	D-LINK	1	
6	灯座+灯	1	
7	设备说明文档	1	
8	安装工具	1套	
9	安装耗材	若干	

任务实施

要完成本次任务，可以将实施步骤分成以下7步。

- 配置LoRa节点。
- 配置PLC设备。
- 配置网络通信设备。
- 安装设备。
- 设备连线。
- 配置物联网网关及云平台。
- 查看结果。

具体实施步骤如下。

一、配置LoRa节点

1. LoRa节点连线

将LoRa节点M0、M1开关拨至模式3状态，LoRa节点的RS-232口通过串口线连接计算机，连接12V电源适配器，如图1-4-10所示。

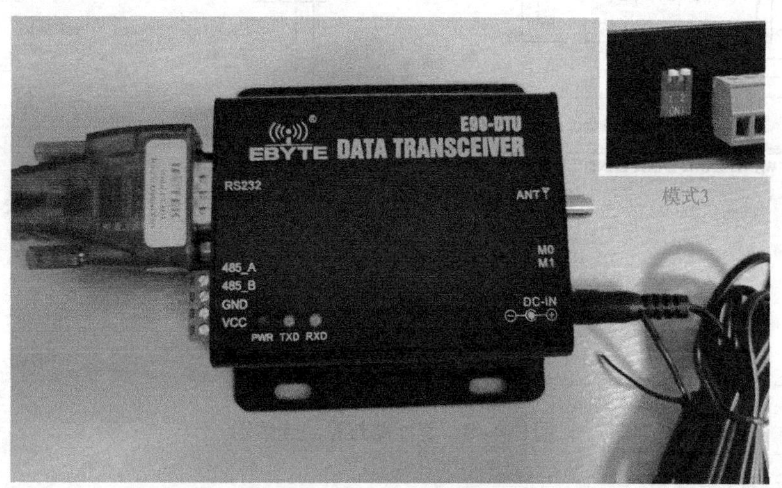

图1-4-10　LoRa节点连线

注意：请勿带电拔插串口，以免损坏串口。

2. LoRa节点配置

1）打开“RF_Setting_E90 V1.9.exe”程序，选择与LoRa节点相连的串口，单击“打开串口”按钮，如图1-4-11所示。

2）读取节点参数。单击“读取参数”按钮，中间的两个长方形框中会出现LoRa节点相关信息，左边显示节点型号及版本等固件信息，右边显示节点当前工作状态信息，如图1-4-12所示。

3）设置参数。只有频率信道一致，模块地址相同的LoRa节点间才能进行通信。节点初始信道为23，模块地址为0。为了避免相互干扰，尽量不要使用初始模块地址，应对这两个参数进行相关设置（例如，将频率信道设为23，模块地址设置为1000），如图1-4-13所示。

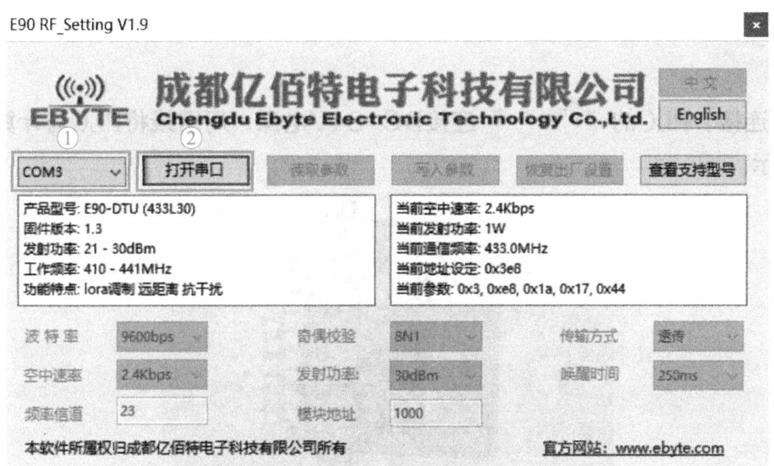

图1-4-11　打开配置程序，连接串口

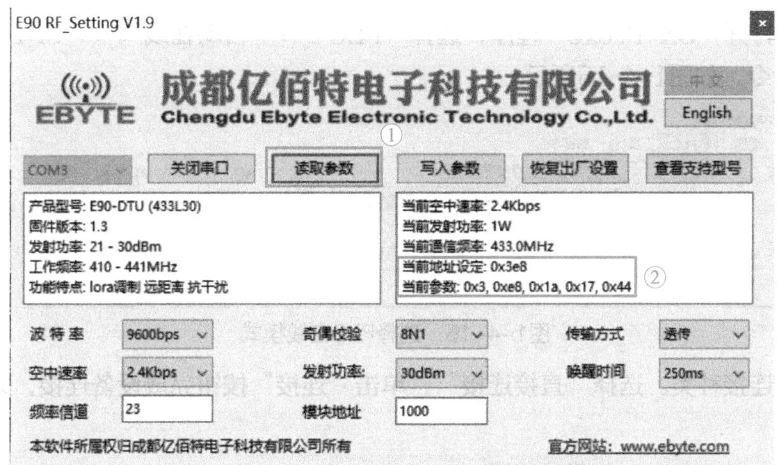

图1-4-12　读取节点设备参数

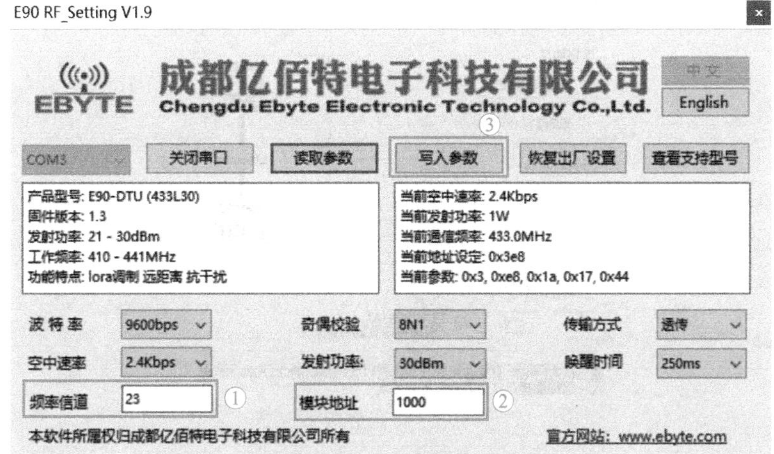

图1-4-13　设置参数

4）配置好后断电，将LoRa节点M0、M1开关拨至模式0状态。

二、配置PLC设备

1．连接PLC

1）设备连接。PLC的“+”“-”连接DC 24V电源，用网线将PLC与计算机直连，如图1-4-14所示。

图1-4-14　PLC设备配置连接图

2）双击打开“CX-P. exe”程序，选择“PLC”→“自动在线”→“CP1/CP2内置以太网在线”命令，如图1-4-15所示。

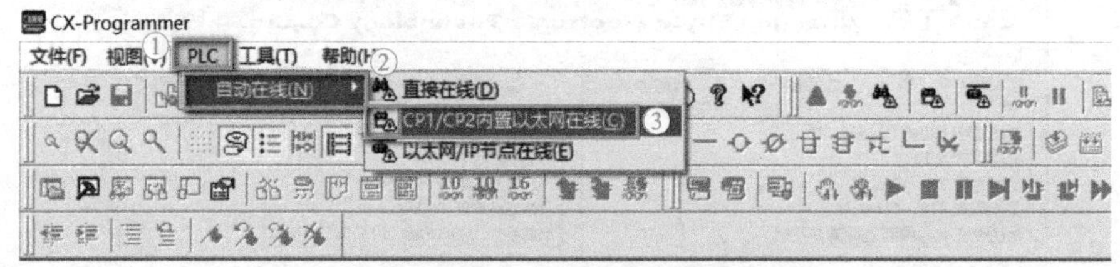

图1-4-15　选择PLC在线模式

3）选择连接种类。选择“直接连接”，单击“连接”按钮完成设备连接，如图1-4-16所示。

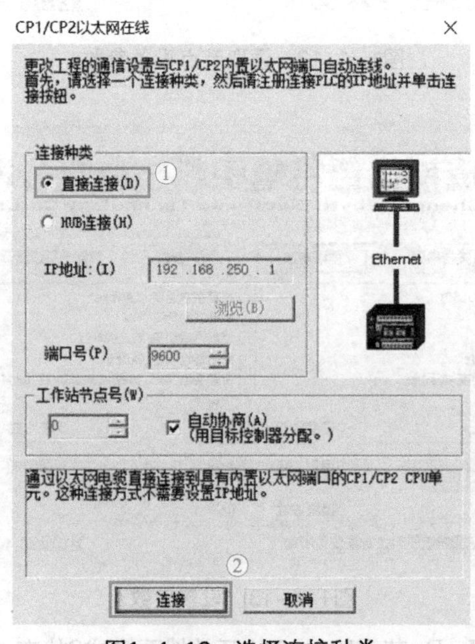

图1-4-16　选择连接种类

2. PLC程序及IP配置

1）单击“打开”按钮，查找范围选择“CP2E_N14DR_D.cxp”文件所在的文件夹，再单击“CP2E_N14DR_D.cxp”文件，单击“打开”按钮加载工程，如图1-4-17所示。

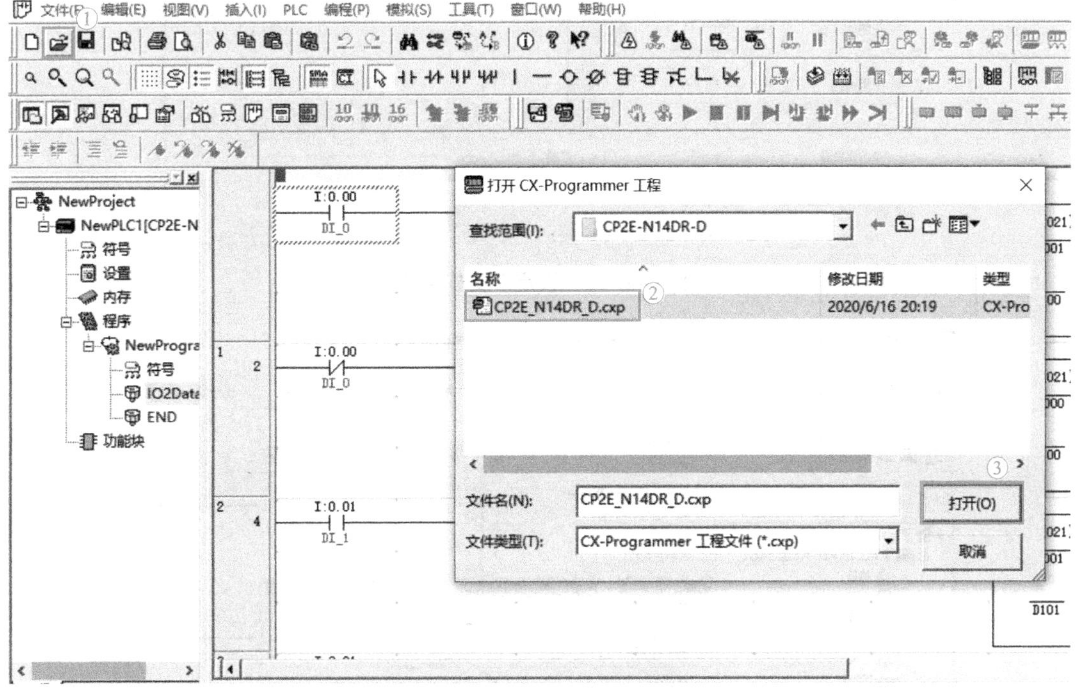

图1-4-17　加载工程

2）右击“设置”，选择“打开”命令打开PLC设定页面，如图1-4-18所示。

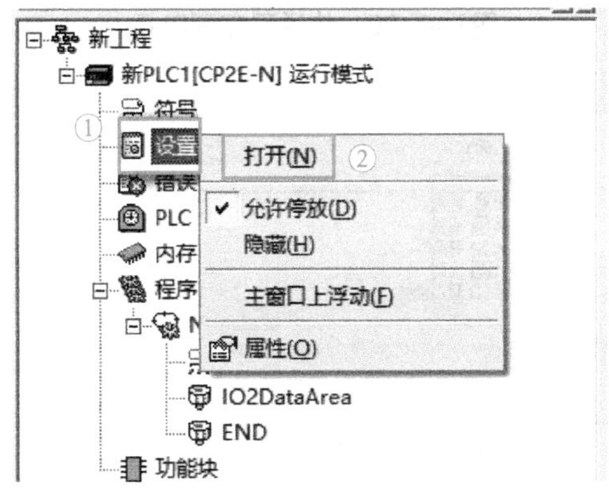

图1-4-18　打开PLC设定页面

3）选择“内置以太网”标签，配置IP地址（与路由器同网段，如192.168.14.11），设置FINS节点号为IP号的最后一个数（11），配置完成后关闭配置窗口，如图1-4-19所示。

4）选择“PLC”→“传送”→“到PLC”命令，进入下载选项，如图1-4-20所示。

5）全选下载选项中的各项目，单击“确定”按钮将IP设置及程序等都下载至PLC设备中，如图1-4-21所示。

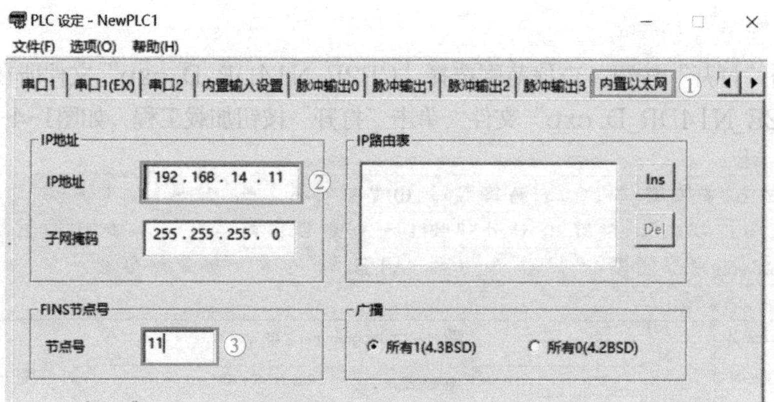

图1-4-19　设定IP及节点号

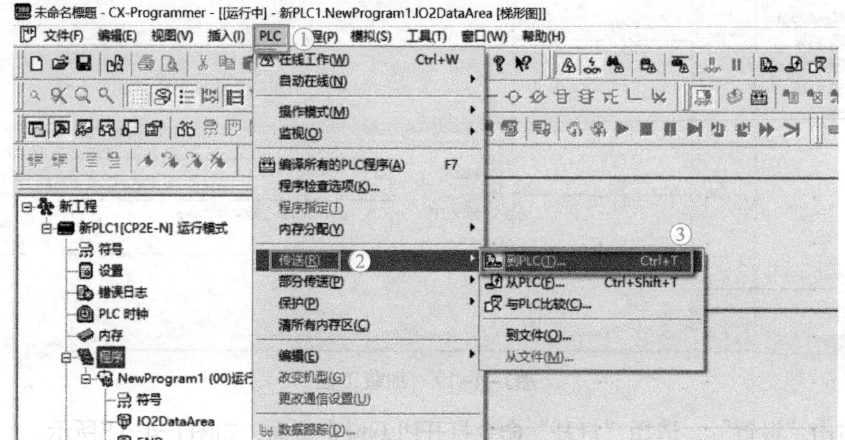

图1-4-20　传送程序到PLC

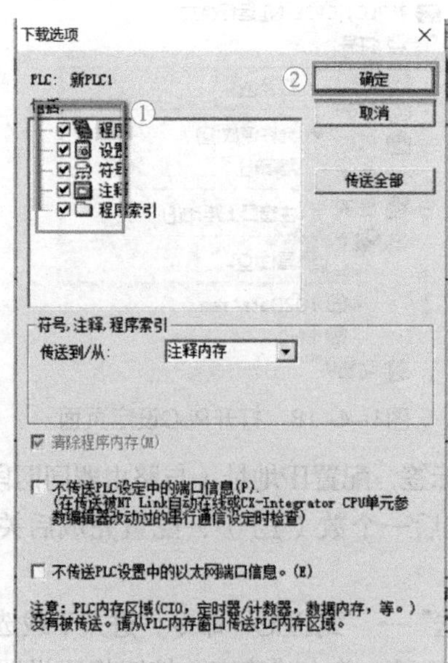

图1-4-21　选择全部下载

6）将PLC设备断电重启。PLC设备将启用新的配置及程序。

三、配置网络通信设备

本次任务需要路由器、PLC设备、物联网网关与PC处于同一网段。例如，将各设备IP设置在192.168.14.0/24网段。具体IP地址分配见表1-4-7。

表1-4-7　设置IP地址

设备名称	IP	网关
路由器	192.168.14.1	
OMRON CP2E	192.168.14.11	
物联网网关	192.168.14.100	192.168.14.1
PC	自动获取	192.168.14.1

1. 路由器具体配置方法参考本项目任务2的相关内容。

2. 配置物联网网关IP

1）修改计算机IP与物联网网关处于同一网段。

右击“网络”图标，选择“属性”命令，弹出“网络和共享中心”窗口。单击“以太网”弹出以太网状态窗口，再单击“属性”按钮，如图1-4-22所示。

图1-4-22　修改计算机IP过程1

在以太网属性窗口中双击“Internet协议版本4（TCP/IPV4）”，打开Internet协议版本4（TCP/IPv4）属性窗口。选择“使用下面的IP地址”单选按钮，输入IP地址192.168.1.21（192.168.1段的IP即可），输入默认网关192.168.1.1，单击“确定”按钮完成配置，如图1-4-23所示。

2）打开IE浏览器，输入物联网网关IP（192.168.1.100），显示登录页面，习惯中文界面的可在左上角选择“中文”。输入用户名newland，密码newland。单击“立即登录”按钮进入设备配置页面，如图1-4-24所示。

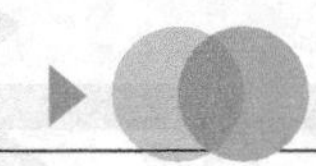

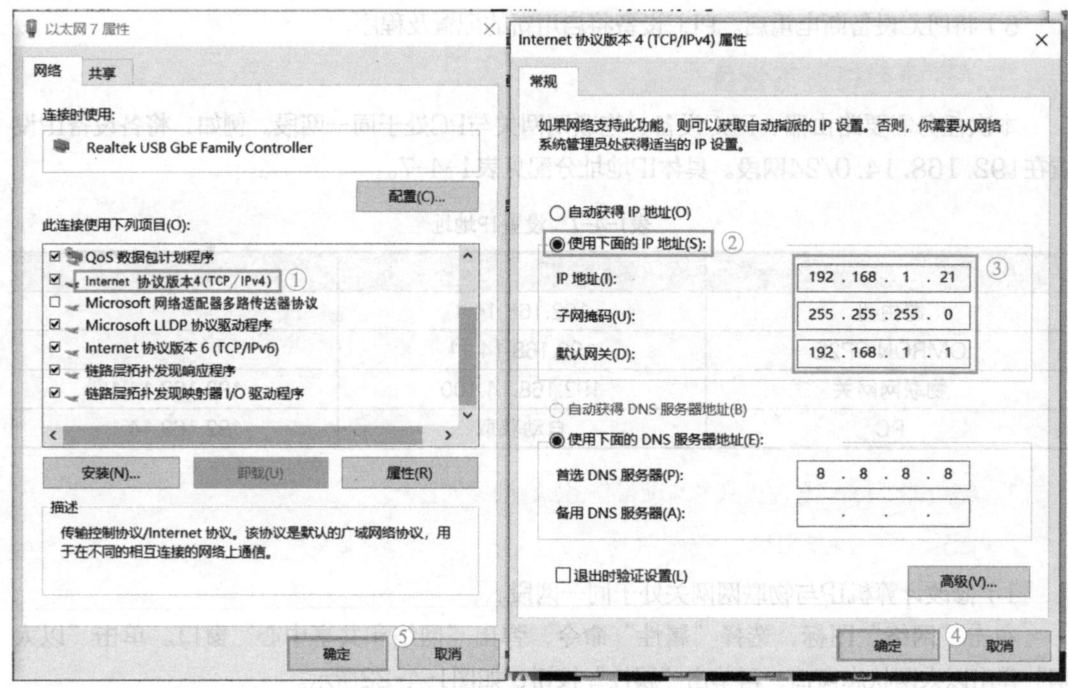

图1-4-23　修改计算机IP过程2

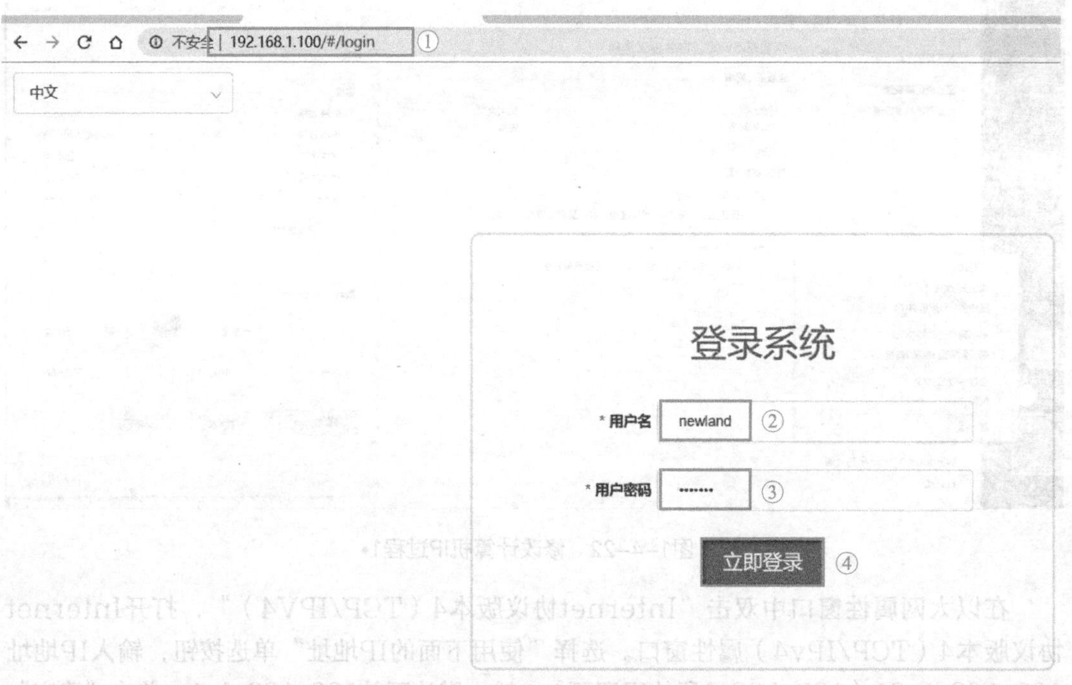

图1-4-24　物联网网关登录

3）配置物联网网关IP。单击“配置”，选择“设置网关IP地址”。将IP地址按要求改为“192.168.14.100”，默认网关改为“192.168.14.1”，单击“确定”按钮完成IP配置，如图1-4-25所示。

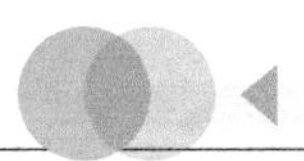

图1-4-25　配置物联网网关IP

4）将计算机IP改为自动获取IP地址。

四、安装设备

根据图1-4-26所示的设备布局图安装设备。要求设备安装牢固，布局合理。

智能路灯系统

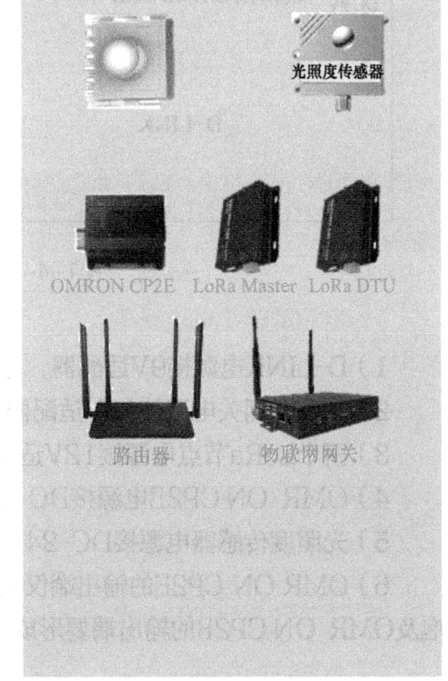

图1-4-26　设备布局图

五、设备连线

根据智能路灯系统设备连线图进行连线，如图1-4-27所示。

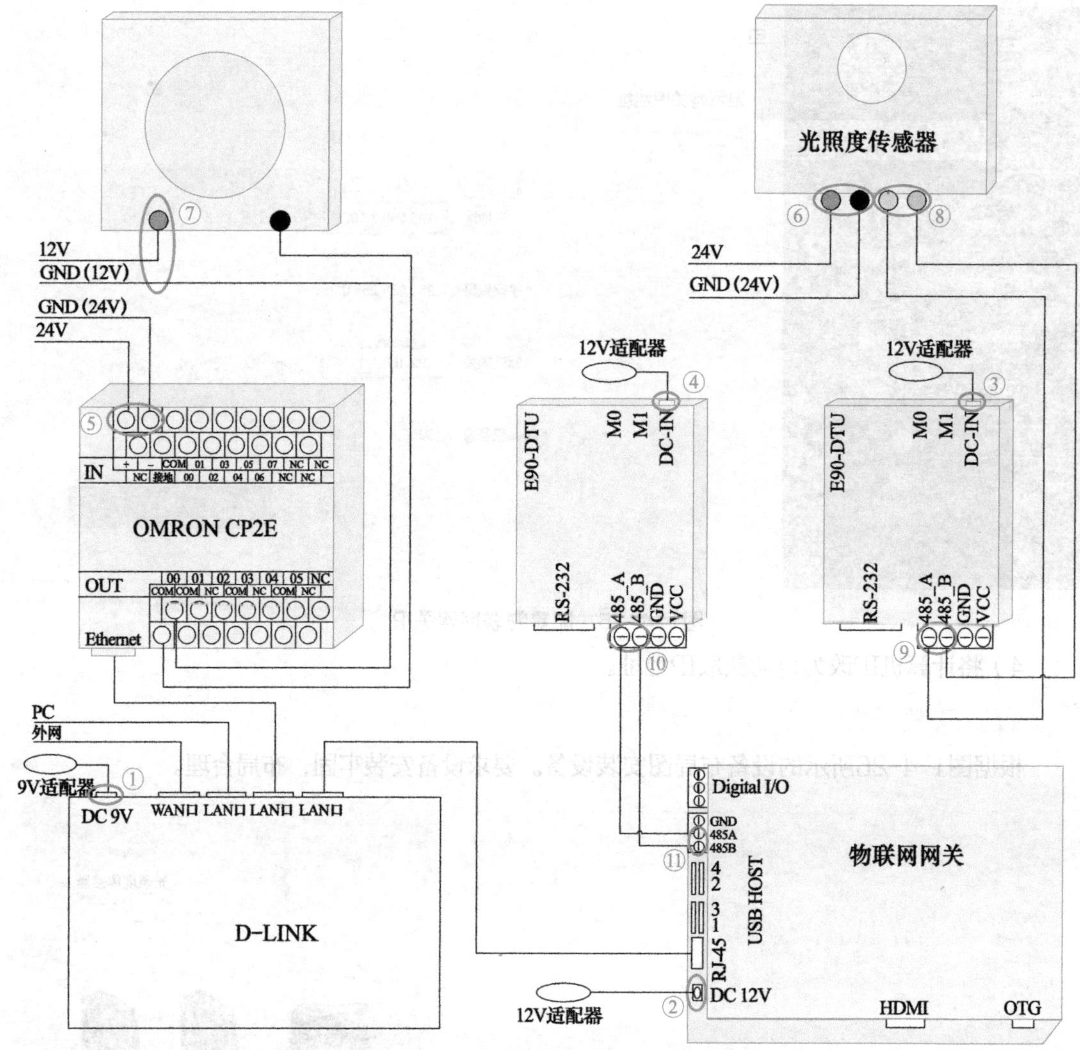

图1-4-27　智能路灯系统设备连线图

1．电源部分（见连线图①~⑦）

1）D-LINK电源接9V适配器，见①。

2）物联网网关电源接12V适配器，见②。

3）两个LoRa节点电源接12V适配器，见③和④。

4）OMR ON CP2E电源接DC 24V，见⑤。

5）光照度传感器电源接DC 24V，见⑥。

6）OMR ON CP2E的输出端仅相当于一个开关，灯泡需要DC 12V供电。12V电源、灯泡及OMR ON CP2E的输出端要形成一个回路，见⑦。

2．数据连线部分

1）光照度传感器黄线、绿线（见⑧）分别与LoRa DTU的485A、485B（见⑨）相连。

2）LoRa Master的RS-485端口（见⑩）与物联网网关的RS-485端口相连（见⑪），注意区分485A与485B。

3）物联网网关、OMRON CP2E和计算机分别接D-LINK的LAN口，D-LINK的WAN口接外网。

3．连线完成，逐一检查

1）设备电源是否连接正确，包含极性及电压大小。

2）信号输入输出是否连接正确。

检查无误，通电调试。

六、配置物联网网关及云平台

1．配置物联网网关

1）选择“配置”→“设置Cloudclient”，在“云平台/边缘服务IP”文本框中输入“117.78.1.201”或者“120.77.58.34”，在“云平台/边缘服务Port”文本框中输入“8600”，单击“确定”按钮完成Cloudclient设置，如图1-4-28所示（注意：配置云平台时要添加的物联网网关设备标识需要在此页面复制）。

图1-4-28 设置Cloudclient

2）添加连接器：PLC设备与LoRa主节点都是通过物联网网关连接云平台，因此需要添加两个连接器。

LoRa连接器：在“配置”中单击“新增连接器”，再选择“串口设备”。设备接入方式选择“串口接入”，连接器名称可自定义填写（如LoRa），设备类型选择“Modbus over Serial”，波特率选择“9600”，串口名称按接线方式自动选择（“/dev/ttyS3”）。单击“确定”按钮添加LoRa连接器，如图1-4-29所示。

PLC连接器：在“配置”中单击“新增连接器”，再选择“网络设备”。网络设备连接器名称可自定义填写（如PLC），网络设备连接器类型选择“OMRON PLC”，单击“确定”按钮添加PLC连接器，如图1-4-30所示。

3）添加光照度传感器。在“连接器”中单击“lora”，再单击“新增”按钮，设备类型选择“光照度传感器（485型）”，设备名称可自定义填写（如guangz），设备地址填“01”，标识名称可自定义填写（如L_gz），单击“确定”按钮完成光照度传感器的添加，如图1-4-31所示。

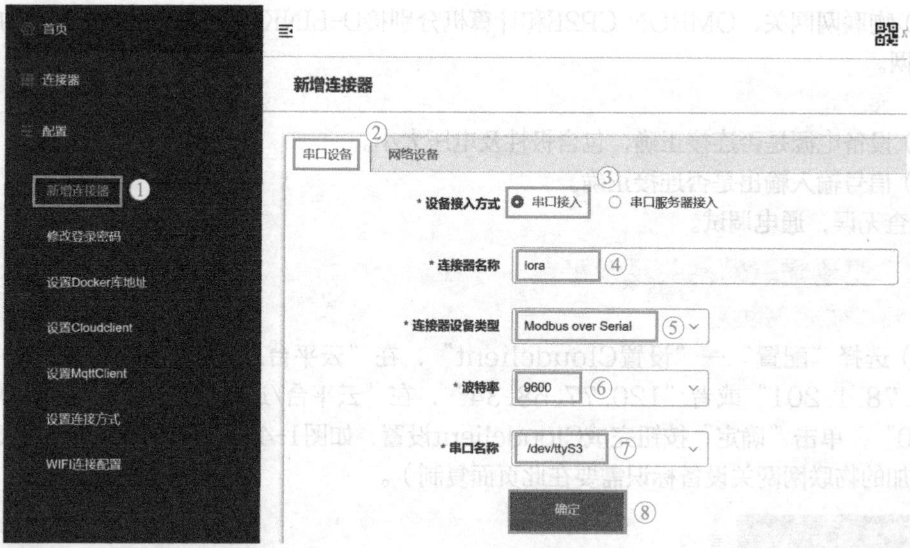

首页
连接器
配置
新增连接器 ①
修改登录密码
设置Docker库地址
设置Cloudclient
设置MqttClient
设置连接方式
WIFI连接配置
新增连接器
串口设备 ② 网络设备
* 设备接入方式 ● 串口接入 ③ ○ 串口服务器接入
* 连接器名称 lora ④
* 连接器设备类型 Modbus over Serial ⑤
* 波特率 9600 ⑥
* 串口名称 /dev/ttyS3 ⑦
确定 ⑧

图1-4-29　添加LoRa连接器

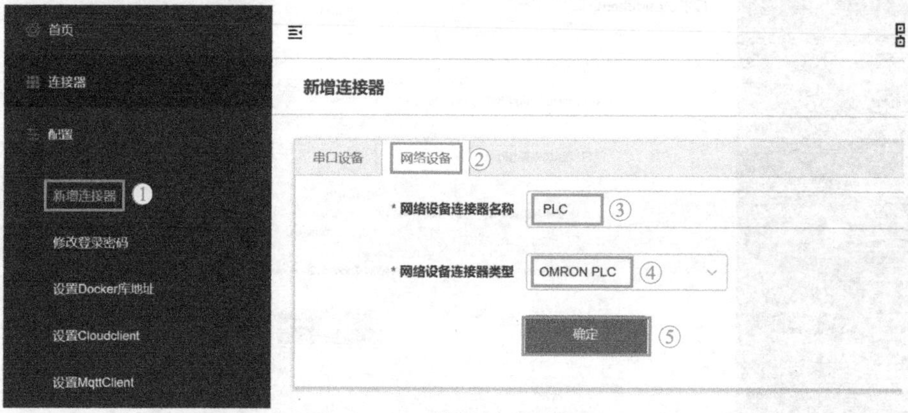

首页
连接器
配置
新增连接器 ①
修改登录密码
设置Docker库地址
设置Cloudclient
设置MqttClient
新增连接器
串口设备 网络设备 ②
* 网络设备连接器名称 PLC ③
* 网络设备连接器类型 OMRON PLC ④
确定 ⑤

图1-4-30　添加PLC连接器

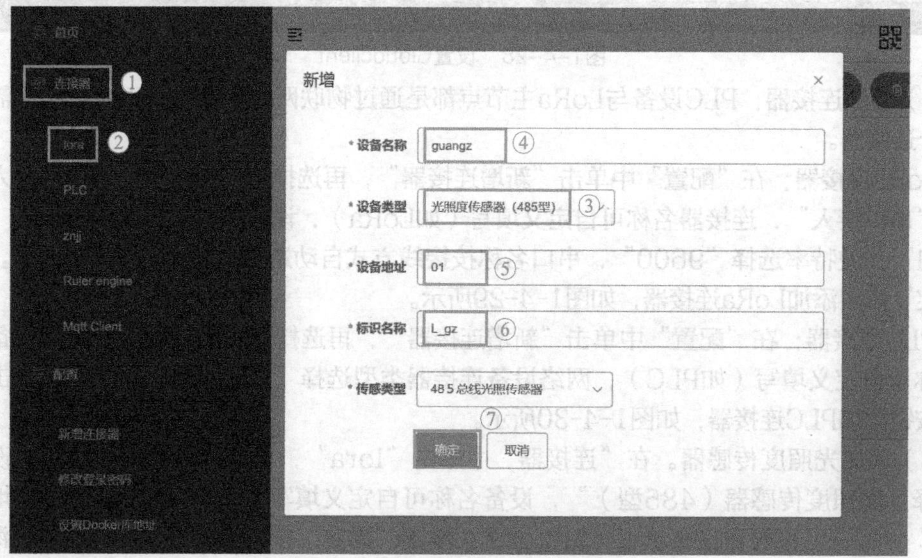

图1-4-31　新增光照度传感器

4）添加OMR设备。在“连接器”中单击“PLC”，再单击“新增”按钮，设备名称可自定义填写（如OMR），设备IP填PLC设备IP（192.168.14.11），设备端口为“9600”，单击“确认”按钮完成OMR设备的添加，如图1-4-32所示。

图1-4-32 添加OMR设备

5）添加OMR下属执行器。根据接线图，灯接在DO0口，因此需要在OMR下添加DO0口的执行器。单击“OMR”图标，下方出现“新增传感器”与“新增执行器”两个按钮。单击“新增执行器”按钮，出现“新增”界面。传感名称可自定义填写（如lamp），标识名称可自定义填写（如P_lamp），传感类型选择“照明灯”，可选通道号选择“DO0”，单击“确定”按钮完成执行器添加，如图1-4-33所示。

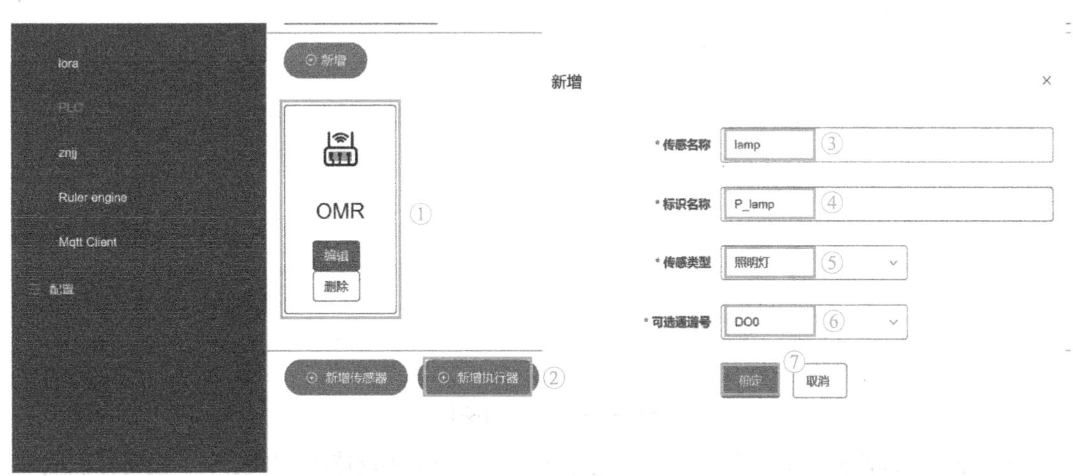

图1-4-33 添加OMR下属执行器

2. 云平台配置

1）打开新大陆云平台网页（http://www.nlecloud.com），输入账号、密码及验证码，单击“登录”按钮，进入开发者中心。如果还未注册可以单击“免费注册”申请一个账户，如图1-4-34所示。

图1-4-34　云平台账户登录

2）单击“新增项目”按钮打开添加项目页面，项目名称为“智慧社区”，联网方案选择“以太网”，单击“下一步”按钮进入添加设备页面，如图1-4-35所示。

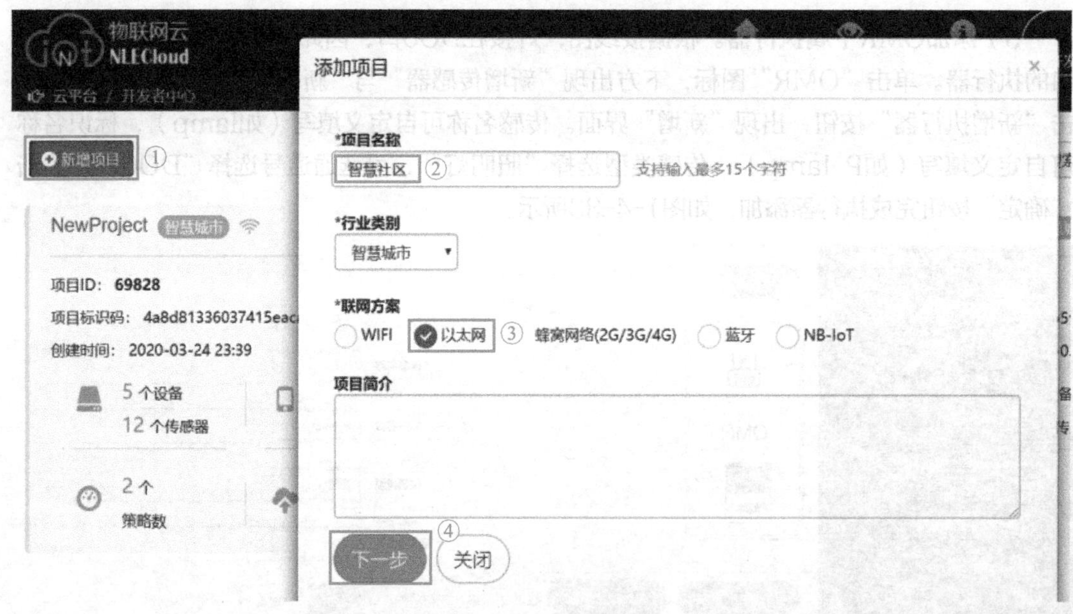

图1-4-35　新增项目

3）添加物联网网关。设备名称为“边缘网关”，通信协议选择“TCP”，设备标识从物联网网关相应位置复制（见图1-4-28），单击“确定添加设备”按钮完成物联网网关设备添加，如图1-4-36所示。

4）云平台获取边缘网关下传感器与执行器信息。网关设备在线时，单击“数据流获取”按钮，边缘网关下的传感器和执行器会同步到云平台，如图1-4-37所示。

5）设置策略。单击“策略”按钮进入策略管理页面，如图1-4-38所示。

图1-4-36　添加设备

图1-4-37　数据流获取

图1-4-38　设置策略

单击“新增策略”按钮增加一条策略，要求光照度小于200时开灯。具体配置如下：“选择设备”为“边缘网关”，“策略类型”选择“设备控制”，“条件表达式”第一栏选择传感器（guangz（L_gz）），第二栏选择“小于”，第三栏填入数值200。“策略动作”第一栏选择对应执行器（lamp），第二栏选择相应的动作（“打开（1）”），单击“确定”按钮完成新策略的添加，如图1-4-39所示。

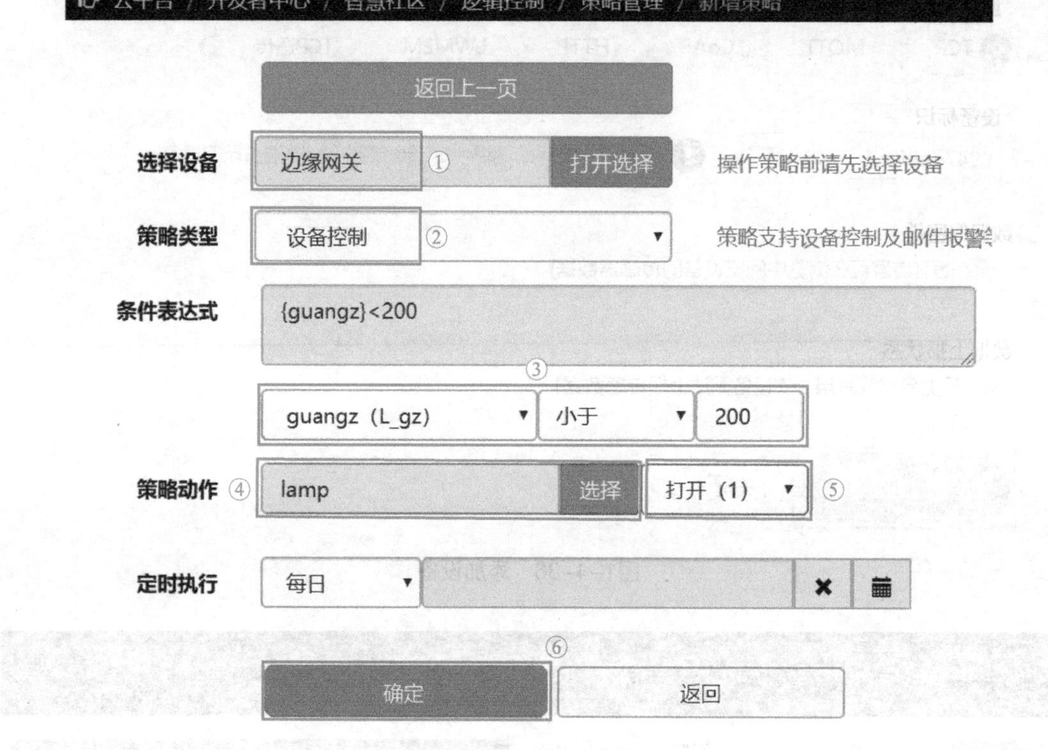

图1-4-39　新增策略

再增加一条策略，要求光照度大于300时关灯（可参考以上配置方法）。分别单击两个“未开启”按钮开启策略，如图1-4-40所示。

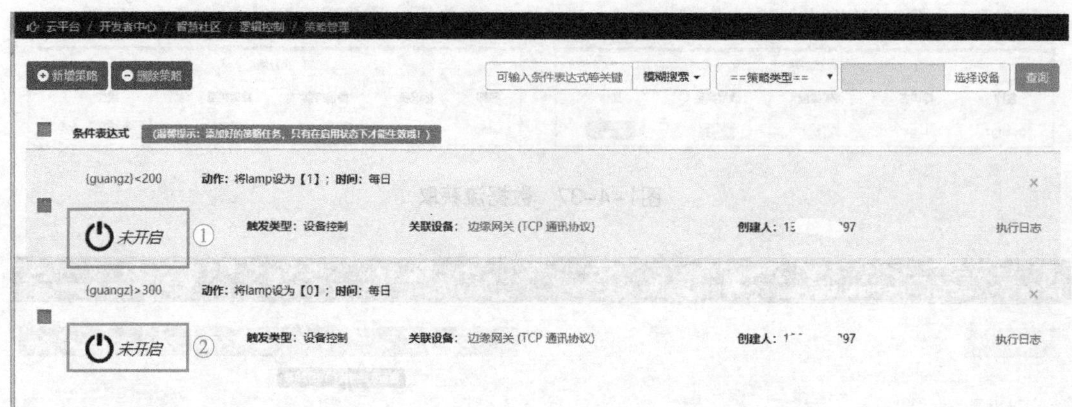

图1-4-40　执行策略

七、查看结果

1. 云平台查看设备数据

1）查看实时数据。当设备在线时（在线小灯泡显示绿色），单击“下发设备”后的倒三角按钮，打开实时数据开关。查看各传感器的实时数据，如图1-4-41所示。

图1-4-41　查看实时数据

2）查看历史数据。

单击“历史数据”按钮进入历史传感数据查看页面，如图1-4-42所示。

图1-4-42　单击“历史数据”

可查看所有传感器信息，若需要查看特定传感器数据，可单击“选择传感器”按钮选择相应传感器，再单击“查询”按钮，如图1-4-43所示。

图1-4-43　查看历史数据

2. 检验策略执行情况

用物品遮住光照度传感器，查看云平台光照度传感器数据变化，并观察灯泡变化情况。

任务检查与评价

完成任务实施后，进行任务检查与评价，具体检查评价单见表1-4-8。

表1-4-8　任务检查评价单

项目名称	智慧社区设备的安装与调试
任务名称	安装智能路灯系统设备
评价方式	可采用自评、互评、老师评价等方式
说　明	主要评价学生在项目学习过程中的操作技能、理论知识、学习态度、课堂表现、学习能力等

序号	评价内容	评价标准		分值	得分
1	专业技能（60%）	设备配置（25%）	LoRa配置正确（2分）	25分	
			路由器配置正确（2分）		
			PLC配置正确（5分）		
			物联网网关配置正确（8分）		
			云平台配置正确（8分）		
2		设备安装（15%）	设备安装牢固（10分）	15分	
			布局合理（5分）		
			注：设备安装一处松动扣2分		
3		按照接线图进行设备连接（15%）	光照度传感器及灯泡接线正确（4分）	15分	
			LoRa节点接线正确（2分）		
			路由器连线正确（2分）		
			PLC设备连线正确（3分）		
			物联网网关连线正确（4分）		
4		整机调试（5%）	云平台能监测传感器与执行器数据（3分）	5分	
			灯泡能够根据光照强弱实现自动控制（2分）		
5	核心素养（20%）	具有自主学习能力（10分）		20分	
		具有分析解决问题的能力（10分）			
6	课堂纪律（20%）	设备无损坏、设备摆放整齐、工位区域内保持整洁、不干扰课堂秩序（20分）		20分	
总得分					

任务小结

通过完成安装智能路灯系统设备的任务，读者可了解LoRa的相关知识并掌握LoRa节点、PLC设备物联网网关配置与连接的基本方法，强化设备安装与接线的技能，初步了解云平台的项目与设备添加过程、策略设置方法及数据查询方法。

- 安装智能路灯系统设备
  - 知识学习
    - 项目实施过程文档
      - 相关图样
        - 拓扑图：设备关系
        - 设备布局图：设备安装依据
        - 设备接线图：设备连线依据
    - 物联网云平台简介
    - 设备知识
      - E90-DTU：DC 12V，-40℃～85℃，通信接口：RS-232/RS-485 波特率：9600，地址码：出厂默认0，共计65 536个地址码可设置
      - 物联网网关：DC 12V适配器，接口：4个USB接口，1个RJ-45接口 1个RS-485接口，1个Digital I/O接口，1个HDMI接口，1个OTG接口
      - 光照度传感器：DC 24V，485输出，红黑黄绿四线
      - OMRON CP2E：DC 24V，输入：8个通道，输出：6个通道，连接端口：Ethernet端口
    - 拓展知识：LoRa知识
      - 无线通信技术种类
      - LoRa技术特点：融合了数字扩频、数字信号处理和前向纠错编码技术，具有功耗低、覆盖范围广、穿透性强的特点
      - LoRa网络组成：终端、网关、Server和云
  - 技能实践
    - 配置LoRa节点
    - 配置PLC设备
    - 配置网络通信设备
    - 安装设备
    - 设备连接
    - 物联网网关及云平台配置
    - 查看结果

素养提升

2008年北京奥运会使用的灯光设备较为依赖进口，而2022年北京冬奥会开幕式上所使用的灯光设备全部都是中国制造。在北京冬奥会崇礼赛场的核心赛区周边已经部署接入了2539盏智慧路灯，这些路灯除了提供基础的照明服务，还搭载接入了视频监控、路灯节能控制器、交通指示牌、交通信号灯、LED信息显示屏、新能源充电桩、太阳能光伏发电储能装置等诸多物联网智慧设备。

任务拓展

请在现有任务基础上，在PLC设备的DI0口加装一个开关，配置物联网网关的连接器，通过云平台策略将开关与灯实现联动，从而手动控制灯的亮灭。

任务5 安装智能活动中心系统设备

职业能力

- 能根据使用说明书使用相关配置工具，正确配置NB节点。
- 能根据使用说明书使用相关配置工具，正确配置PLC设备。
- 能根据使用说明书正确配置边缘网关、路由器等网络通信设备。
- 能根据网络拓扑图和设备说明书，正确安装路由器等网络通信设备。

- 能根据智能活动中心系统安装图样，正确安装传感器、NB节点、PLC等设备。
- 能根据接线图，正确完成设备接线与供电。

任务描述与要求

任务描述

小陆所在的公司承接了智慧社区项目，为了提升居民活动场所环境，社区规划改造活动中心。希望通过添加部分移动式的传感器来采集环境数据，以实现对活动中心用电设备的智能控制，在保证人员舒适性的前提下节约用电。小陆根据客户需求并结合现场情况建议采用NB-IoT采集环境传感信息，通过蜂窝网络连接云平台，实现用电设备智能远程控制。

任务要求

- 正确配置NB-IoT及PLC等节点设备。
- 正确配置路由器等网络通信设备。
- 正确安装设备。
- 正确完成设备接线与供电。
- 正确配置云平台。
- 可以通过云平台接收传感信号并实现远程控制。

知识储备

1．项目实施过程文档简介

项目实施过程需仔细阅读以下文档。

1）网络拓扑图：通过拓扑图了解电路结构，了解信号传输路径及方式。

2）设备安装布局图：设备安装施工的依据。

3）设备连线图：设备间相互连线的依据。

4）物联网系统工程实施与运维用户部署文档。

2．智能活动中心设备简介

（1）TiBOX-NB200

TiBOX-NB200是一款NB-IoT可编程数传控制器，利用NB-IoT网络为用户提供无线长距离低功耗数据传输功能。内置钛云物联自主知识产权的钛极OS（TiJOS）物联网操作系统，支持用户通过Java语言进行功能扩展，适用各种工况，它强大的可编程功能允许用户根据项目需求来开发所需的功能。采用工业级无线模块，采用超低功耗的设计，超强的网络覆盖及支持大容量用户接入，同时提供RS-232/RS-485接口，实现数据透传功能。可广泛应用于公共事业、医疗健康、智慧城市、农业环境、物流仓储、智能楼宇、制造行业等。TiBOX-NB200的产品介绍见表1-5-1。

表1-5-1　TiBOX-NB200的产品介绍

设备名称 TiBOX-NB200	设备简况
	电源：4～28V 供电方式：USB或12V适配器 工作温度：-35℃～75℃ 有线传输方式:RS-232/RS-485 无线传输方式：NB-IoT
安装方法	
	设备两侧配有两排用于固定的孔位，通过固定孔位用M4螺钉将设备固定于墙上或安装面板上 安装天线：将配件中的天线安装到天线底座 安装NB-IoT物联网卡：推出SIM卡槽后将SIM卡放入后推入

（2）物联网网关

详见任务4中的相关介绍。

（3）PLC设备

详见任务4中的相关介绍。

（4）温湿度传感器

详见任务2中的相关介绍。

扩展阅读：NB-IoT简介

窄带物联网（Narrow Band Internet of Things，NB-IoT），是一种专为万物互联打造的蜂窝网络连接技术。顾名思义，NB-IoT所占用的带宽很窄，只需约180kHz，而且其使用License频段，可采取带内、保护带或独立载波3种部署方式，与现有网络共存，并且能够直接部署在GSM、UMTS或LTE网络，即2/3/4G的网络上，实现现有网络的复用，降低部署成本，实现平滑升级。

移动网络作为全球覆盖范围最大的网络，其接入能力可谓得天独厚，因此相较Wi-Fi、蓝牙、ZigBee等无线连接方式，基于蜂窝网络的NB-IoT连接技术的前景更好，已经逐渐作为开启万物互联时代的钥匙被用到物联网行业中。

NB-IoT是IoT领域一个新兴的技术，支持低功耗设备在广域网的蜂窝数据连接，也被叫作低功耗广域网（LPWAN）。NB-IoT支持待机时间长、对网络连接要求较高设备的高效连接。据说NB-IoT设备的电池寿命可以提高至少10年，同时还能提供非常全面的室内蜂窝数据连接覆盖。

NB-IoT具备以下4个特点。

1）低功耗，NB-IoT终端模块的待机时间可长达10年。

2）广覆盖，将提供改进的室内覆盖，在同样的频段下，NB-IoT比现有的网络增益20dB，相当于提升了100倍覆盖区域的能力。

3）低成本，企业预期的单个接连模块不超过5美元。

4）大容量，具备很强的支撑连接能力，NB-IoT的一个扇区能够支持10万个连接，支持低延时敏感度、超低的设备成本、低设备功耗和优化的网络架构。

NB-IoT自身具备低功耗、广覆盖、低成本、大容量等优势，可以广泛应用于多种垂直行业，如远程抄表、资产跟踪、智能停车、智慧农业等。

任务计划与决策

1．任务分析

智能活动中心系统能够根据传感器采集的环境信息灵活控制相关设备。通过本任务的网络拓扑图（见图1-5-1）可知，传感器采集的信息经NB节点通过蜂窝网络上传至云服务器。在云服务器上对数据进行分析处理，下发控制指令。控制指令下发至PLC设备，PLC根据收到的指令控制输出端口电平，实现对用电器的控制。

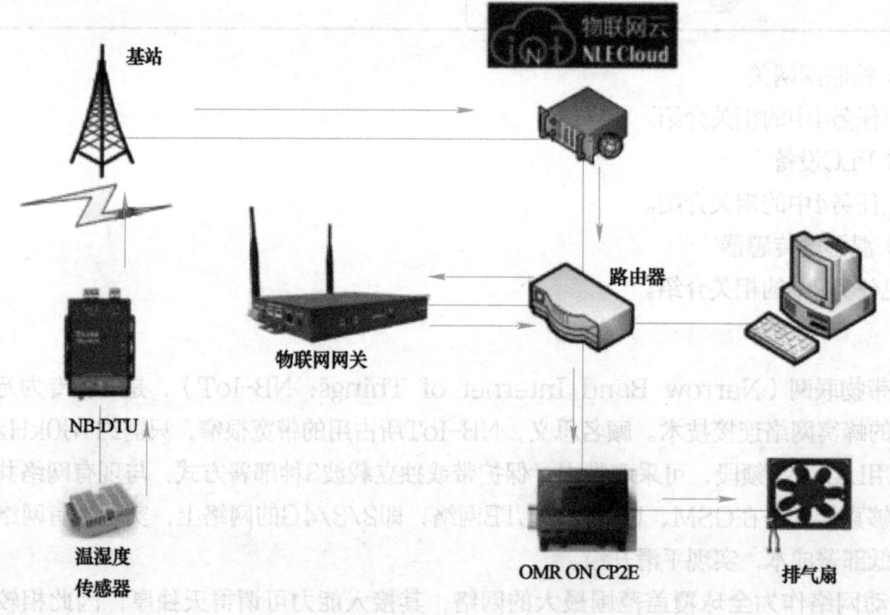

图1-5-1　智能活动中心系统拓扑图

保证系统通信正常的关键点如下。

1）正确配置物联网网关：PLC设备需要通过物联网网关来连接云平台，因此在物联网网关正确添加相应的连接器是整个系统正常运行的基础。

2）正确配置NB节点与传感器：NB与传感器配置是否正确决定了能否将温湿度信息顺利传输给物联网网关。

3）配置及烧写OMRON CP2E：本项目采用的CP2E-N14是网络型PLC设备，需要设置相应的IP。PLC程序相当于PLC的大脑，决定了PLC将具有何种功能。烧写合适的程序对PLC的正常使用起到关键作用。

4）注意保证串口服务器物联网网关、PLC设备、路由器及计算机要在同一网段（如192.168.14.0/24网段）。

5）配置云平台：本次任务传感数据都汇聚于云端，执行器指令也由云端发出。要在云平台上进行相应的设置才能实现数据传输的功能。

设备需要根据布局图进行安装固定。

安装固定好设备后按照连线图进行接线，智能活动中心系统连线图如图1-5-2所示。

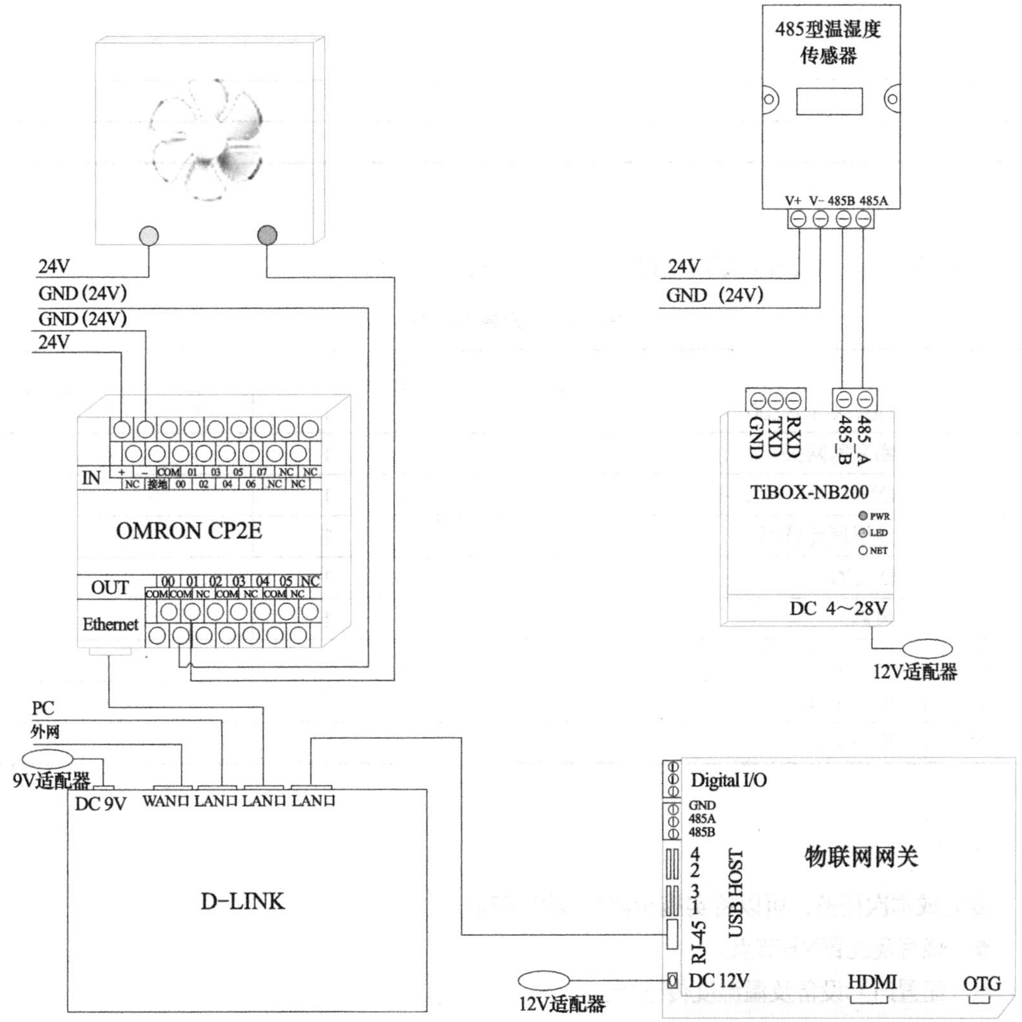

图1-5-2　智能活动中心系统连线图

2. 制订计划

根据所学相关知识，请制订完成本次任务的实施计划，见表1-5-2。

表1-5-2 任务计划

项目名称	智慧社区设备的安装与调试
任务名称	安装智能活动中心系统设备
计划方式	自行设计
计划要求	用8个以内的计划步骤来完整描述出如何完成本次任务
序号	任务计划
1	
2	
3	
4	
5	
6	
7	
8	

3. 设备与资源准备

任务实施前必须先准备好以下设备与资源，见表1-5-3。

表1-5-3 设备与资源

序号	设备/资源名称	数量	是否准备到位（√）
1	TiBOX-NB200	1	
2	物联网网关	1	
3	OMR ON CP2E-N14	1	
4	温湿度传感器	1	
5	D-LINK	1	
6	风扇	1	
7	设备说明文档	1	
8	安装工具	1套	
9	安装耗材	若干	

任务实施

要完成本次任务，可以将实施步骤分成以下7步。

- 烧写及配置NB节点。
- 配置PLC设备及温湿度传感器。
- 配置网络通信设备。
- 安装设备。

- 设备连线。
- 配置物联网网关及云平台。
- 查看结果。

具体实施步骤如下。

一、烧写及配置NB节点

1. NB节点连线

安装好NB-IoT物联网卡及天线，将NB节点通过USB线连接到计算机，如图1-5-3所示。

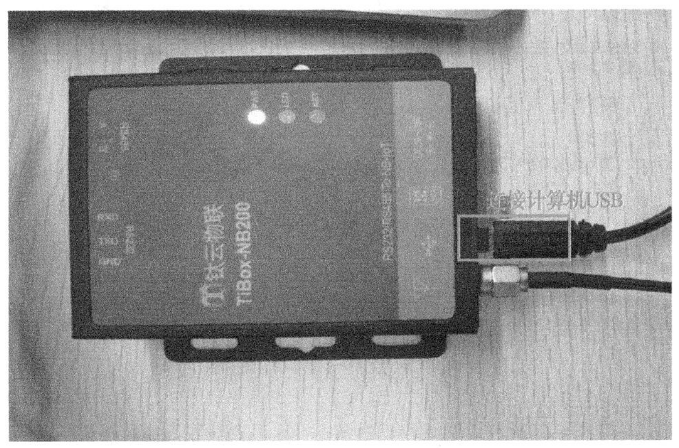

图1-5-3 NB节点配置连线

2. 烧写程序

1）运行eclipse-jee-photon-R-win32-x86_64\eclipse目录下的“eclipse. exe”文件，单击“Launch”按钮进入Eclipse程序主界面，如图1-5-4所示。

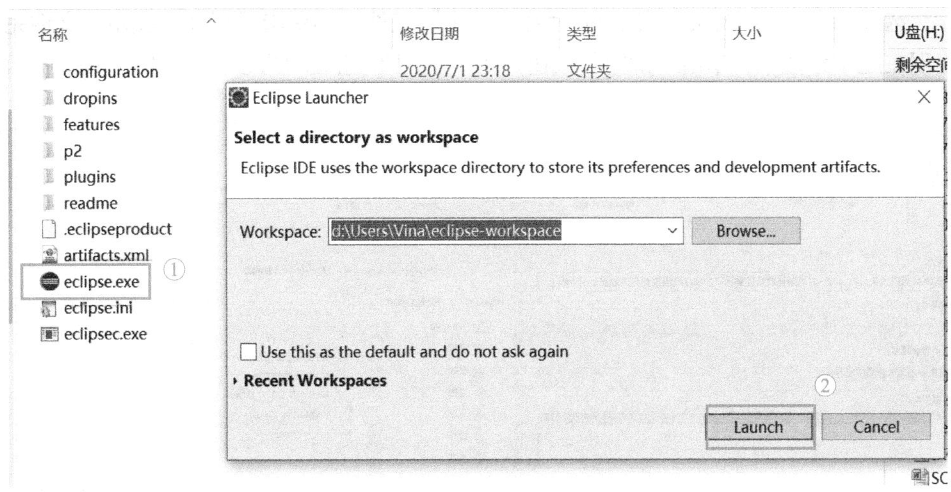

图1-5-4 打开Eclipse程序

2）选择“TiJOS”→“TiDevManager”命令，如图1-5-5所示。

3）单击“连接设备”按钮，弹出“端口设置”页面，系统终端选择“USB-SERIAL CH340”相关串口，再单击“连接”按钮，如图1-5-6所示。

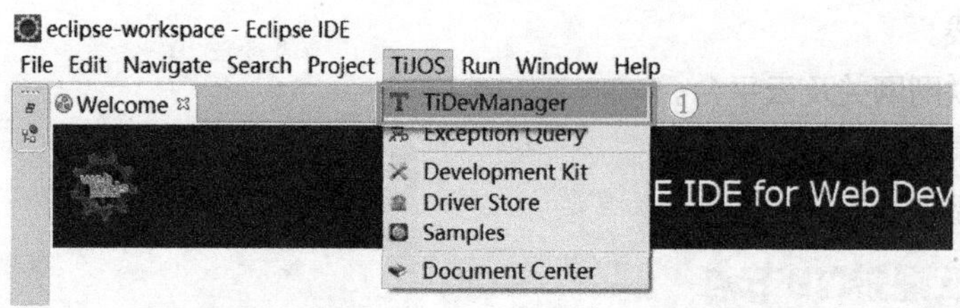

图1-5-5　打开TiDevManager

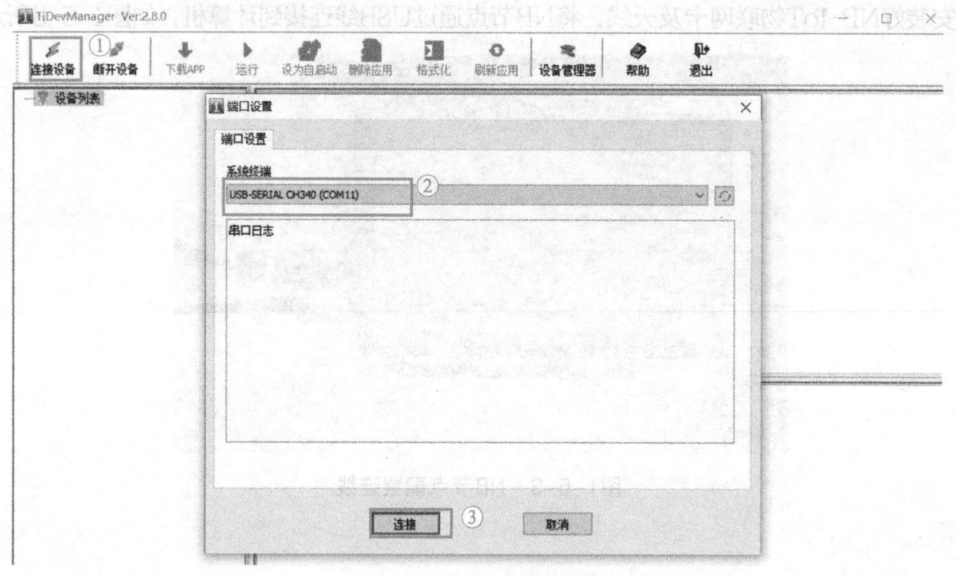

图1-5-6　连接设备

4）连接设备后，单击“下载APP”按钮，出现下载APP窗口。单击APP路径后的“…”，选择NB-IoT相关文件夹下的“test. tapk”文件，再单击“打开”按钮，文件完整目录会出现在APP路径中，单击“确定”按钮开始下载APP到NB DTU中，如图1-5-7所示。

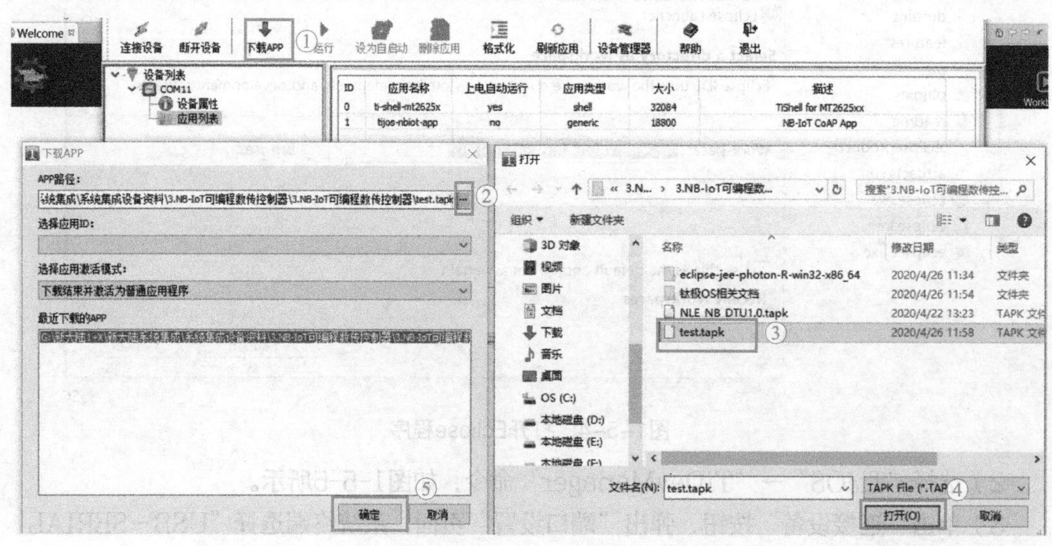

图1-5-7　下载APP

5）单击“断开设备”按钮（不要关闭软件，后面步骤还需要用到），如图1-5-8所示。

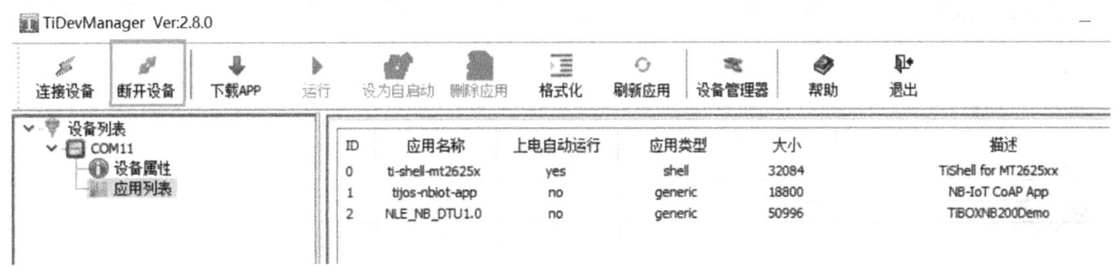

图1-5-8　断开设备

6）云平台创建NB设备。在“智慧社区”项目中单击“添加设备”按钮，设备名称及设备标识可自主填写（如设备名称填“NB”，设备标识填“NBWenShiDu”），通信协议选择“CoAP”，单击“确定添加设备”按钮完成NB设备的添加，如图1-5-9所示。

图1-5-9　添加NB设备

7）打开“NBDTU配置工具”，串口选择NB节点连接的对应串口，打开串口状态开关，设备标识符、设备ID及传输密钥由云平台NB设备复制，单击相对应的“ID设备”“标识设置”及“密钥设置”。设置完成后，关闭串口，如图1-5-10所示。

8）“TiDevManager”界面，单击“连接设备”按钮，在应用列表中右击选择“NLE_NB_DTU1.0”→“设为自启动”命令，如图1-5-11所示。

9）NB节点配置完成，断电备用。

图1-5-10　配置节点参数

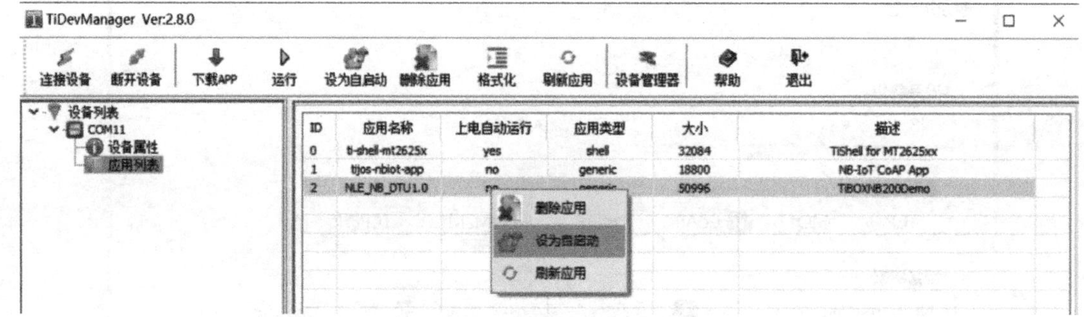

图1-5-11　将程序设为自启动

二、配置PLC设备及温湿度传感器

1）将PLC设备IP配置为192.168.14.11，方法详见本任务的任务实施。

2）配置温湿度传感器。

由于NB程序中的温湿度传感器地址为02，因此需要将温湿度传感器地址配置为02（默认的地址是01），可以采用串口助手或厂家程序进行配置。先将温湿度传感器连接计算机串口，配置具体方法可选以下两种方法中的一种。

① 采用厂商程序进行配置。选择温湿度传感器连接的串口号，波特率选择“9600”，设备地址选“1”，单击“连接设备”按钮。设备连接后，在通信设置下方选择设备地址为“2”，单击“设置地址”按钮完成地址设置，如图1-5-12所示。

② 采用串口助手进行配置。

打开串手助手，选择温湿度传感器连接的串口号，波特率选择“9600”，单击“打开串口”按钮，选择“HEX发送”和“HEX显示”，在发送栏输入“01 06 00 00 00 02 08 0b”，若回复“01 06 02 00 02 39 49”，则说明温湿度传感器接收到修改地址指令并成功修改地址，如图1-5-13所示。

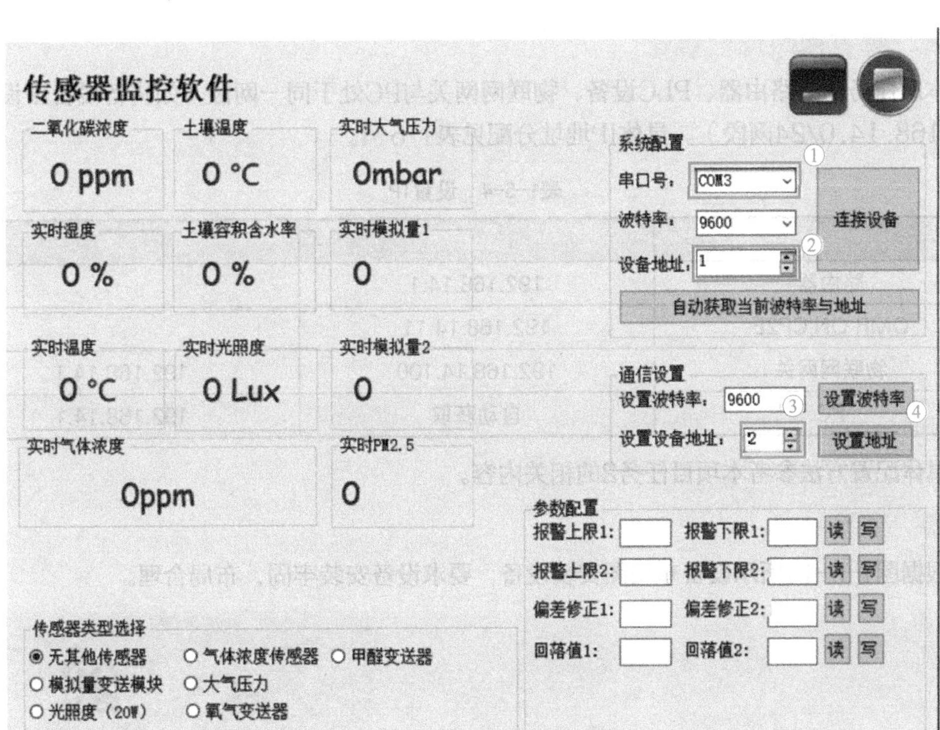

图1-5-12　设置设备地址为2

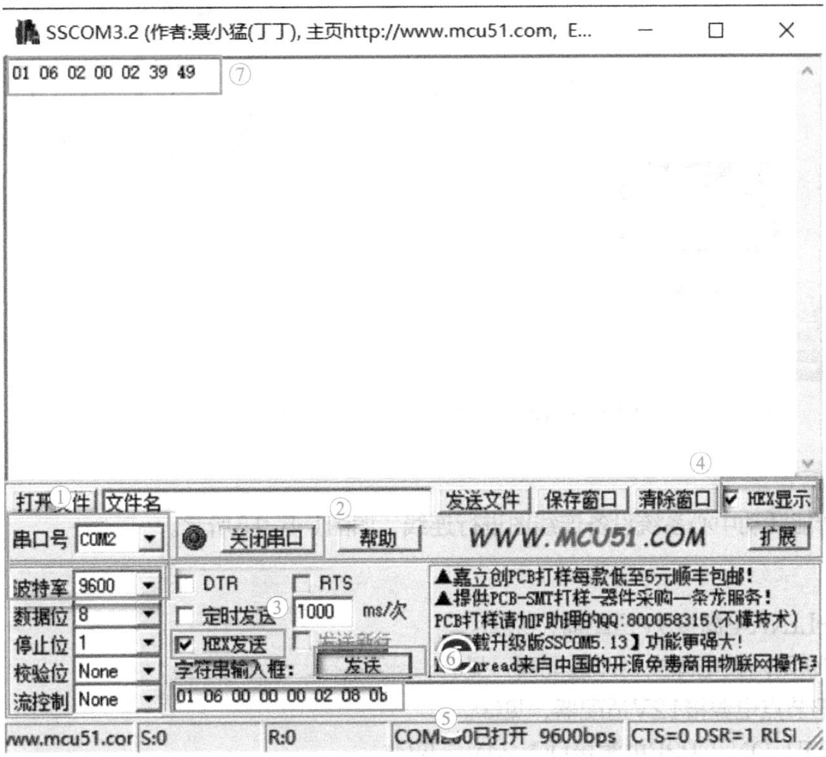

图1-5-13　用串口助手修改地址

三、配置网络通信设备

本次任务需要路由器、PLC设备、物联网网关与PC处于同一网段（如将各设备IP设置在192.168.14.0/24网段）。具体IP地址分配见表1-5-4。

表1-5-4　设置IP

设备名称	IP	网关
路由器	192.168.14.1	
OMR ON CP2E	192.168.14.11	
物联网网关	192.168.14.100	192.168.14.1
PC	自动获取	192.168.14.1

具体配置方法参考本项目任务2的相关内容。

四、安装设备

根据图1-5-14所示设备布局图安装设备，要求设备安装牢固，布局合理。

智能活动中心系统

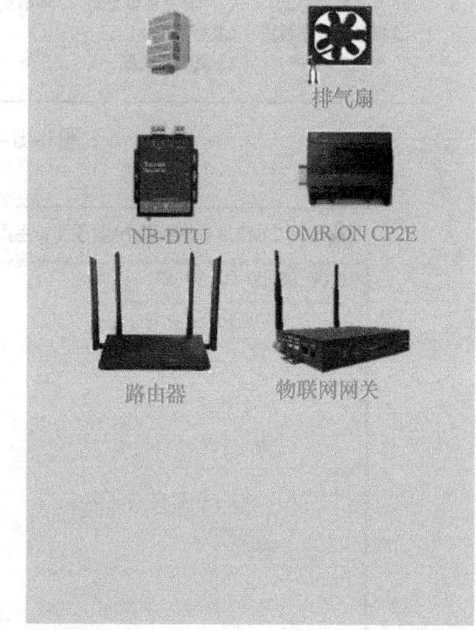

图1-5-14　智能活动中心系统设备布局图

五、设备连线

根据智能活动中心系统设备连线图进行连线，如图1-5-15所示。

1．电源部分（见连线图①~⑥）

1）D-LINK电源接9V适配器，见①。

2）物联网网关电源接12V适配器，见②。

3）NB节点电源接12V适配器，见③。

4）OMR ON CP2E电源接DC 24V，见④。

5）温湿度传感器电源接DC 24V，见⑤。

6）OMRON CP2E的输出端仅相当于一个开关，风扇需要DC 24V供电。24V电源、风扇及OMRON CP2E的输出端要形成一个回路，见⑥。

2. 数据连线部分

1）温湿度传感器485接口（见⑦）分别与NB节点的485接口（见⑧）相连，注意区分485A与485B。

2）物联网网关、OMRON CP2E和计算机分别接D-LINK的LAN口，D-LINK的WAN口接外网。

3. 连线完成，逐一检查

1）检查设备电源是否连接正确，包含检查极性及电压大小。

2）信号输入输出是否连接正确。

检查无误，通电调试。

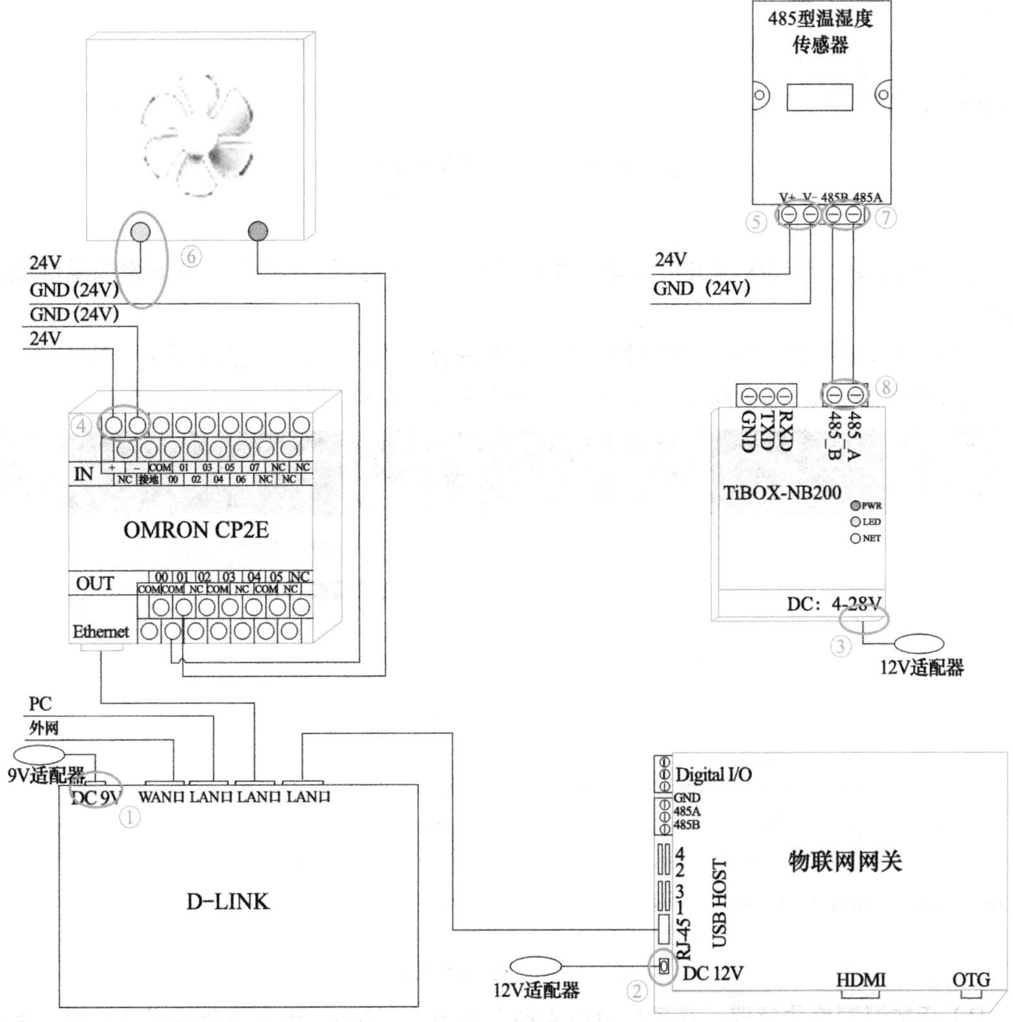

图1-5-15 智能活动中心系统设备连线图

六、配置物联网网关及云平台

1．配置物联网网关

进入物联网网关，选择PLC。根据接线图，风扇接在DO1口，因此需要在OMR下添加DO1口的执行器。单击“OMR”图标，再单击“新增执行器”按钮，出现“新增”界面。传感名称可自定义填写（如fan），标识名称可自定义填写（如P_fan），传感类型选择“风扇”，可选通道号选择“DO1”，单击“确定”按钮完成执行器的添加，如图1-5-16所示。

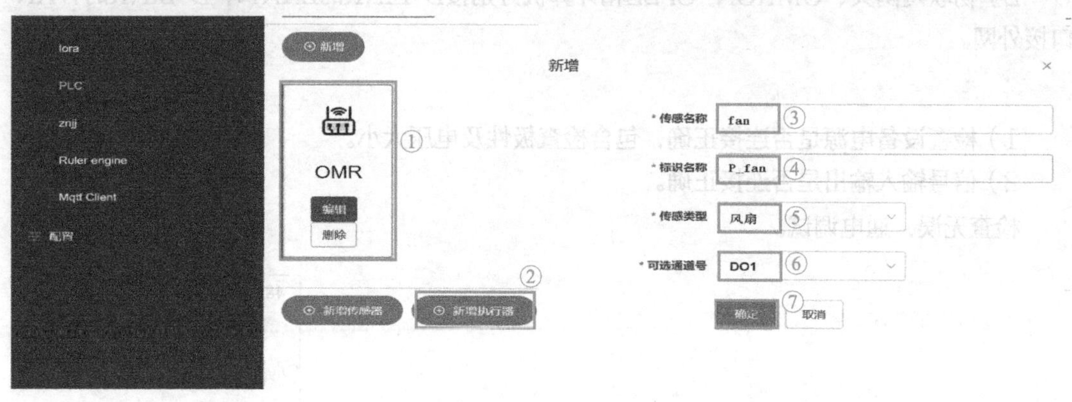

图1-5-16　添加OMR下属执行器

2．配置云平台

本任务需要在“边缘网关”设备下添加“fan”执行器，在NB设备下添加温湿度传感器。

1）登录云服务器，进入“边缘网关”设备传感器页面，单击“数据流获取”按钮，边缘网关下的传感器和执行器会同步到云平台，如图1-5-17所示。

图1-5-17　数据流获取

2）添加温湿度传感器。在项目设备管理页面单击“NB”进入设备传感器界面。单击传感器所属的“+”按钮进入添加传感器界面。在“NEWLab”选项卡中单击“温度”传

感器，传感名称及标识名自动生成。单击“确定并继续添加”按钮继续添加湿度传感，如图1-5-18所示。

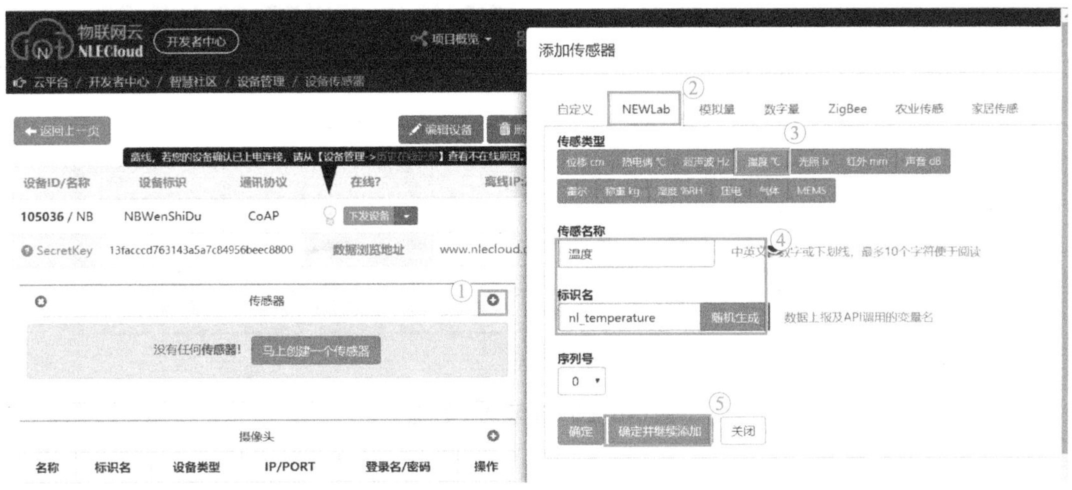

图1-5-18　添加温湿度传感器

七、查看结果

1．查看设备数据

进入云平台账户，打开“NB”设备界面，当设备在线时（在线小灯泡显示绿色），单击“下发设备”的倒三角按钮打开实时数据开关，查看温湿度传感器的实时数据。也可以单击“历史数据”按钮，查看各传感器的历史数据记录，如图1-5-19所示。

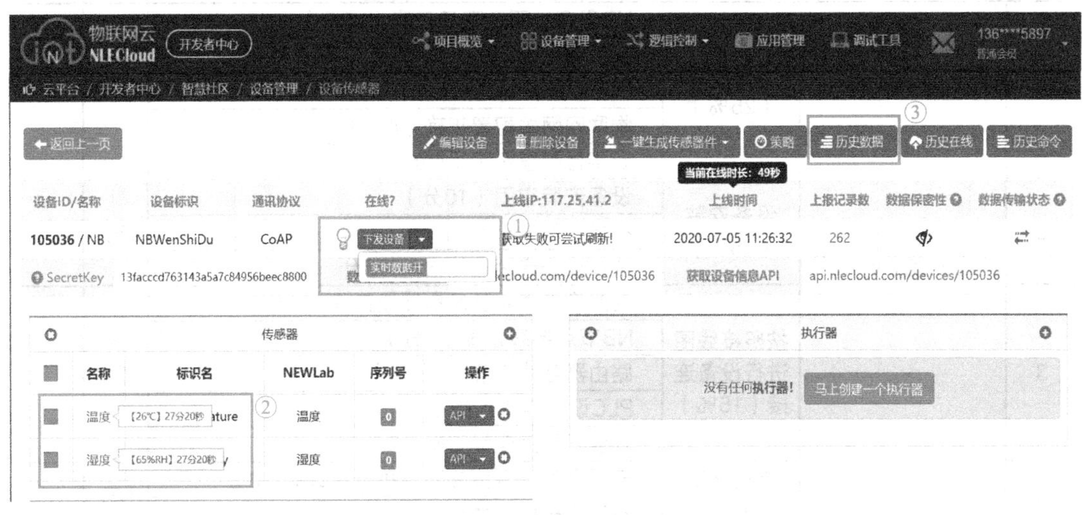

图1-5-19　查看设备数据

2．远程控制

打开“边缘网关”设备界面，当显示设备在线时，单击执行器“fan”的操作开关，查看风扇状态是否受云平台远程控制，如图1-5-20所示。

图1-5-20　查看历史数据

任务检查与评价

完成任务实施后，进行任务检查与评价，具体检查评价单见表1-5-5。

表1-5-5　任务检查评价单

项目名称	智慧社区设备的安装与调试				
任务名称	安装智能活动中心系统设备				
评价方式	可采用自评、互评、老师评价等方式				
说　明	主要评价学生在项目学习过程中的操作技能、理论知识、学习态度、课堂表现、学习能力等				
序号	评价内容	评价标准		分值	得分
1	专业技能（60%）	设备配置（25%）	NB程序烧写及配置正确（10分）	25分	
			路由器配置正确（2分）		
			PLC配置正确（5分）		
			物联网网关配置正确（4分）		
			云平台配置正确（4分）		
2		设备安装（15%）	设备安装牢固（10分）	15分	
			布局合理（5分）		
			注：设备安装一处松动扣2分		
3		按照接线图进行设备连接（15%）	温湿度传感器及风扇接线正确（4分）	15分	
			NB节点接线正确（2分）		
			路由器连线正确（2分）		
			PLC设备连线正确（4分）		
			物联网网关连线正确（3分）		
4		整机调试（5%）	云平台能监测传感器与执行器数据（3分）	5分	
			能够远程控制风扇（2分）		
5	核心素养（20%）	具有自主学习能力（10分）		20分	
		具有分析解决问题的能力（10分）			
6	课堂纪律（20%）	设备无损坏、设备摆放整齐、工位区域内保持整洁、不干扰课堂秩序（20分）		20分	
		总得分			

任务小结

通过完成安装智能活动中心系统设备的任务，读者可了解NB-IoT的相关知识，并掌握NB节点、PLC设备物联网网关配置与连接的基本方法，强化设备安装与接线的技能，巩固云平台的项目与设备添加过程方法及数据查询方法。

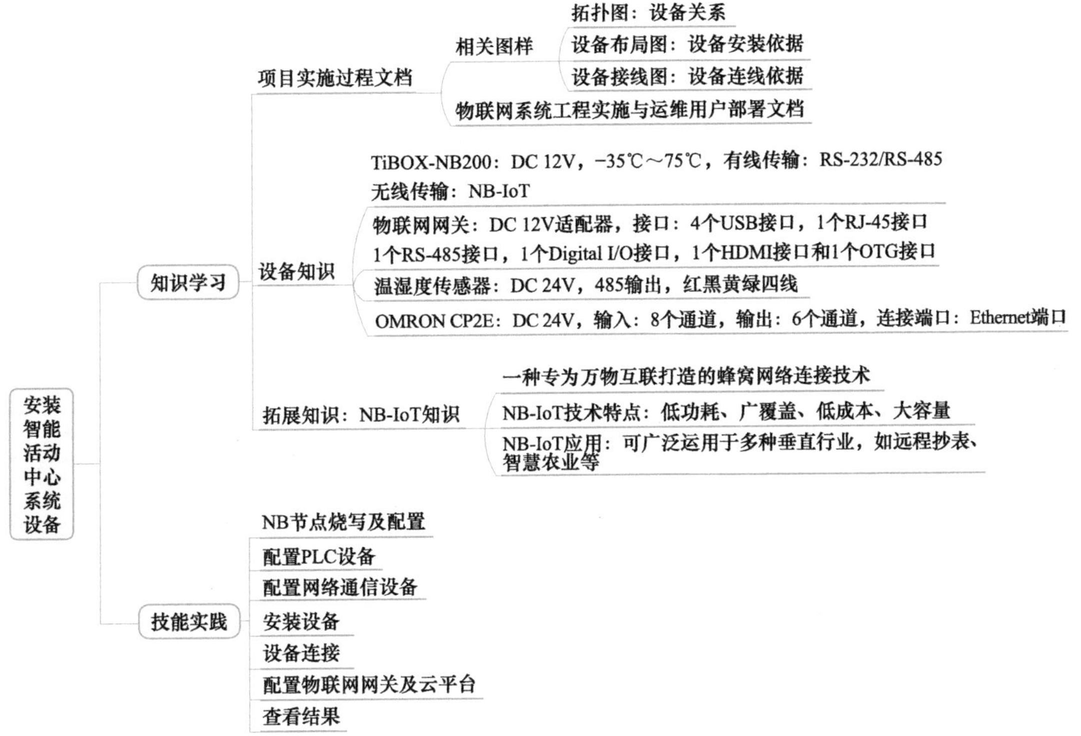

素养提升

随着第五代移动通信技术的到来，我国物联网进入了高速发展的快车道。NB-IoT（窄带物联网）作为5G的技术标准之一，从标准演进、落地应用等方面率先商用落地，并在实践中获得了全球产业链的广泛认可与支持。国内芯片领域头部企业的NB-IoT产品，2022年单月出货量达到近500万片。

任务拓展

请在现有任务的基础上，修改各部分设备IP（见表1-5-6）并完成数据采集。

表1-5-6　设置IP

设备名称	IP	网关
路由器	192.168.15.1	
OMR CP2E	192.168.15.11	
物联网网关	192.168.15.100	192.168.15.1
PC	自动获取	192.168.15.1

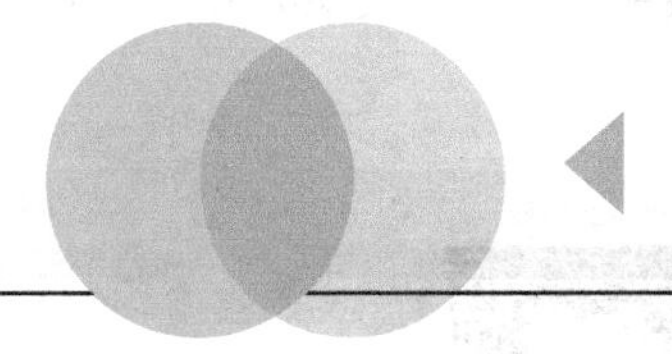

Project 2

项目 2

部署智能办公系统

引导案例

互联网时代的到来，让人们的生活模式发生了很多变化。未来的时代是智能和网络的时代，这个时代的到来会给人们的生活、工作以及学习方式会带来更多改变。

智能办公不仅仅包括企业OA系统、智能门禁以及诸多硬件部分的系统集成应用，还包括通过智能会议室进行会议记录，通过智能化办公软件，改善企业内部运营管理结构，实现企业资源利用效率最大化，提升办公的运行效率。

随着办公场地租金的不断上涨，怎样有效合理地利用优化办公空间，已经成为各个公司行政部的重要工作内容。与此同时，重视办公空间的舒适度，优化员工体验的人性化设计越来越被重视，合理地通过技术手段将办公空间智能化是未来办公系统的发展趋势。

智能化办公可以做到节能降耗，通过智能插座使常用设备从“常有电”变为“常无电”状况，常用设备如饮水机、咖啡机、净水机，通过ZigBee网关远程控制电器，并配合考勤和人体感应、Wi-Fi感应，做到人离开后自动关闭空调、照明和电源，使节能达到20%以上。

本项目通过智能通道、智能照明及智能工作区三个场景的部署来实现智能办公系统在门禁、节能降耗及办公空间个性化设置的需要，通过这4个子任务，学习物联网系统在服务器系统、数据库配置、Web应用程序开发及网站建设、应用程序安装及配置的相关内容。

图2-0-1　智能办公区域

智能办公区域如图2-0-1所示，大家可

以想象一下，你对未来的办公环境有什么样的需求？你会怎么部署办公系统以实现智能办公的需求呢？

任务1 部署系统环境

职业能力

- 能根据软件运行环境要求，正确安装配置Windows Server 2019系统。
- 能根据软件运行环境要求，正确配置.NET FrameWork及IIS。
- 能根据软件运行环境要求，正确安装配置JDK。
- 能根据系统安全要求，运用控制面板、本地组策略编辑器、文件夹属性等，完成基于Windows系统的身份、规则、角色等系统安全策略的正确配置。

任务描述与要求

任务描述

小陆所在的公司承接A客户的智能办公系统集成项目。客户希望将一些敏感信息存在公司的服务器中，其他的传感信息可以通过云平台进行处理。小陆根据客户对本地部署的需求，结合客户公司没有专职系统维护人员的实际情况，建议采用Windows Server 2019系统+IIS进行本地部署，以便于系统维护与管理。

任务要求

- 正确安装Windows Server 2019系统。
- 正确安装IIS（Internet Information Services）。
- 正确设置共享文件夹，实现宿主机与虚拟机间的文件互传。
- 正确安装配置JDK。
- 正确配置基本的安全策略。

知识储备

1. Windows Server系统简介

Windows Server是微软在2003年4月24日推出的Windows服务器操作系统，其核心是Microsoft Windows Server System（WSS），每个Windows Server都与其家用（工作站）版对应（2003 R2除外）。Windows Server的历史版本有：2003（2003年4月24日发行）、2008（2008年2月27日发行）、2008 R2（2009年10月22日发行）、2012（2012年9月4日发行）、2012 R2（2013年10月17日发行）、2016（2016年10月13日发行）以及2019（2018年11月13日发行）。Windows Server 2019服务器操作系统，基

于Win10 1809（LTSC）内核开发而成。Windows Server 2019可以直接在微软官网下载，如图2-1-1所示。

图2-1-1　Windows Server 2019下载页面

扩展阅读：Windows Server和普通Windows操作系统的不同之处

1．主体不同

Windows Server：微软推出的Windows服务器操作系统，其核心是Microsoft Windows Server System（WSS），每个Windows Server都与其家用版对应（2003 R2除外）。

Windows操作系统：Windows操作系统是美国微软公司研发的一套操作系统，也是当前应用最广泛的操作系统。

2．内核不同

Windows Server：除内核用汇编语言编写以外，其他部分用C语言编写，集成了多种传输协议，因此可以与其他网络操作系统共同组网。

Windows操作系统：自身的32位Windows应用程序接口（Win32）能使应用程序得到更快的响应，能更快地处理CPU密集的任务。

3．特点不同

Windows Server：增强了群集支持，从而提高了其可用性。对于部署各种业务应用程序的单位而言，群集服务是必不可少的，因为这些服务大大改进了单位的可用性、可伸缩性和易管理性。

Windows操作系统：提供屏幕触控支持。新系统画面与操作方式变化极大，采用全新的Metro风格用户界面，各种应用程序、快捷方式等能以动态方块的样式呈现在屏幕上，用户可自行将常用的浏览器、社交网络、游戏、操作界面融入。

2．IIS简介

互联网信息服务（Internet Information Services，简称IIS），是由微软公司提供的基于运行Microsoft Windows的互联网基本服务。其中包括Web服务器、FTP服务器、NNTP服务器和SMTP服务器，分别用于网页浏览、文件传输、新闻服务和邮件发送等方面。IIS可设置的属性包括虚拟目录及访问权限、默认文件名称、是否允许浏览目录等。IIS的使用让网络（包括互联网和局域网）上的信息发布变得非常简单。同时，IIS还提供ISAPI（Intranet Server API）作为扩展Web服务器功能的编程接口，并提供一个Internet数据库连接器，以实现对数据库的查询和更新。

3. .NET Framework简介

.NET Framework类似Java虚拟机的运行时（Common Language Runtime），借用了Java虚拟机的很多概念，但机制更优化（比如它有Java所没有的“确定的垃圾收集器”机制Deterministic Garbage Collection，强制资源在指定点回收）。

Windows Server 2019默认集成了.NET Framework 4.7版本，可在控制面板中查看。具体步骤如下。

1）依次单击开始图标→“Windows系统”→“控制面板”，如图2-1-2所示。

图2-1-2　找到“控制面板”

2）在“控制面板”界面中，单击“启用或关闭Windows功能”，如图2-1-3所示。

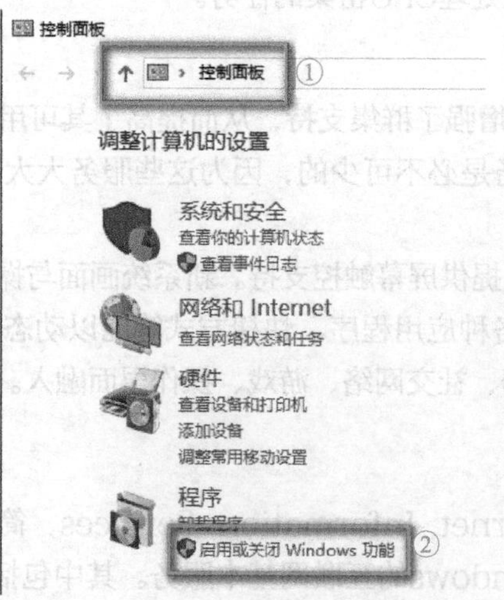

图2-1-3　找到“启用或关闭Windows功能”

在“服务器管理器”界面中，单击“所有服务器”，在“角色和功能”选项中输入“.net”后按<Enter>键，将看到当前系统默认安装的.NET Framework框架版本，如图2-1-4所示。

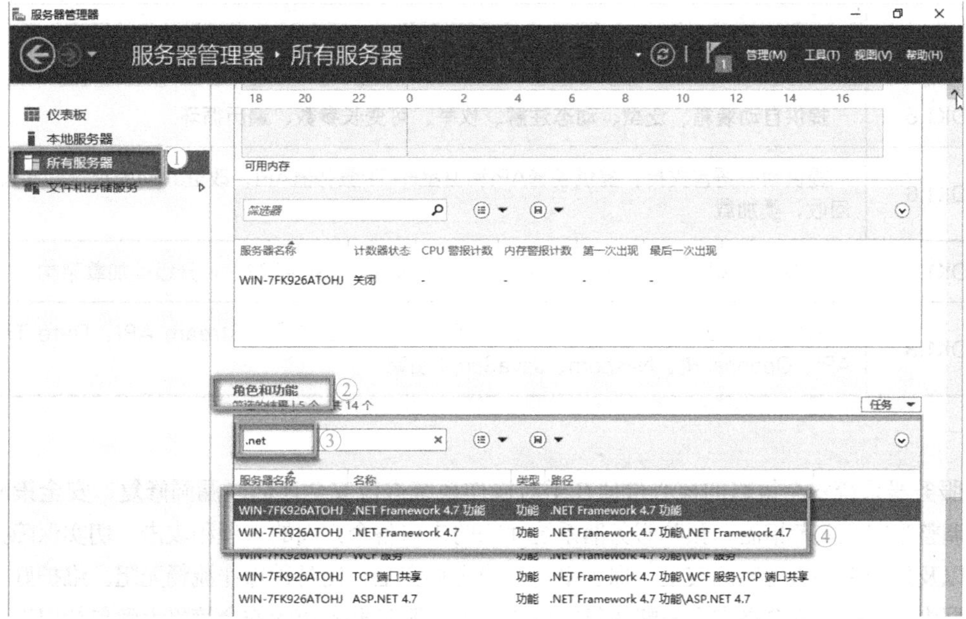

图2-1-4　查看.NET Framework版本

4. JDK简介

JDK是整个Java的核心，包括Java运行时环境（Java Runtime Environment）、Java工具和Java基础的类库（rt.jar）。Java应用服务器的实质是内置了某个版本的JDK。最主流的JDK是Sun公司发布的JDK，除了Sun公司之外，还有很多公司和组织都开发了自己的JDK，如IBM公司开发的JDK，BEA公司的Jrocket，GNU组织开发的JDK等。

JRE（Java Runtime Environment，Java运行时环境）相当于JVM+解释器+Java核心类库，如果想要运行一个开发好的Java程序，只需在计算机中安装JRE即可。

JVM（Java Virtual Machine，Java虚拟机）可以理解为一个虚拟的机器，具备计算机基本运算方式。它主要负责将Java程序生成的和平台无关的字节码文件解释成能在具体平台上使用的机器指令。JVM、JRE、JDK的关系如图2-1-5所示。

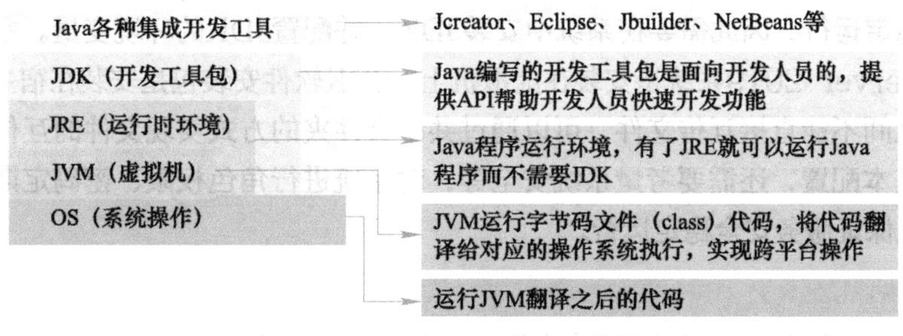

图2-1-5　JVM、JRE、JDK的关系

Oracle公司的JDK版本及功能见表2-1-1。

表2-1-1　JDK版本及功能

版本	功能
JDK1.4	提供正则表达式、异常链、NIO、日志类、XML解析器、XLST转换器
JDK1.5	提供自动装箱、泛型、动态注解、枚举、可变长参数、遍历循环
JDK1.6	提供动态语言支持，提供编译API和卫星HTTP服务器API，改进JVM的锁，同步垃圾回收，类加载
JDK1.7	提供GI收集器，加强对非Java语言的调用支持（JSR-292），升级类加载架构
JDK1.8	提供Lambda 表达式、方法引用、默认方法、新工具、Stream API、Date Time API、Optional 类、Nashorn、JavaScript 引擎

5．服务器安全策略简介

服务器系统安全策略的核心价值在于对操作系统进行安全评估、漏洞修复、安全策略定制与调整等安全防范措施，预防服务器系统面临的来自各个方面的入侵和攻击，切实保障操作系统以及数据中心服务器的安全，保证平台的稳定和安全，使各种操作流畅无阻。维护好系统和数据中心数据的安全是安全策略执行的核心要素。服务器系统的安全策略大致包括以下几方面的内容：本地账户安全策略；系统漏洞检查及修复、补丁升级；网络防火墙及防病毒方案；故障排查与处理；网络端口过滤审计；本地日志维护、审计；本地安全策略维护，包括安全策略的启用、停用；流量、服务及性能监控信息检查；系统配置维护；系统备份方案；故障排查与处理；系统崩溃状况下的系统重装及配置恢复；高级监控服务等。

任务计划与决策

1．任务分析

根据客户需要，安装部署一台服务器。从性能及稳定的角度考虑，Windows Server版的系统更加适合，因此选择安装Windows Server 2019系统。Windows Server 2019系统自带.NET FrameWork 4.7运行环境。为了更好地提供网络服务及运行相关常用程序，系统需要安装应用服务器软件，如IIS、Tomcat等，本任务将部署IIS。由于部分项目可能采用Java编写，而安装JDK可以对Java文件进行编译，方便后期维护，同时能保证JSP文件修改后稳定运行，因此需要在系统中安装JDK，并配置JDK的环境变量。本次任务中，Windows Server 2019系统是安装在虚拟机上，JDK软件安装包是安装在宿主机上，虚拟机与宿主机之间不能直接互传文件，可以通过共享文件夹的方式实现文件的互传与共享。除了以上这些基本配置，还需要考量系统安全等，对系统进行角色权限、密码定期修改等安全策略配置，以保证服务安全稳定运行。

2．制订计划

根据所学相关知识，请制订完成本次任务的实施计划，见表2-1-2。

表2-1-2 任务计划

项目名称	部署智能办公系统
任务名称	部署系统环境
计划方式	自行设计
计划要求	用6个以内的计划步骤来完整描述出如何完成本次任务
序 号	任务计划
1	
2	
3	
4	
5	
6	

3．设备与资源准备

任务实施前必须先准备好以下设备与资源，见表2-1-3。

表2-1-3 设备与资源

序号	设备/资源名称	数量	是否准备到位（√）
1	Oracle VM VirtualBox	1	
2	Windows Server 2019光盘映像	1	
3	JDK1.8安装软件	1	

任务实施

要完成本次任务，可以将实施步骤分成以下5步：

- 安装与配置Windows Server 2019系统。
- 安装与配置IIS。
- 设置虚拟机共享文件夹。
- 安装与配置JDK。
- 配置系统安全策略。

具体实施步骤如下。

一、安装与配置Windows Server 2019系统

在Oracle VM VirtualBox6.0.14软件上安装Windows Server 2019系统。具体安装步骤如下。

1）打开Oracle VM VirtualBox，选择“新建”，输入虚拟计算机名称和存放路径，“类型”选择“Microsoft Windows”，“版本”选择“Other Windows（64-bit）”，如图2-1-6所示。

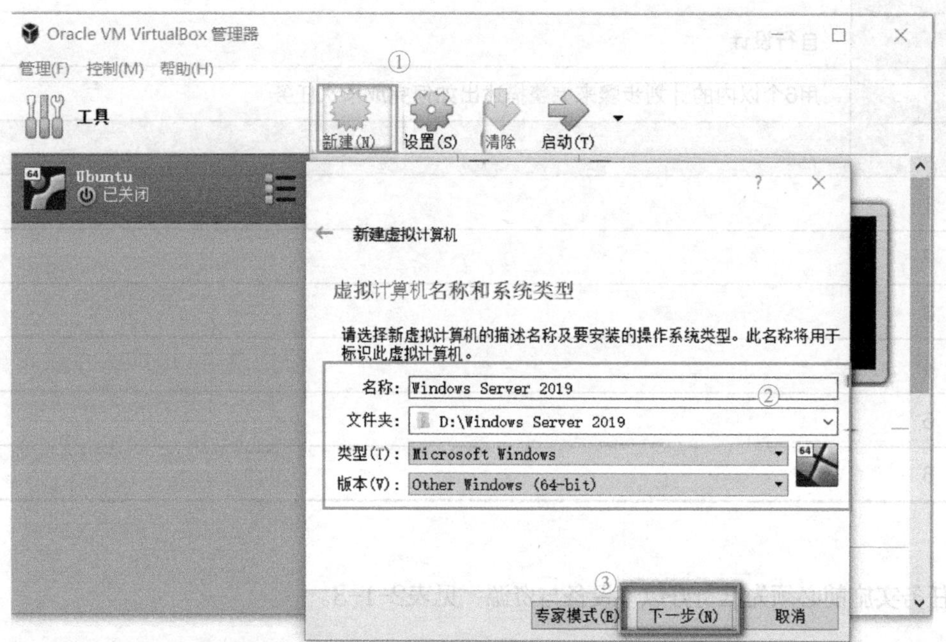

图2-1-6　输入虚拟计算机的名称和存放的路径

2）设置为虚拟计算机分配的内存大小，建议配置为4096MB并单击“下一步”，如图2-1-7所示。

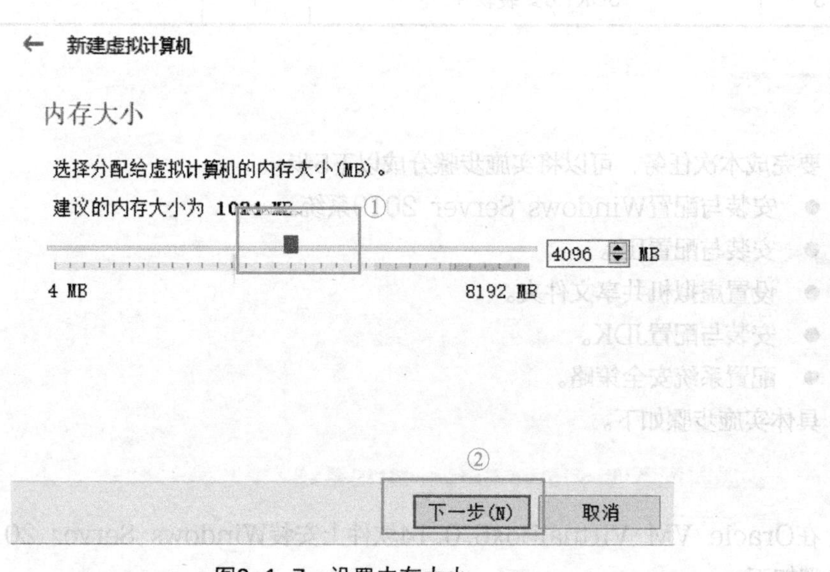

图2-1-7　设置内存大小

3）选择“现在创建虚拟硬盘”，单击“创建”，如图2-1-8所示。

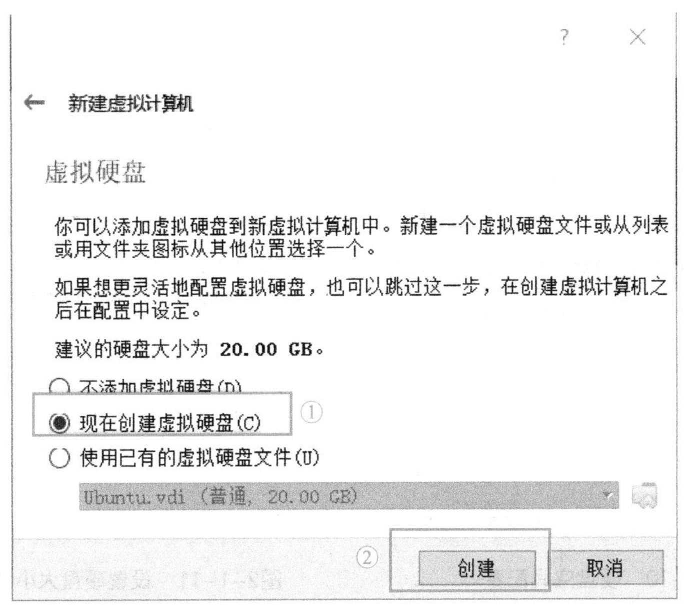

图2-1-8　创建虚拟硬盘

4）选择虚拟硬盘文件类型为“VDI（VirtualBox磁盘映像）”，并单击“下一步”，如图2-1-9所示。

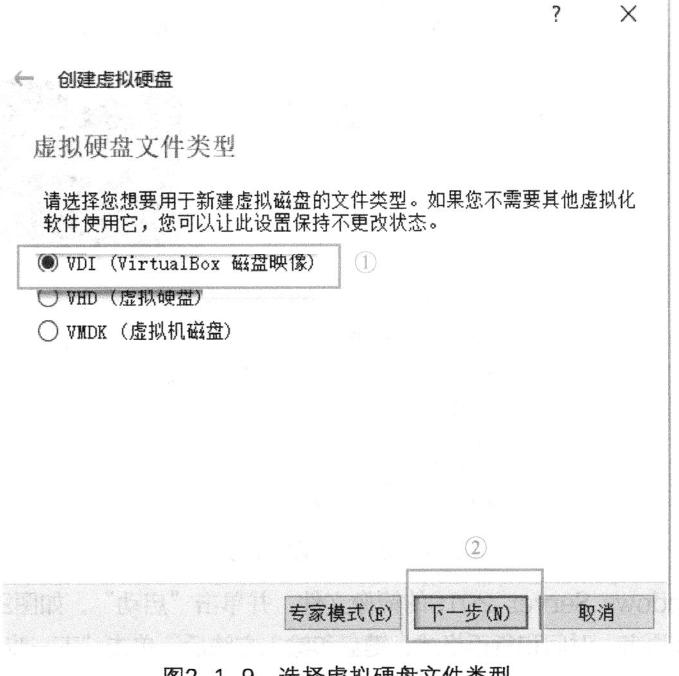

图2-1-9　选择虚拟硬盘文件类型

5）设置动态分配磁盘大小，并单击“下一步”，如图2-1-10所示。

6）设置硬盘大小和存放位置，硬盘大小建议为20GB，并单击“创建”按钮，如图2-1-11所示。

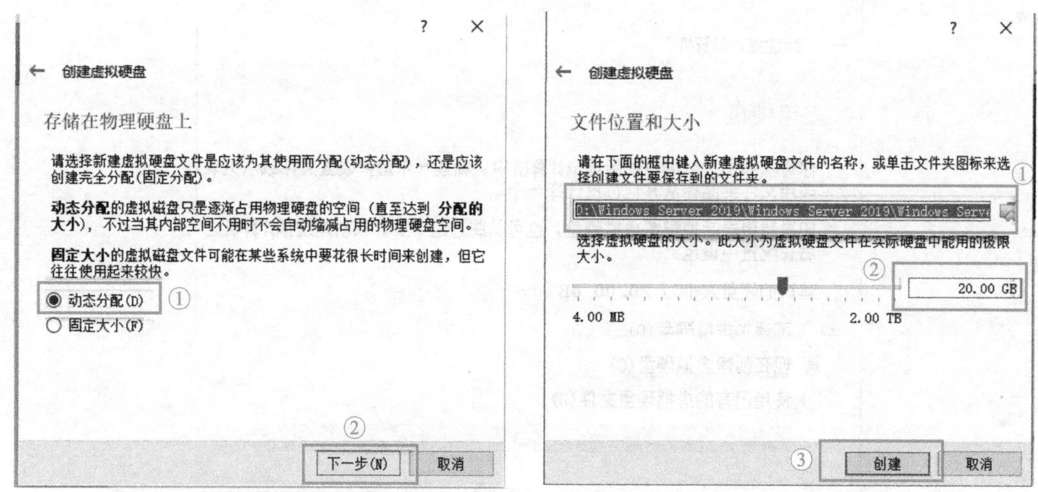

图2-1-10　硬盘空间配置　　　　图2-1-11　设置硬盘大小和存放位置

7）设置完成后，即可看到内存大小等配置，并单击“启动”，如图2-1-12所示。

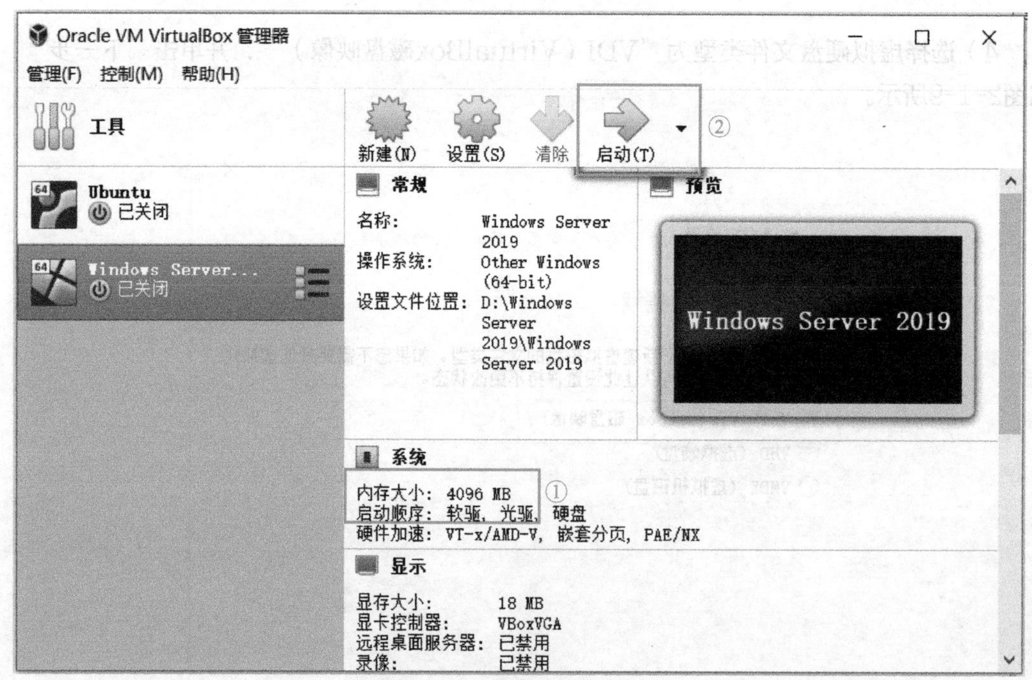

图2-1-12　启动虚拟计算机

8）选择Windows Server 2019的镜像文件，并单击“启动”，如图2-1-13所示。

9）选择安装语言、时间和货币格式、键盘和输入方法后，单击“下一步”，如图2-1-14所示。

10）单击“现在安装”按钮，如图2-1-15所示。

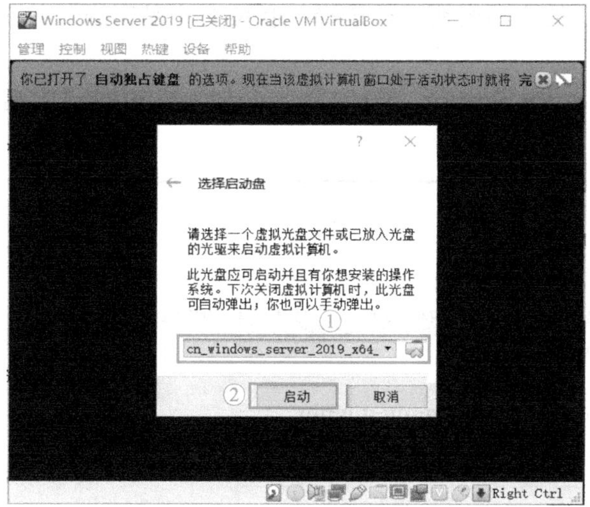

图2-1-13 选择安装文件

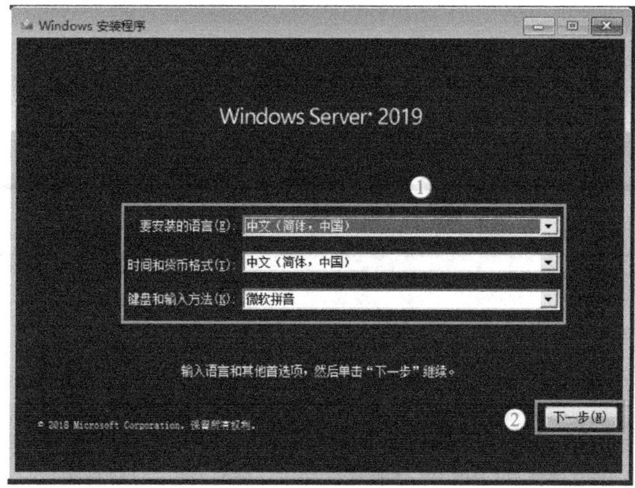

图2-1-14 输入语言和其他首选项

图2-1-15 现在安装

11）输入所购买的产品密钥，或选择“我没有产品密钥”并在后期输入密钥，如图2-1-16所示。

12）选择“Windows Server 2019 Standard（桌面体验）”后单击“下一步”，如图2-1-17所示。

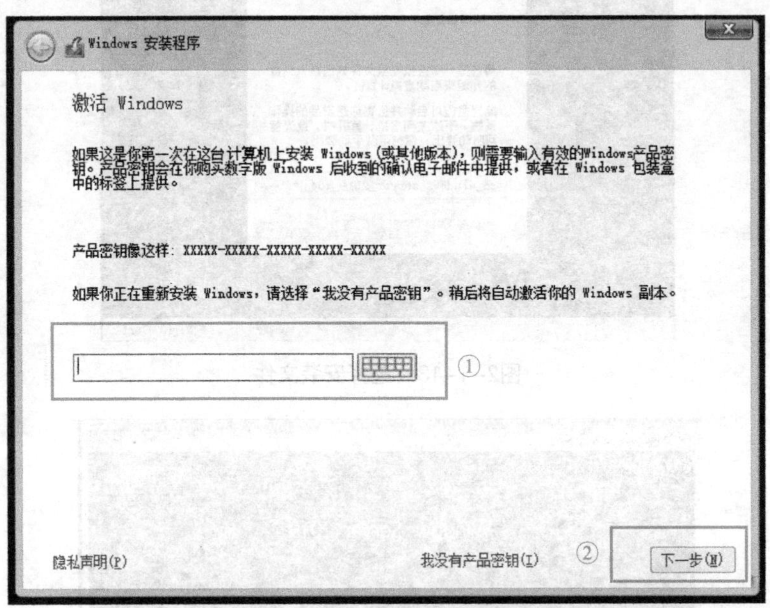

图2-1-16　输入产品密钥

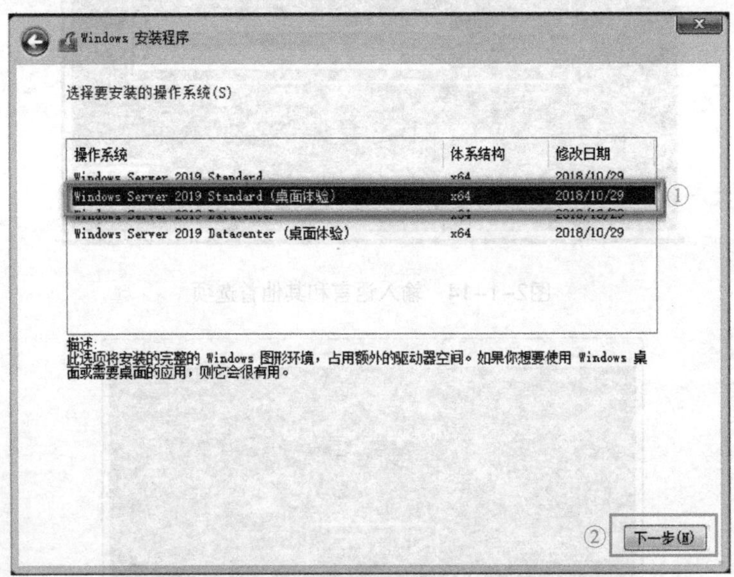

图2-1-17　选择操作系统

13）勾选“我接受许可条款”后单击“下一步”，如图2-1-18所示。

14）选择“自定义：仅安装Windows（高级）”后单击“下一步”，如图2-1-19所示。

15）单击“新建”按钮，输入磁盘大小“15360MB”（建议至少10G以上），单击“应用”按钮后，单击“下一步”，如图2-1-20所示。

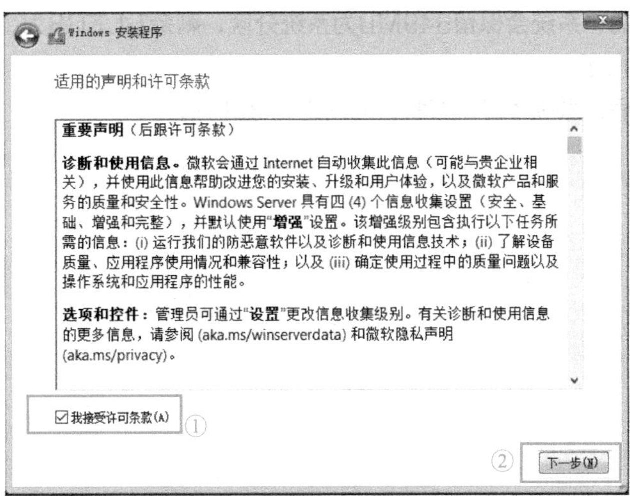

图2-1-18　适用的声明和许可条款

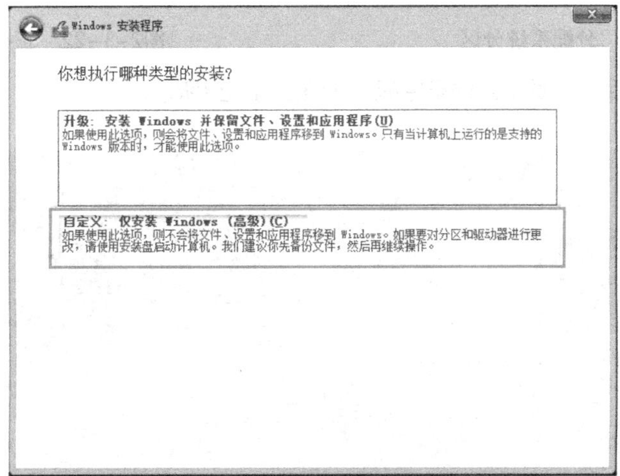

图2-1-19　选择安装类型

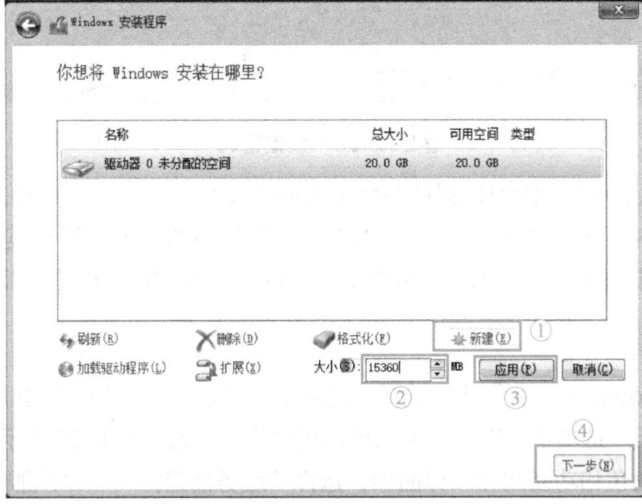

图2-1-20　设置系统盘位置

16）设置完成后，系统会保留549MB为系统分区，剩余14.5GB为主分区。单击“下一步”，如图2-1-21所示。

17）设置完成后，系统将自动安装，如图2-1-22所示。

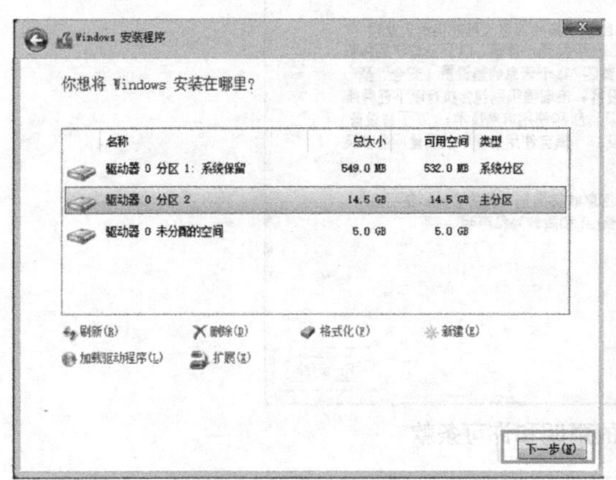

图2-1-21　分配系统分区

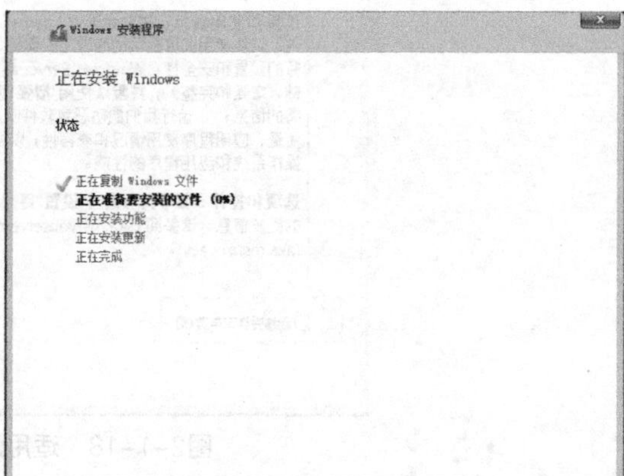

图2-1-22　正在安装

18）安装完成后，需要设置登录密码，如图2-1-23所示。

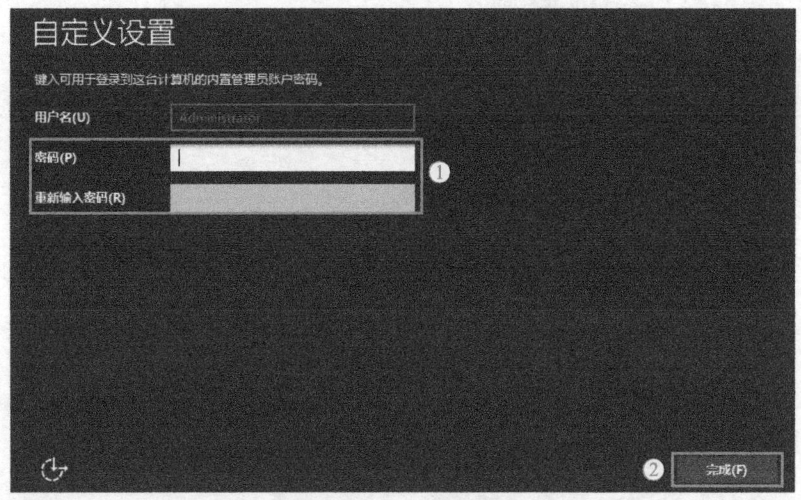

图2-1-23　设置密码

Windows Server 2019设置初始登录密码需要符合以下三个条件。①不能包含用户的账户名。②至少有六个字符长。③包含以下四类字符中的三类字符：英文大写字母（A到Z）、英文小写字母（a到z）、10个基本数字（0到9）、非字母字符（如!、$、#、%等）。

二、安装配置IIS

1）在“Windows Server”中，选择“服务器管理器”，如图2-1-24所示。

2）在“仪表板”选项中，选择“添加角色和功能”，如图2-1-25所示。

3）在“添加角色和功能向导”界面中，选择“服务器选择”→“从服务器池中选择服务器”，单击“下一步”，如图2-1-26所示。

扫码看视频

图2-1-24　服务器管理器

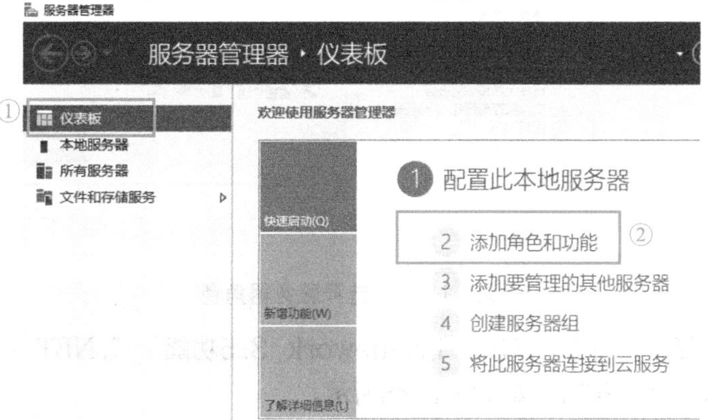

图2-1-25　仪表板

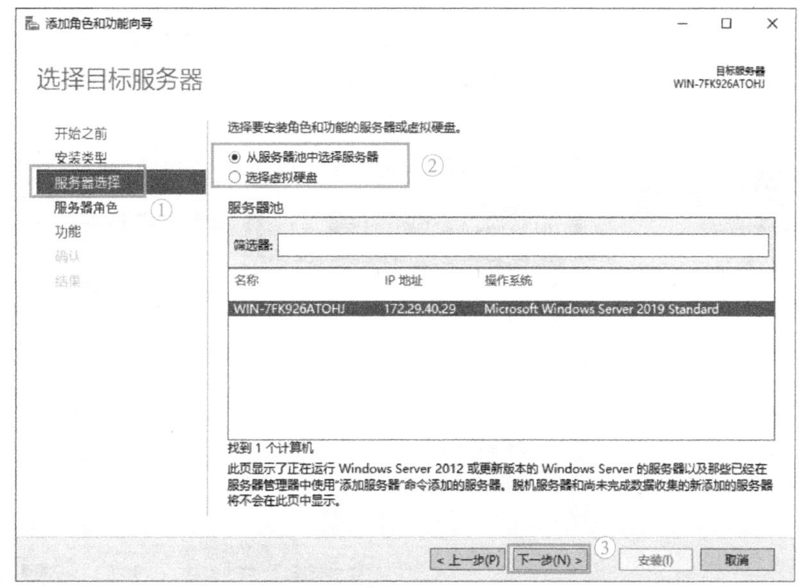

图2-1-26　选择目标服务器

4）选择“服务器角色”后，单击“Web服务器（IIS）”→“添加功能”，如图2-1-27所示。

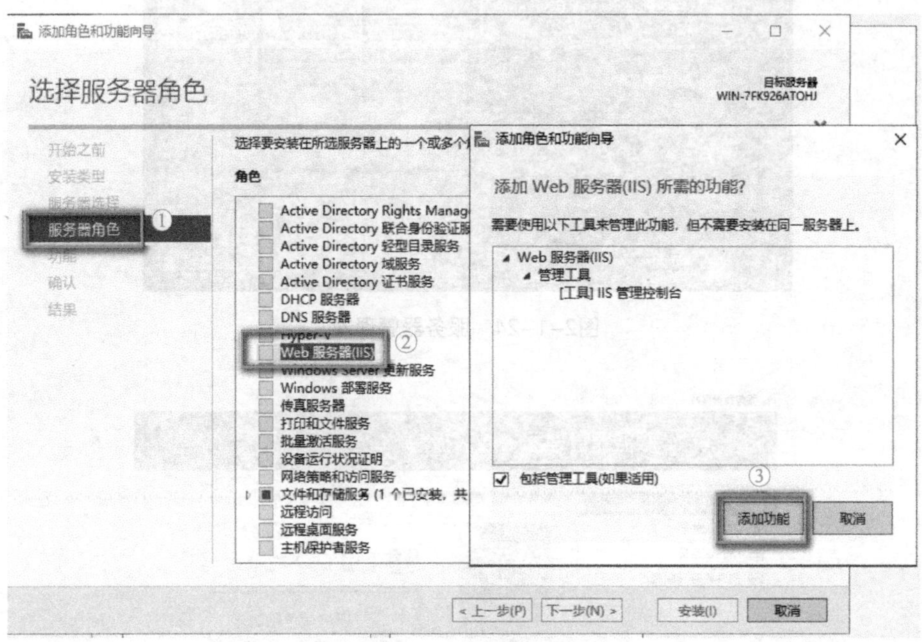

图2-1-27　选择服务器角色

5）选择“功能”，勾选“.NET Framework 3.5功能”“.NET Framework 4.7功能”，单击“下一步”按钮，如图2-1-28所示。

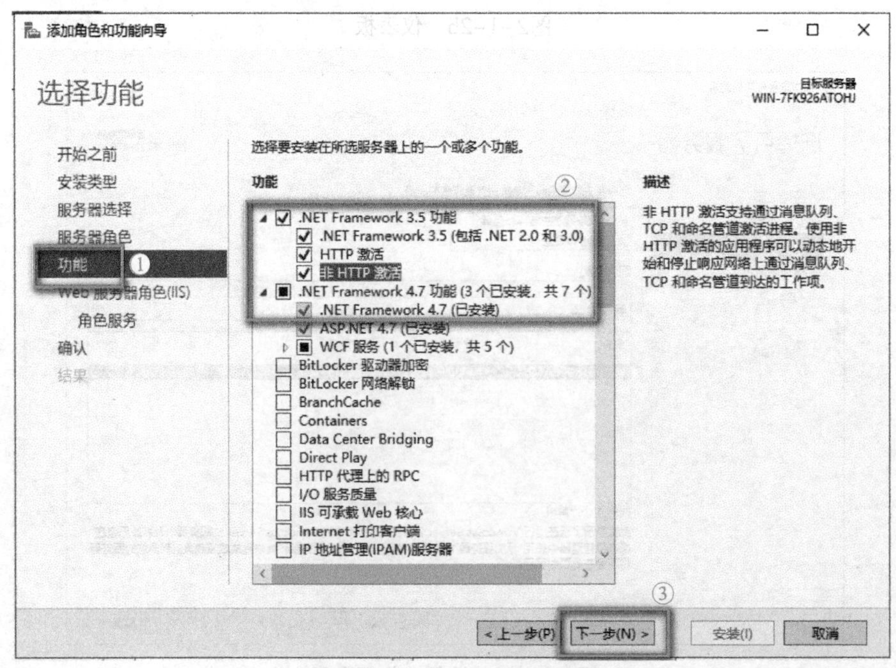

图2-1-28　选择功能

注：当勾选“HTTP激活”选项时，如出现图2-1-29，单击“添加功能”按钮即可。

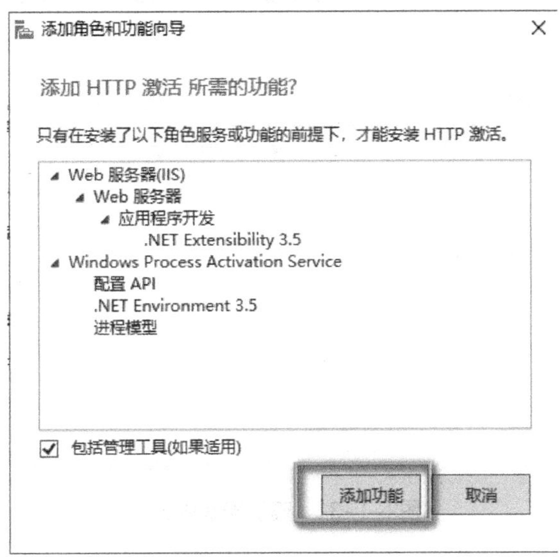

图2-1-29　添加HTTP激活所需功能

6）选择“角色服务”，勾选“应用程序开发”，单击“下一步”，如图2-1-30所示。

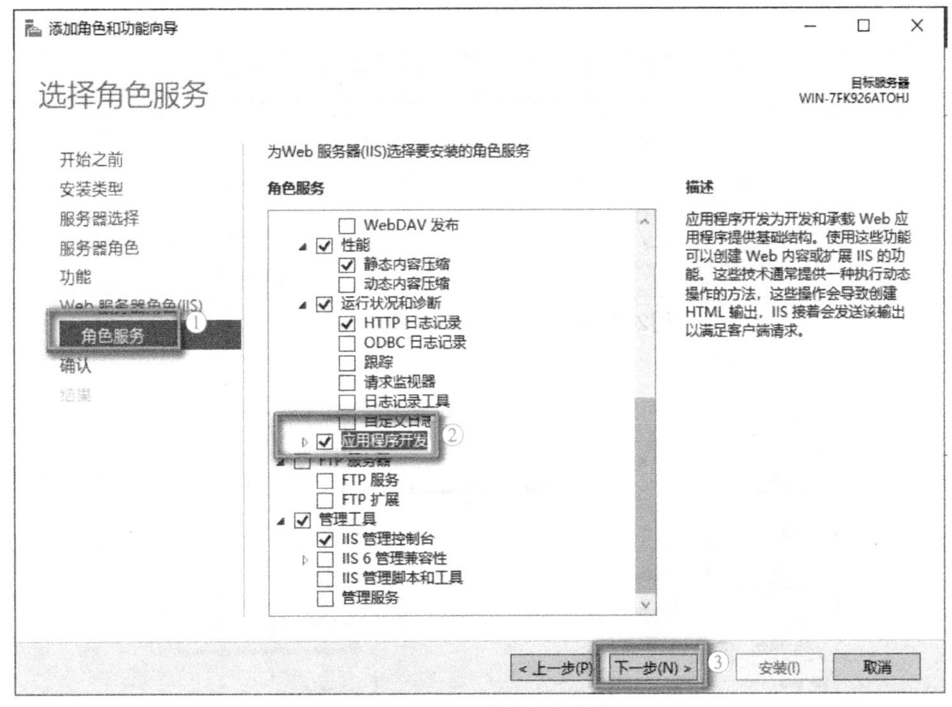

图2-1-30　选择角色服务

7）选择“确认”→“指定备用源路径”，如图2-1-31所示。进入“指定备用源路径”界面，选好相应的指定备用源路径后单击“安装”，如图2-1-32所示。

8）在“指定备用源路径”页面中，将路径设置为sxs所在文件夹路径。sxs文件夹应位于系统镜像的sources目录下，如图2-1-33所示。

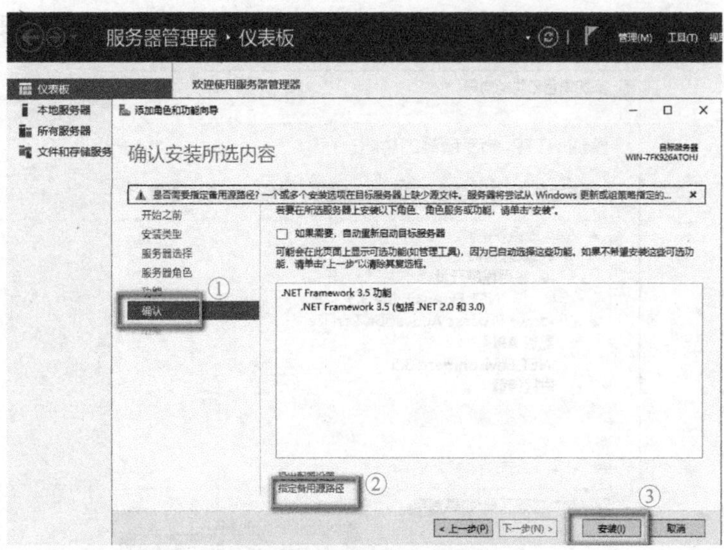

图2-1-31　确认安装内容

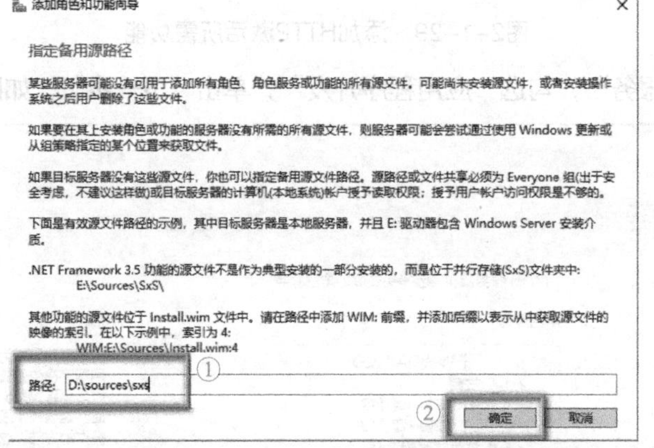

图2-1-32　“指定备用源路径”界面

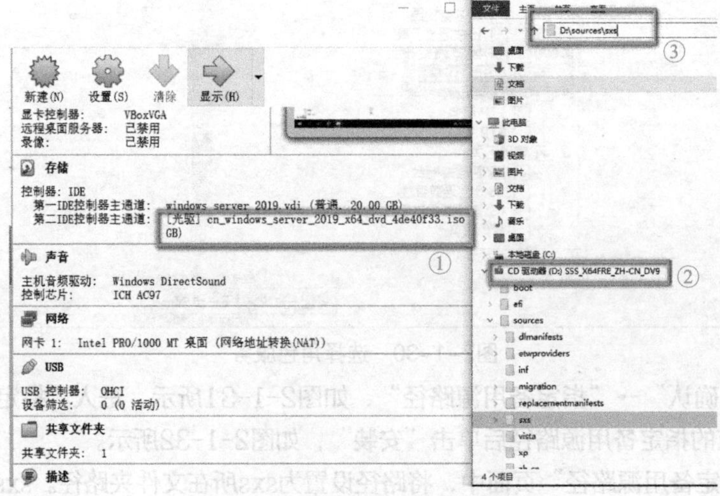

图2-1-33　sxs所在文件夹路径

9）安装完成后，可以在“结果”选项卡中看到安装成功的提示，如图2-1-34所示。

图2-1-34　安装成功

安装成功后，可以在“服务器管理器”→“仪表板”→“工具”中看到“Internet Information Services（IIS）管理器”，如图2-1-35所示。

图2-1-35　查看IIS

三、设置虚拟机共享文件夹

扫码看视频

1）在宿主机上创建一个文件夹，右键单击文件夹，选择“属性”。选择“共享”标签，单击“网络文件和文件夹共享”区域的“共享”按钮，如图2-1-36所示。

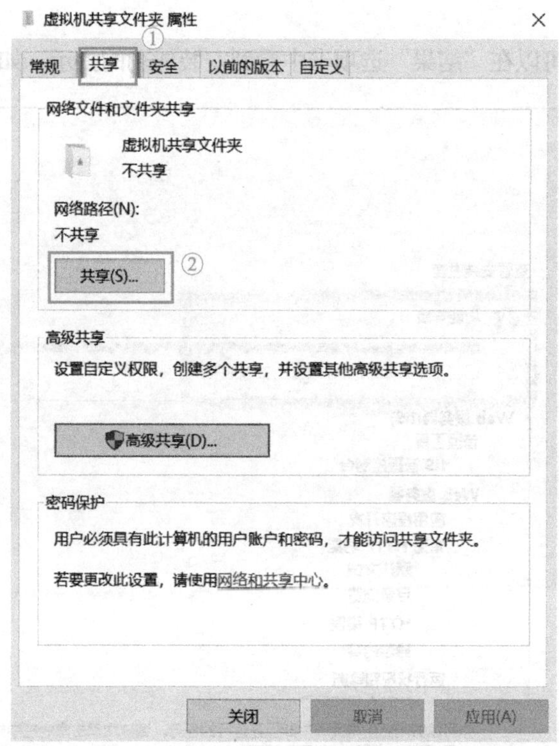

图2-1-36　文件夹共享

2）设置为所有者共享，单击“共享”按钮，如图2-1-37所示。

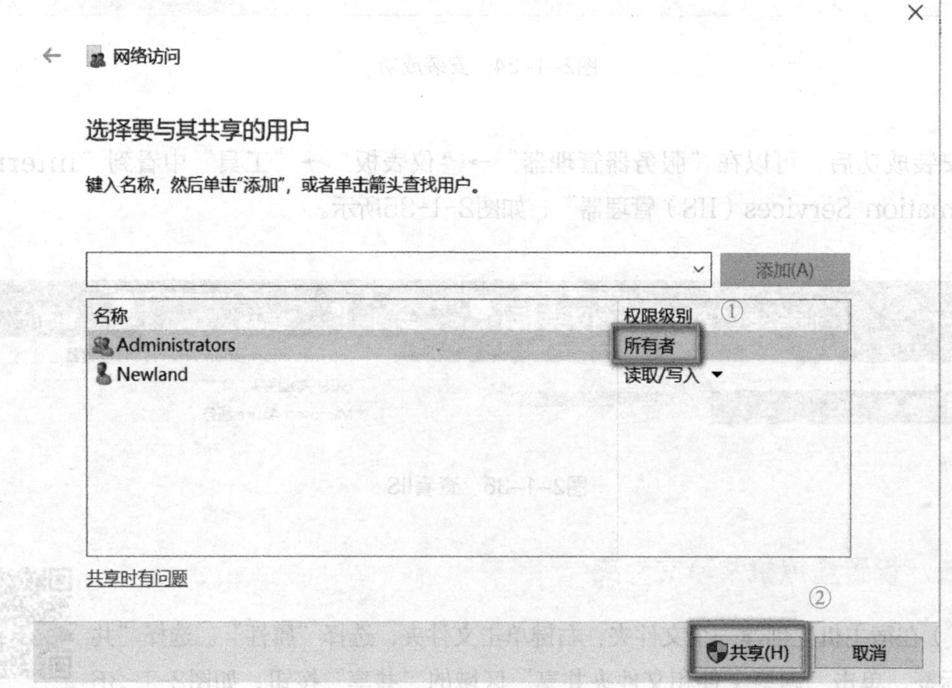

图2-1-37　所有者共享

3）在“你的文件夹已共享”页面，出现共享的路径后，单击“完成”按钮，如图2-1-38所示。

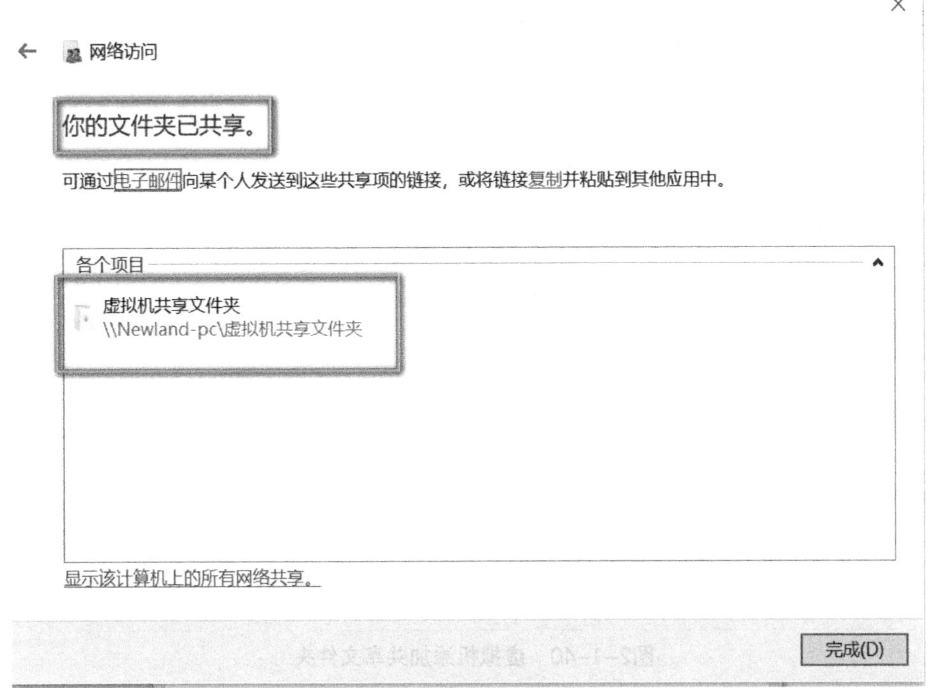

图2-1-38　文件夹已共享

4）关闭虚拟机的Windows Server 2019系统，单击“设置”，如图2-1-39所示。

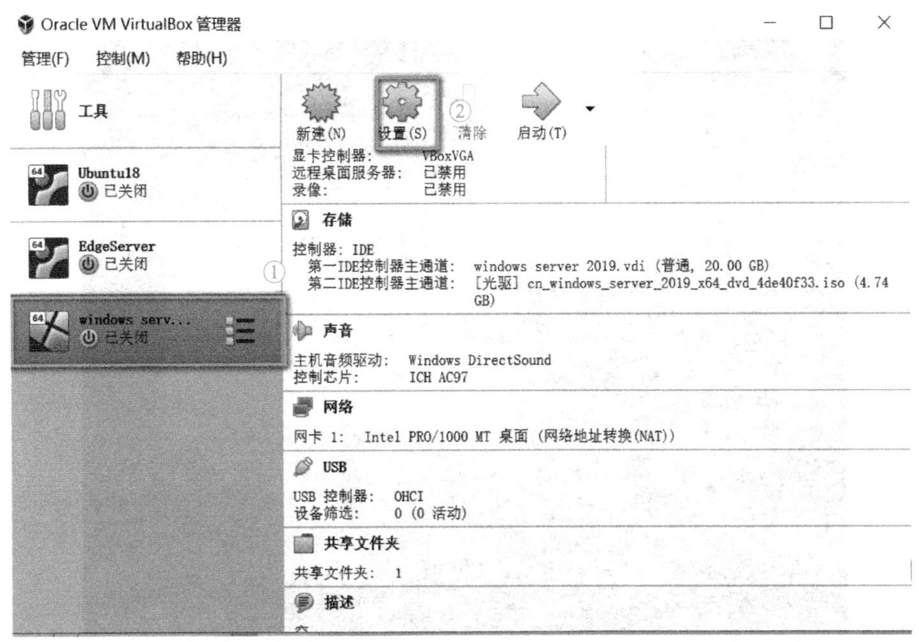

图2-1-39　虚拟机设置

5）选择“共享文件夹”，按<Insert>键，弹出“添加共享文件夹”窗口。配置“共享文件夹路径”，选择“固定分配”，单击“OK”按钮，完成共享文件夹添加，如图2-1-40所示。

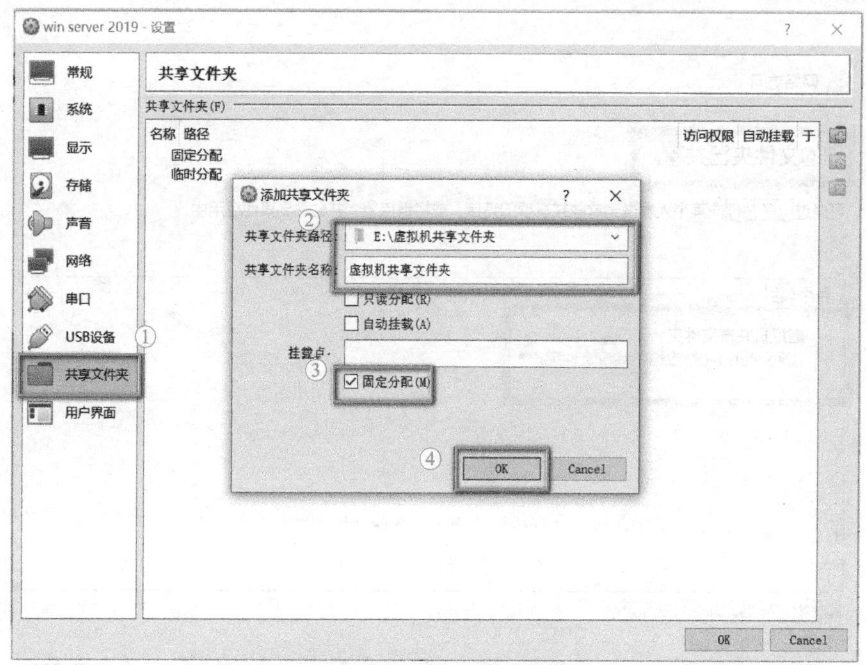

图2-1-40　虚拟机添加共享文件夹

6）启动Windows Server 2019系统，单击“设备”，选择“安装增强功能”，如图2-1-41所示。

图2-1-41　安装增强功能

7）单击“CD驱动器”，双击“VBoxWindowsAdditions”程序，开始安装程序，如图2-1-42所示。

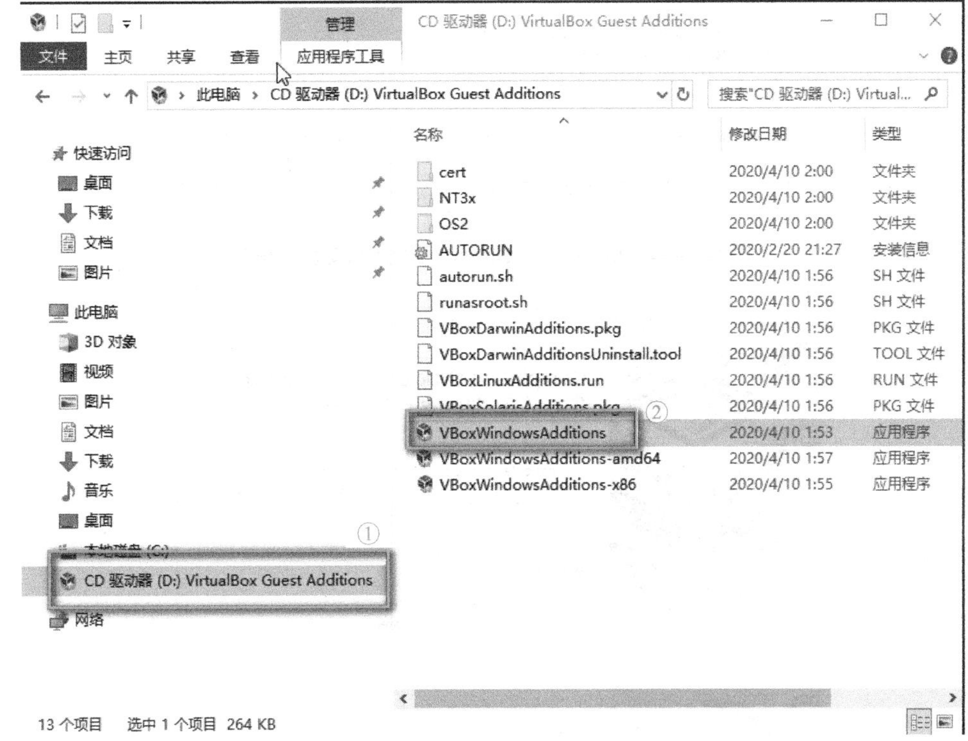

图2-1-42　安装“VBoxWindowsAdditions”程序

8）软件安装过程保持默认安装。在图2-1-43所示界面，选择“Next”；在图2-1-44所示界面，选择“始终信任‘Oracle Corporation’的软件”，单击“安装”；在图2-1-45所示界面，选择“Reboot now”，单击“Finish”按钮，重启系统完成软件安装。

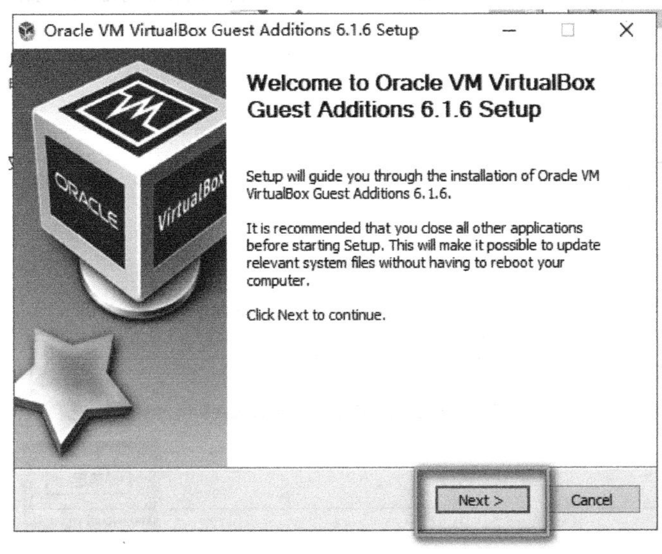

图2-1-43　VirtualBox Guest Additions安装过程1

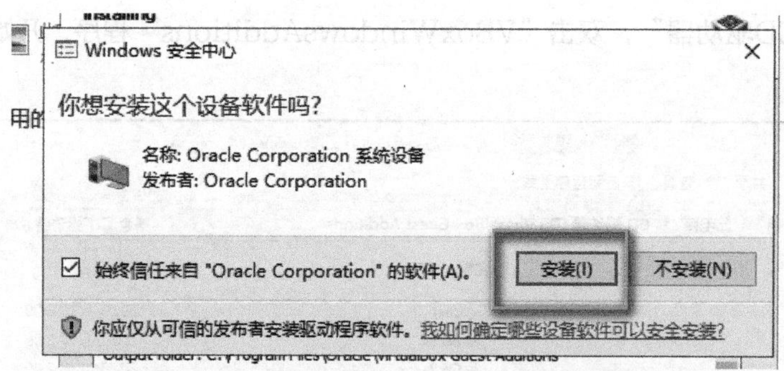

图2-1-44　VirtualBox Guest Additions安装过程2

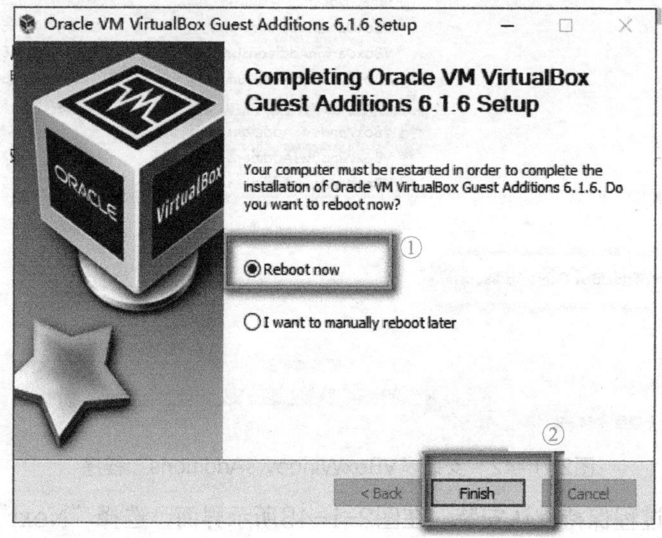

图2-1-45　VirtualBox Guest Additions安装过程3

9）打开“文件资源管理器”，单击“网络”，出现网络发现已关闭提示界面，单击“确定”，如图2-1-46所示。

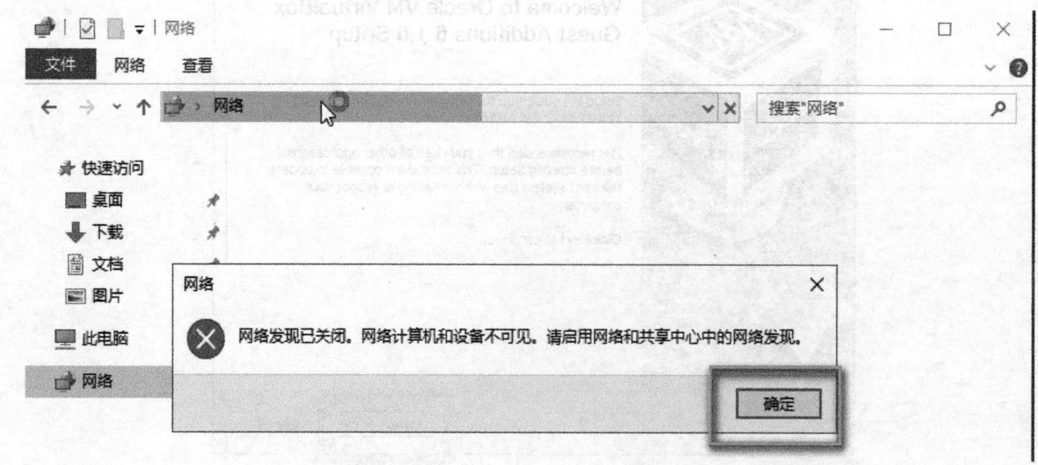

图2-1-46　网络发现已关闭提示界面

10）单击顶部的“网络发现和文件共享已关闭。看不到网络计算机和设备。单击以更改...”提示，单击“启用网络发现和文件共享”，如图2-1-47所示。

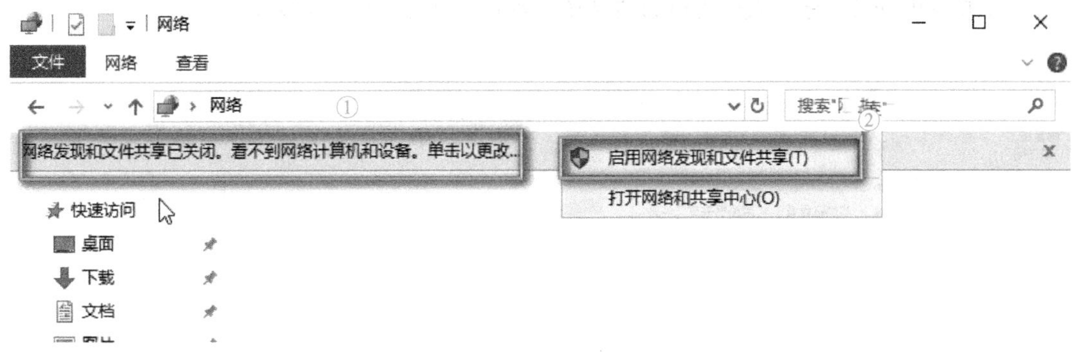

图2-1-47　进入“网络发现和文件共享”对话框

11）在“网络发现和文件共享”对话框中单击“是，启用所有公用网络的网络发现和文件共享”选项，如图2-1-48所示。

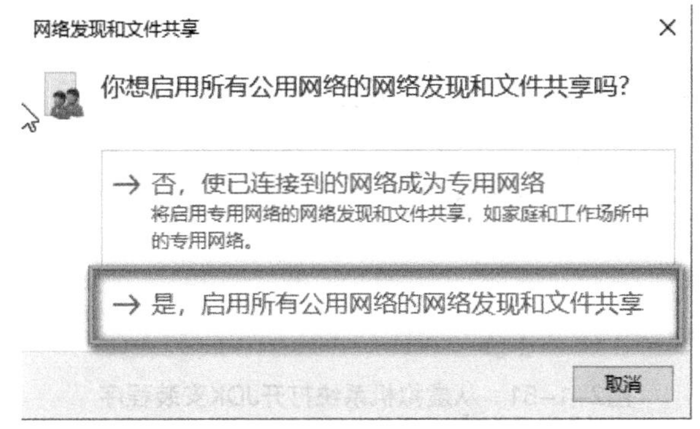

图2-1-48　启用网络发现和文件共享

12）查看共享配置结果。在“网络”下会出现共享文件夹，通过此共享文件夹可实现宿主机与虚拟机的文件互传，如图2-1-49所示。

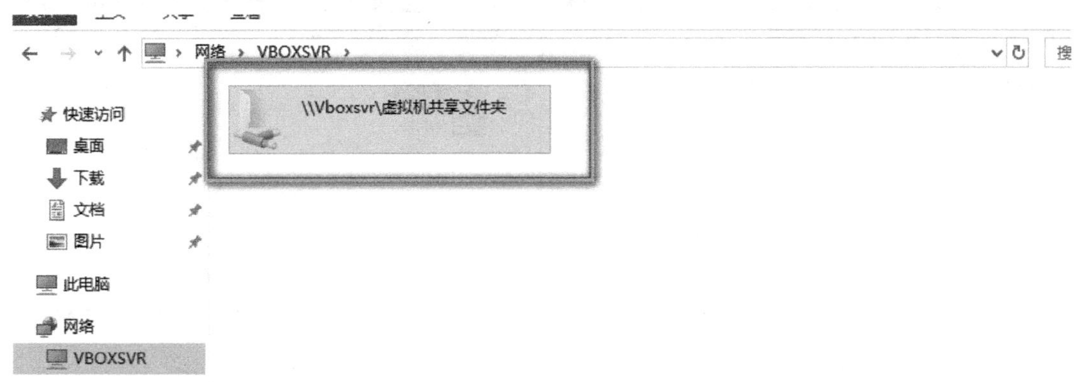

图2-1-49　查看共享文件夹

四、安装与配置JDK

1. 安装JDK软件

1）将JDK安装程序存入宿主机的共享文件夹中，如图2-1-50所示。

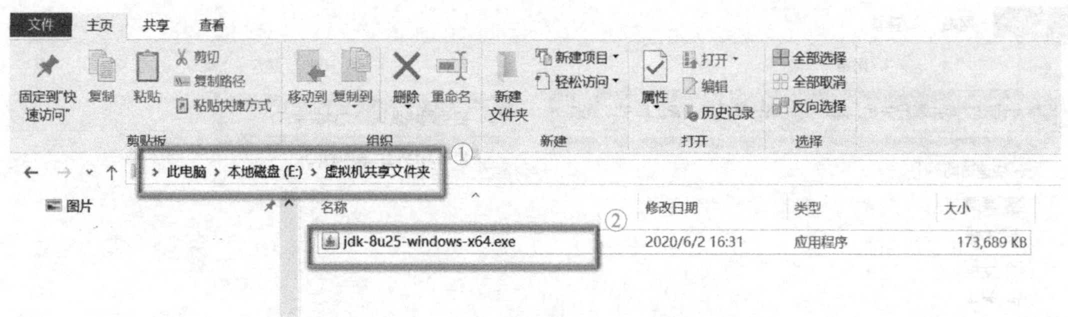

图2-1-50　JDK安装程序存入共享文件夹

2）从虚拟机Windows Server 2019系统中打开共享文件夹，双击JDK安装程序，如图2-1-51所示。

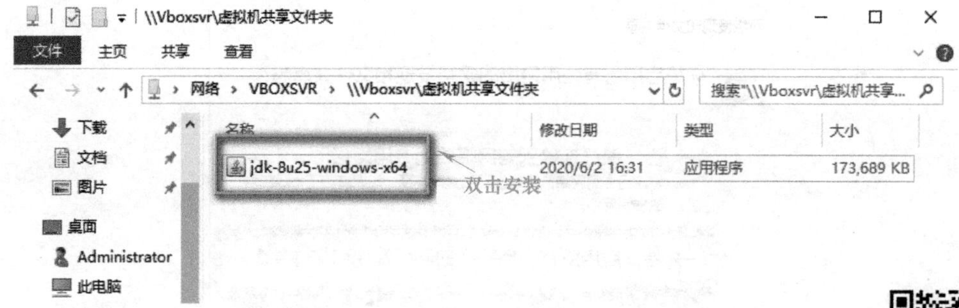

图2-1-51　从虚拟机系统打开JDK安装程序

扫码看视频

3）根据安装向导，默认安装JDK，如图2-1-52所示。

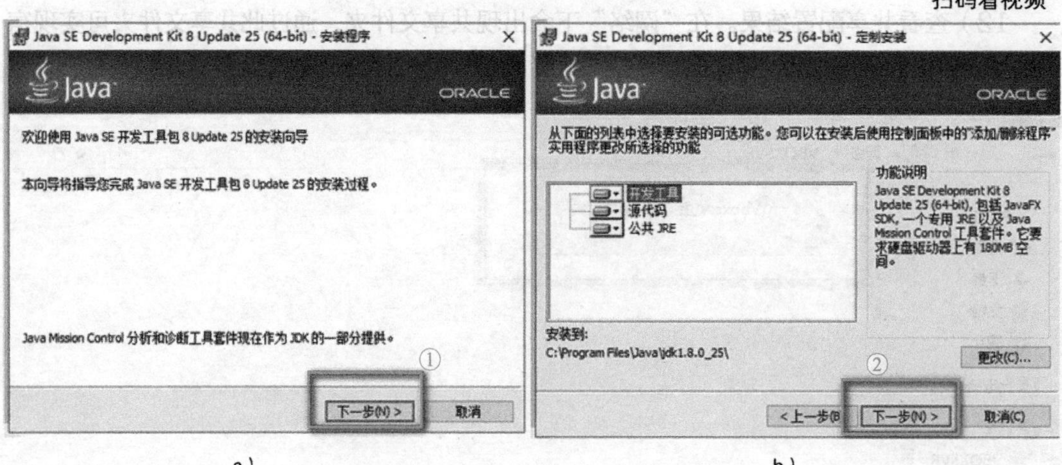

a）　　　　b）

图2-1-52　JDK安装过程

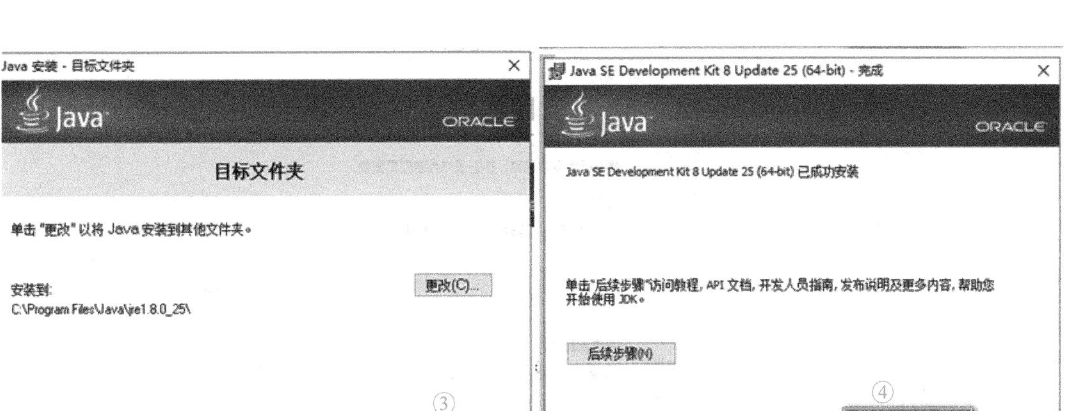

c） d）

图2-1-52　JDK安装过程（续）

4）查看安装结果。打开“C:\Program Files\Java”目录，目录下生成“jdk 1.8.0_25”与“jre 1.8.0_25”两个文件夹，说明安装成功，如图2-1-53所示。

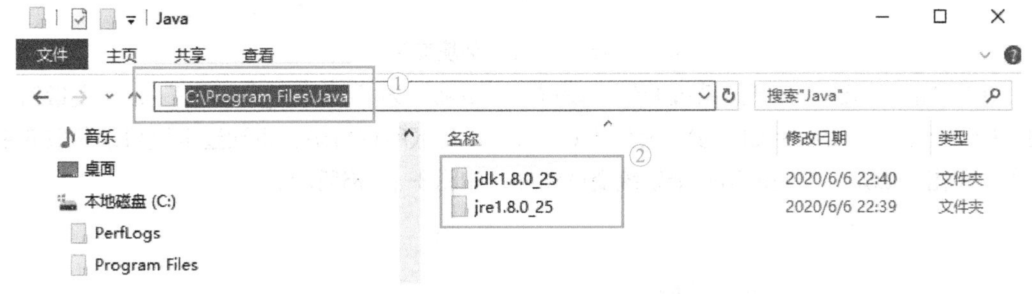

图2-1-53　查看JDK安装结果

2．配置JDK环境变量

1）在文件资源管理器中右键单击“此电脑”，选择“属性”，如图2-1-54所示。

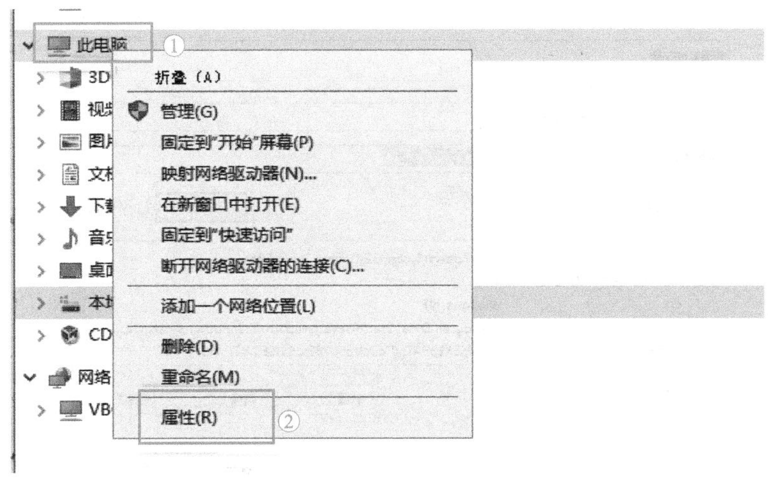

图2-1-54　设置属性

2）单击“高级系统设置”，单击“高级”标签下的“环境变量”按钮，如图2-1-55所示。

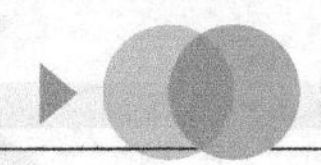

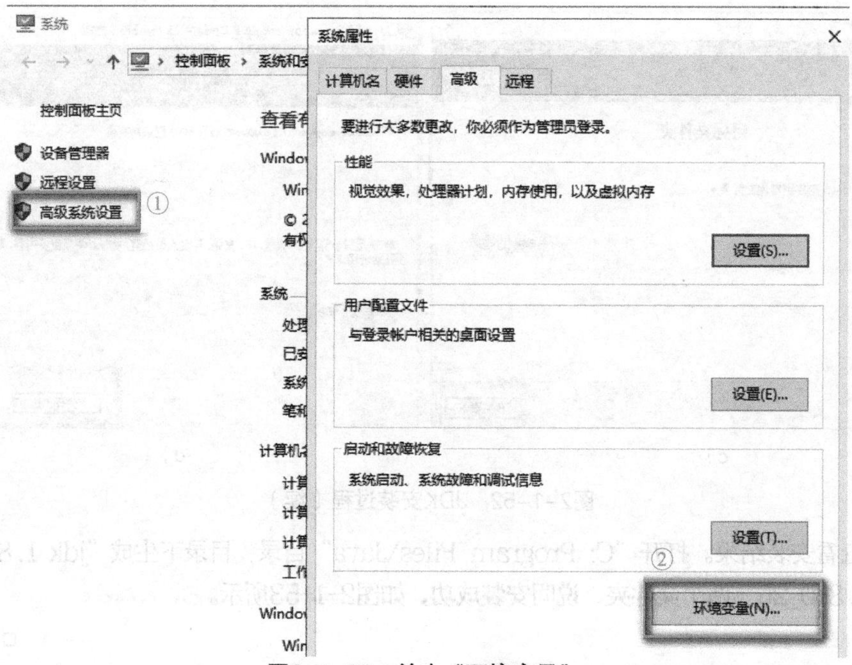

图2-1-55　单击“环境变量”

3）单击“新建”，新建系统变量，设置“变量名”为“JAVA_HOME”，“变量值”为“C:\Program Files\Java\jdk1.8.0_25”（JDK所在目录，可通过浏览目录获取变量值）。单击“确定”，完成第一个系统变量添加，如图2-1-56所示。

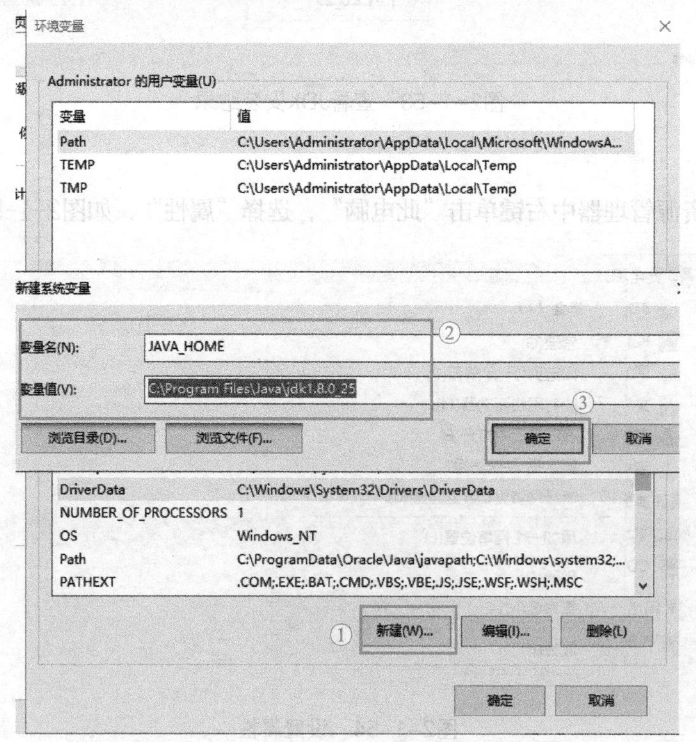

图2-1-56　新建系统变量JAVA_HOME

4）编辑Path变量。选择“Path变量”，单击“编辑”按钮，在“编辑环境变量”页面，新建两条环境变量“%JAVA_HOME%\bin”与“%JAVA_HOME%\jre\bin”，单击“确认”按钮，完成对Path变量编辑，如图2-1-57所示。

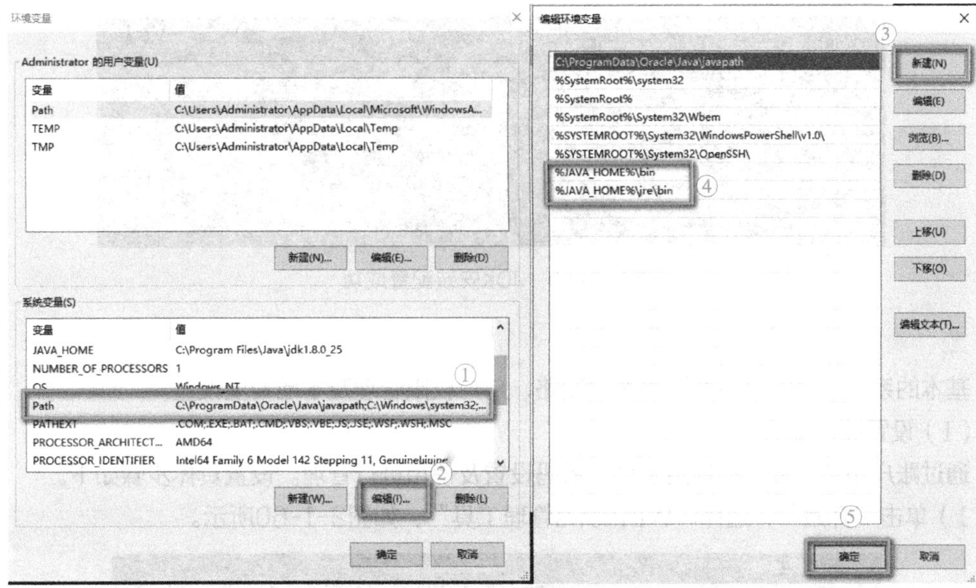

图2-1-57　编辑系统变量Path

5）新建系统变量，变量名为“CLASSPATH”，变量值为“.;%JAVA_HOME%\lib;%JAVA_HOME%\lib\tools.jar”，单击“确定”按钮，完成第二个系统变量的添加，如图2-1-58所示。

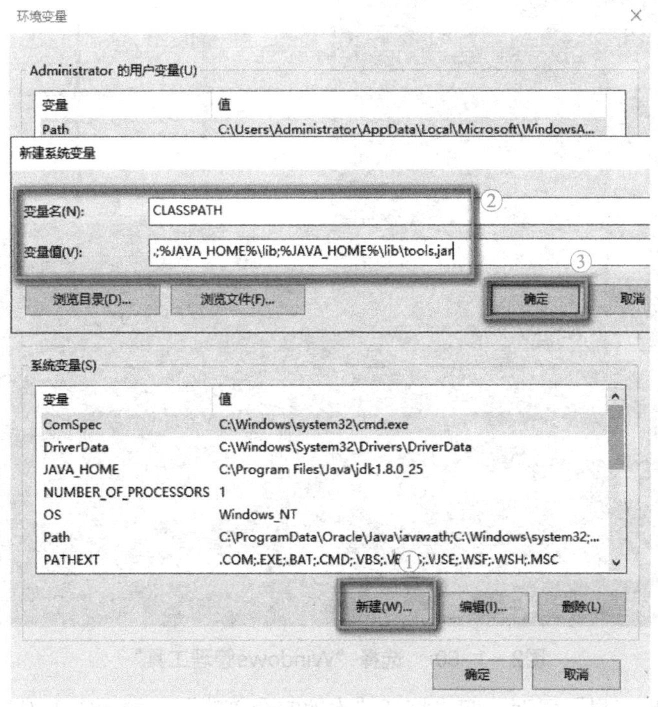

图2-1-58　添加系统变量CLASSPATH

6）配置结果测试。进入CMD（命令提示符），输入“java - version”，显示如图2-1-59所示内容说明JDK安装配置成功。

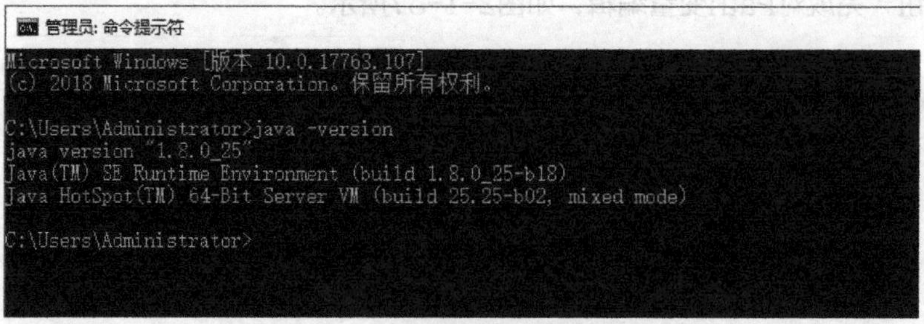

```
管理员: 命令提示符
Microsoft Windows [版本 10.0.17763.107]
(c) 2018 Microsoft Corporation。保留所有权利。

C:\Users\Administrator>java -version
java version "1.8.0_25"
Java(TM) SE Runtime Environment (build 1.8.0_25-b18)
Java HotSpot(TM) 64-Bit Server VM (build 25.25-b02, mixed mode)

C:\Users\Administrator>
```

图2-1-59　JDK安装配置成功

五、配置系统安全策略

基本的系统安全策略主要涵盖账户策略、用户权限管理及本地安全设置。

（1）设置账户策略

通过账户策略对账户的锁定条件、密码设置及使用进行管理。设置具体步骤如下。

1）单击“开始”，选择“Windows管理工具”，如图2-1-60所示。

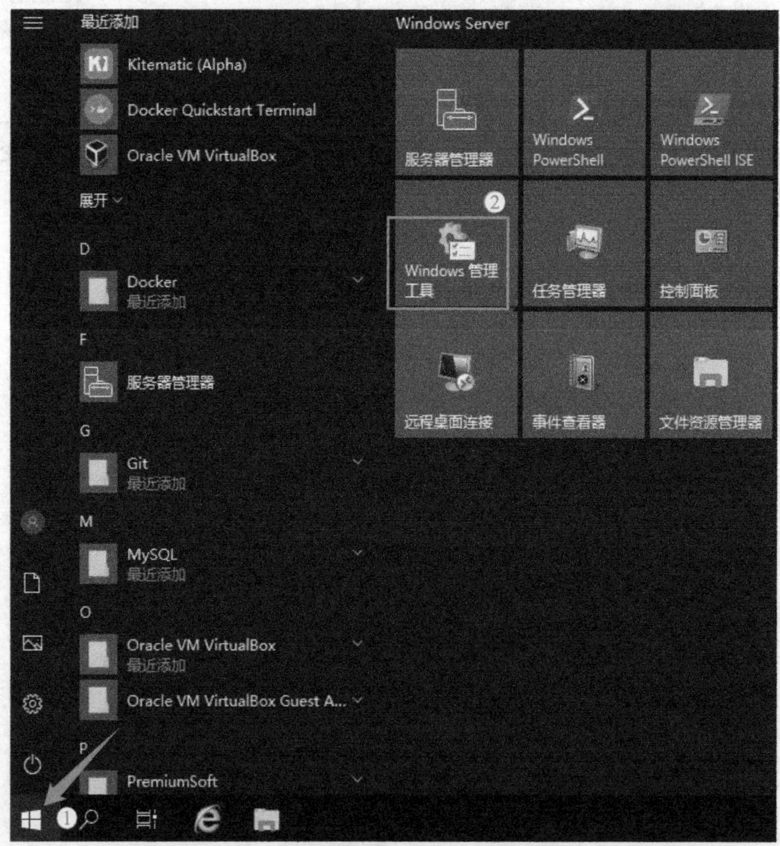

图2 -1-60　选择“Windows管理工具”

2）进入“管理工具”界面，双击打开“本地安全策略”，如图2-1-61所示。

图2-1-61　打开“本地安全策略”

3）根据项目的安全策略级别，对密码策略进行设置，如图2-1-62所示。

图2-1-62　设置密码策略

例如，客户要求去除密码复杂性要求，密码长度最小为6位，密码永不过期。小陆可以根据客户需要对密码策略做了如下修改：禁用“密码必须符合复杂性要求”策略，“密码长度最小值”设置为“6个字符”，“密码最长使用期限”设置为“0”，如图2-1-63所示。

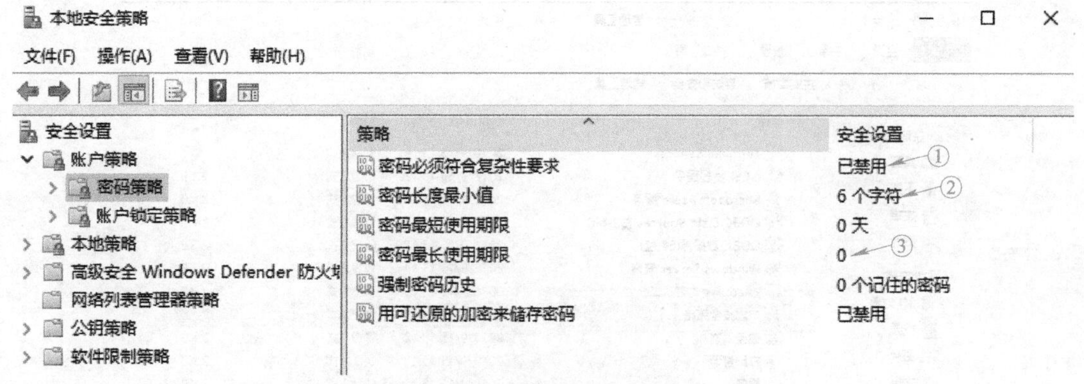

图2-1-63 按要求设置密码策略

4）设定完密码策略后，可以开始定制“账户锁定策略”，如图2-1-64所示。

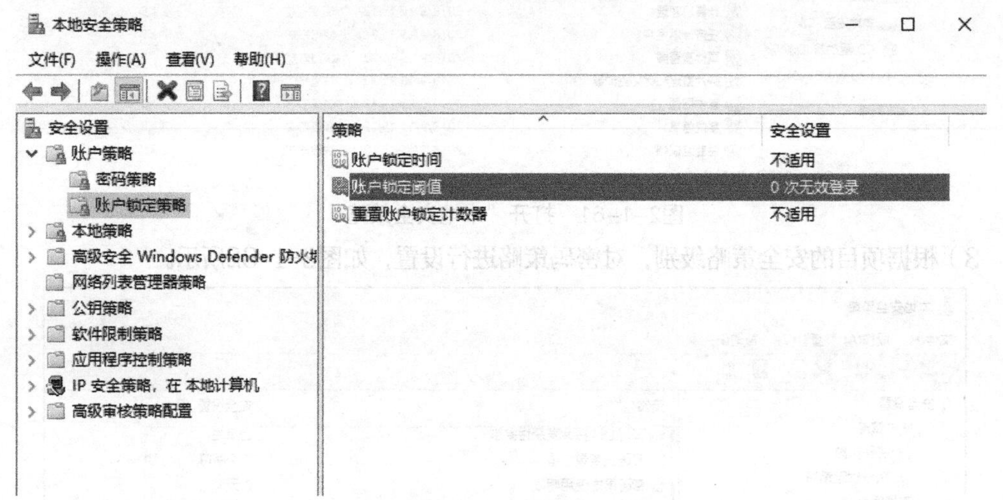

图2-1-64 账户锁定策略

例如，小陆根据客户要求，设置了以下锁定策略。登录失败达到5次数，锁定用户账户，在5分钟内已锁定的账户将不能登录，如图2-1-65所示。

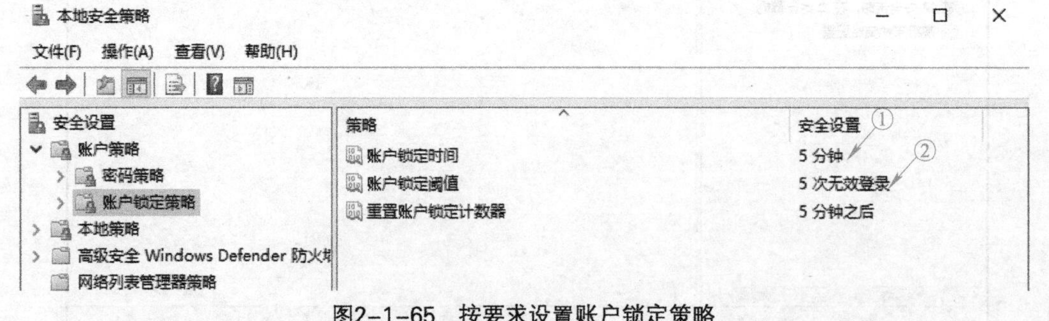

图2-1-65 按要求设置账户锁定策略

（2）用户权限管理

不同的角色分工不同、权限也不同，通过赋予用户不同角色，用户可以访问而且只能访问自己被授权的资源。

例如，客户需要一个以公司名称缩写“NLE”为用户名的账号，该账号需要被赋予管理员角色。小陆根据客户需要，对用户权限管理进行如下配置。

1）创建新用户，命名为“NLE”。

在“管理工具”中双击“计算机管理”，右键单击“用户”，选择“新用户”。在“新用户”界面中，输入用户名及密码，单击“创建”按钮，完成新用户创建，如图2-1-66所示。

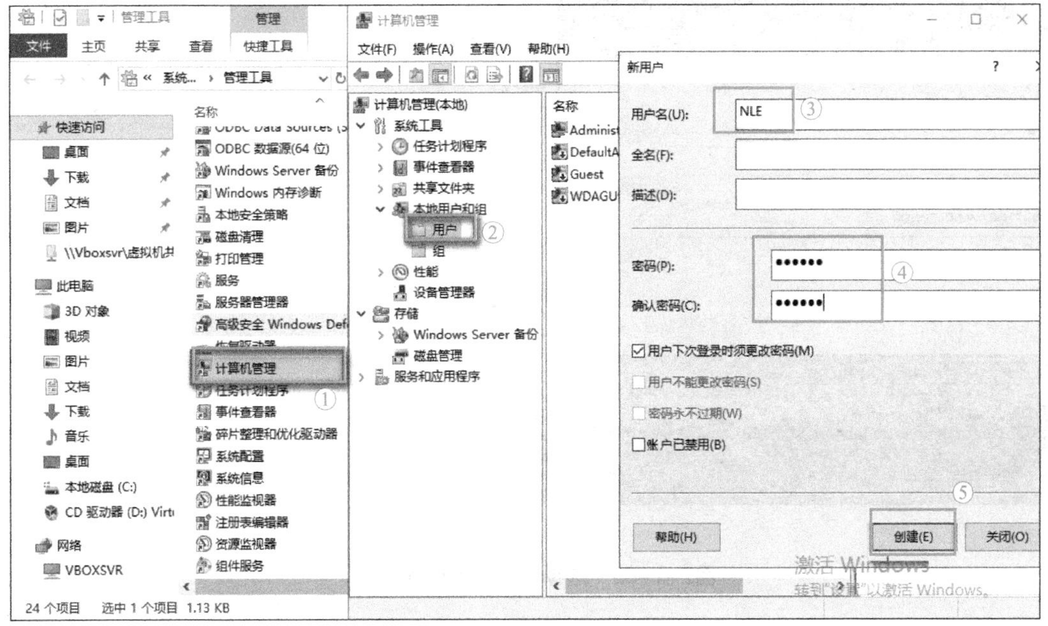

图2-1-66　创建新用户“NLE”

2）右键单击“NLE”，选择“属性”。在“NLE属性”页面选择“隶属于”标签，选择“Users”，单击“删除”，解除NLE的Users角色，单击“添加”按钮，如图2-1-67所示。

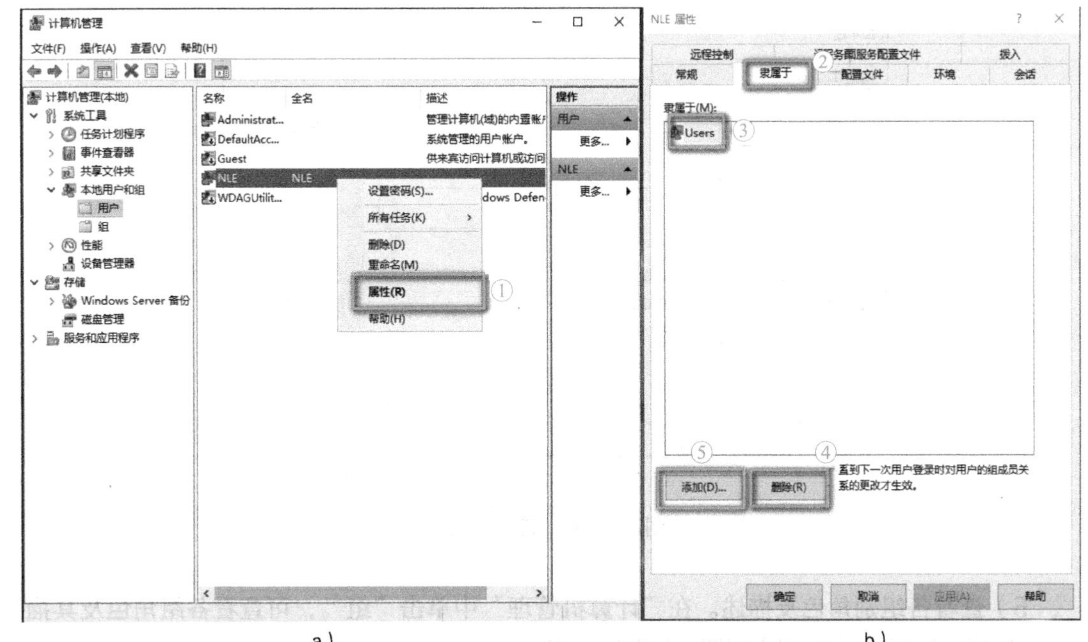

a）　　b）

图2-1-67　NLE角色配置

3）在“选择组”中单击“高级”，选择“立即查找”，选择“Administrators”，单击“确定”按钮，如图2-1-68所示。

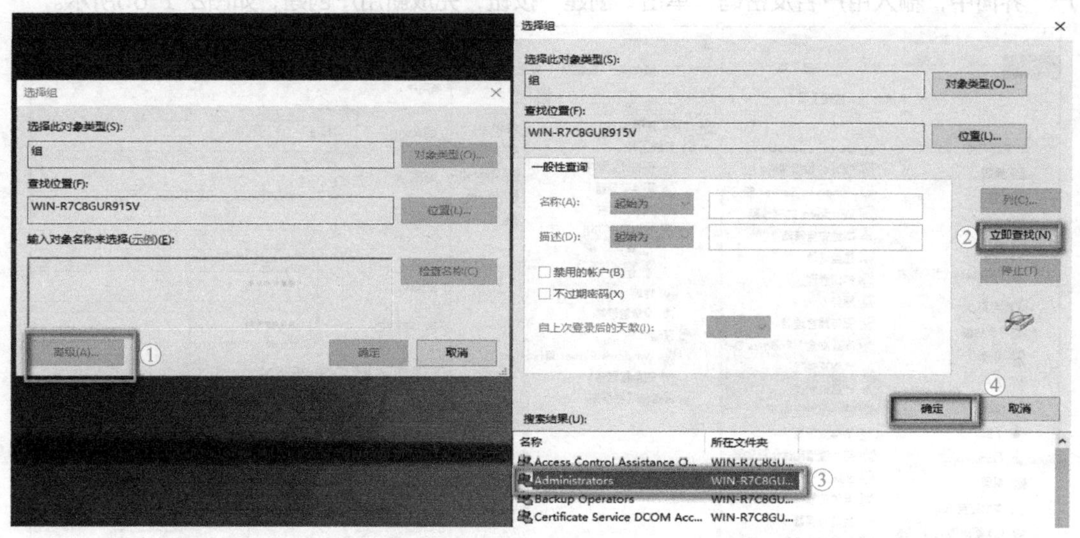

图2-1-68　选择“Administrators”

4）在“输入对象名称来选择（示例）”框中出现管理员项，单击“确定”，完成角色配置，如图2-1-69所示。

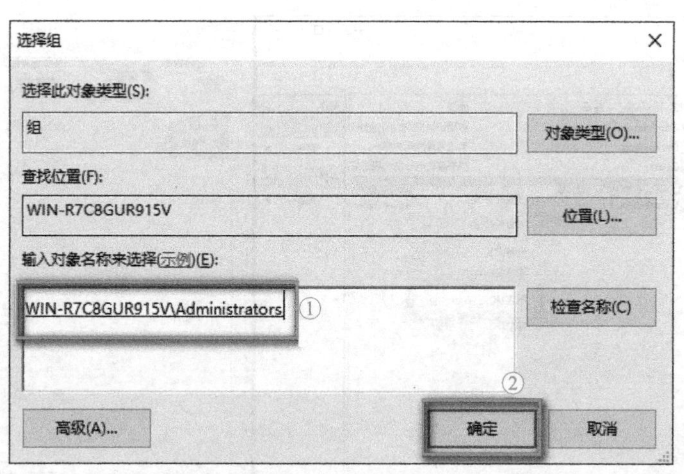

图2-1-69　确定组别

5）查看各组别角色及描述。在“计算机管理”中单击“组”，可查看各组角色及其描述，可根据用户需要进行相应配置，如图2-1-70所示。

图2-1-70　各组角色名称及描述

6）用户权限分配。系统默认给各个组别配置了相应了权限，如果客户有个性化的权限配置需要，在“管理工具”中双击“本地安全策略”，选择“用户权限分配”，可查看各权限对应的用户组别，如图2-1-71所示。

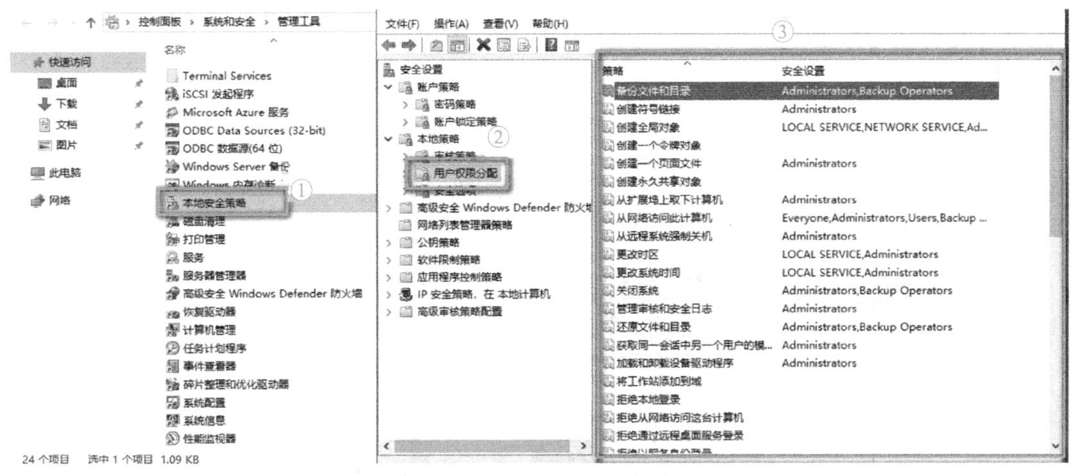

图2-1-71　用户权限分配

7）文件夹权限设置。服务器上有些文件内容并不希望对所有组别角色开放，这时可以对该文件夹的权限进行设置。

例如，客户希望公司的“保密文件”文件夹禁止Users组别的账号进行任何操作，小陆协助进行如下设置。右键单击“保密文件”文件夹，选择“属性”，出现“保密文件属性”窗口。选择“安全”标签，单击“编辑”按钮，出现“保密文件的权限”窗口。在“组或用户名”列表中选择“Users”，“Users的权限”全部选择拒绝，单击“确定”按钮完成设置，如图2-1-72所示。

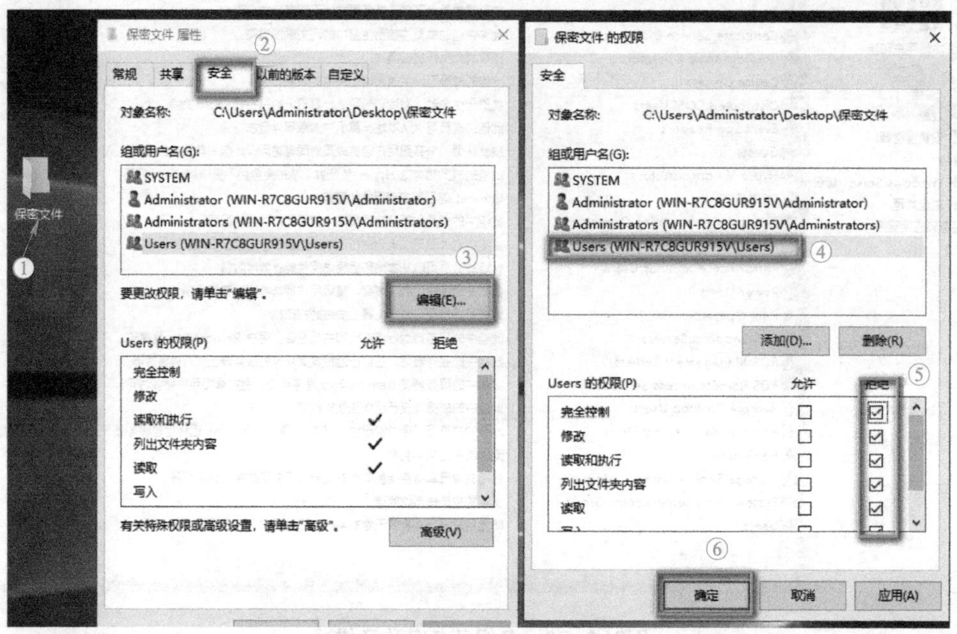

图2-1-72　文件夹权限设置

（3）安全选项配置

在本地“安全选项”中有相关的安全策略，可根据需要进行灵活配置，如图2-1-73所示。

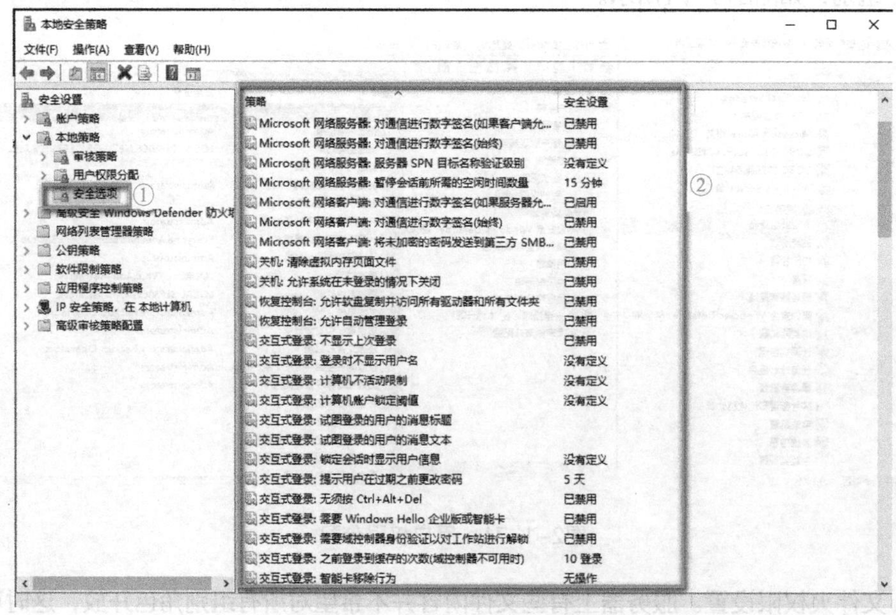

图2-1-73　安全选项配置

当然服务器安全策略配置远远不只以上的内容，还包括诸如：修改远程桌面端口、防火墙、禁用无关服务、禁止IPC空连接、删除默认共享等等，需要实施人员在工程实施前定制一套确实可行符合实际现场安全级别要求的安全策略，然后在服务器上进行相应的配置。

任务检查与评价

完成任务实施后，进行任务检查与评价，具体任务检查评价单见表2-1-4。

表2-1-4　任务检查评价单

<table>
<tr><td colspan="2">项目名称</td><td colspan="4">部署智能办公系统</td></tr>
<tr><td colspan="2">任务名称</td><td colspan="4">部署系统环境</td></tr>
<tr><td colspan="2">评价方式</td><td colspan="4">可采用自评、互评、老师评价等方式</td></tr>
<tr><td colspan="2">说　明</td><td colspan="4">主要评价学生在项目学习过程中的操作技能、理论知识、学习态度、课堂表现、学习能力等</td></tr>
<tr><td>序号</td><td>评价内容</td><td colspan="2">评价标准</td><td>分值</td><td>得分</td></tr>
<tr><td rowspan="2">1</td><td rowspan="11">专业技能（60%）</td><td rowspan="2">安装Windows Server 2019系统（10%）</td><td>虚拟机设置正确（5分）</td><td rowspan="2">10分</td><td rowspan="2"></td></tr>
<tr><td>系统安装过程正确（5分）</td></tr>
<tr><td>2</td><td>安装IIS（10%）</td><td>IIS安装正确（10分）</td><td>10分</td><td></td></tr>
<tr><td rowspan="2">3</td><td rowspan="2">设置共享文件夹（15%）</td><td>宿主机共享设置正确（5分）</td><td rowspan="2">15分</td><td rowspan="2"></td></tr>
<tr><td>虚拟机共享设置正确（10分）</td></tr>
<tr><td rowspan="2">4</td><td rowspan="2">安装JDK（10%）</td><td>JDK软件安装正确（5分）</td><td rowspan="2">10分</td><td rowspan="2"></td></tr>
<tr><td>JDK环境变量配置正确（5分）</td></tr>
<tr><td rowspan="3">5</td><td rowspan="3">配置Windows Server系统策略（15%）</td><td>学会账户策略配置（5分）</td><td rowspan="3">15分</td><td rowspan="3"></td></tr>
<tr><td>学会用户权限分配（5分）</td></tr>
<tr><td>学会安全选项配置（5分）</td></tr>
<tr><td rowspan="2">6</td><td rowspan="2">核心素养（20%）</td><td colspan="2">具有自主学习能力（10分）</td><td rowspan="2">20分</td><td rowspan="2"></td></tr>
<tr><td colspan="2">具有分析解决问题的能力（10分）</td></tr>
<tr><td>7</td><td>课堂纪律（20%）</td><td colspan="2">设备无损坏、设备摆放整齐、工位区域内保持整洁、不干扰课堂秩序（20分）</td><td>20分</td><td></td></tr>
<tr><td colspan="4">总得分</td><td colspan="2"></td></tr>
</table>

任务小结

通过部署系统环境，读者可了解Windows Server 2019服务器所需部署的基本内容及相关的安全策略简介，并掌握系统相关软件安装与配置方法，强化了系统部署的技能。

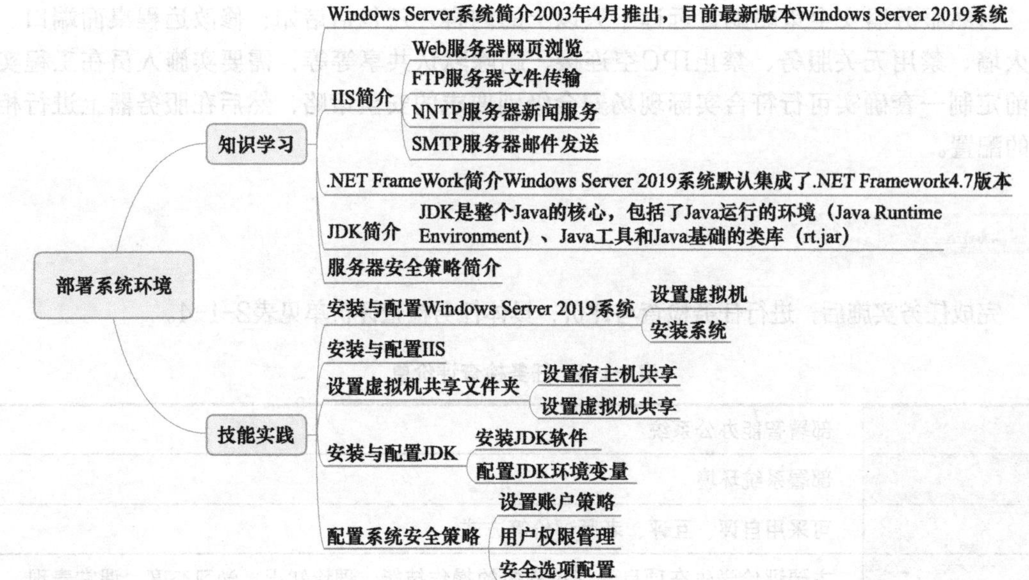

素养提升

操作系统是软件之魂，是信息化安全体系的基石。长期以来，我国高科技领域的最大痛点之一正是底层基础技术领域“缺芯少魂”。这里的芯是指芯片技术，而魂就是操作系统。麒麟软件自1989年开始从事操作系统研发和产业化工作，见证了我国操作系统30余年发展之路，致力于打造我国操作系统核心力量，为国产计算机贡献“中国大脑”。多年以来，麒麟操作系统多次在地面及海上科学测控重大任务中应用部署，实现了“零失误”系统服务。2018年，麒麟操作系统荣获国家科技进步一等奖。

任务拓展

除了“NLE”用户，客户要求在系统中添加普通的Users账户“xiaolu”，此账号需要具备系统备份的权限（Backup Operators）。

任务2 部署智能通道系统

职业能力

- 能根据智能通道系统安装图纸，正确安装与连接设备。
- 能根据数据库软件要求，在Windows 系统下正确安装关系型数据库管理软件。
- 能根据数据库操作规范，正确执行关系型数据库脚本。
- 能根据数据库管理要求，正确配置关系型数据库运行服务，并管理用户信息和用户权限。
- 能在Windows系统环境下，安装物联网应用程序。
- 能根据数据库备份要求，定时完成关系型数据库的备份，并还原指定的关系型数据库数据。

任务描述与要求

任务描述

由于公司规模比较小，客户希望小陆协助部署智能通道系统，要求实现门禁功能，读卡或输入密码进入工作区域。同时客户需要部署一个签到系统，用于员工签到管理。员工管理系统在局域网内部署，管理人员可以通过应用程序添加员工信息，查询员工打卡记录。为保证信息安全，数据库每7天备份一次，管理员能够进行手动备份与还原操作。

任务要求

- 正确安装连接智能通道的相关设备。
- 正确安装数据库。
- 正确配置数据库运行服务，并管理用户信息和用户权限。
- 正确执行数据库脚本。
- 正确安装物联网应用程序。
- 正确执行数据库备份及还原操作。

知识储备

1. 数据库简介

数据库可以理解成存放计算机数据的仓库，这个仓库是按照一定的数据结构来对数据进行组织和存储的。通常所说的数据库是指数据库管理系统（Database Management System）。在互联网企业中，最常用的数据库模式主要有两种，即关系型数据库和非关系型数据库。2020年7月数据库排名显示现在的主流是关系型数据库，如图2-2-1所示。

358 systems in ranking, July 2020

Rank			DBMS	Database Model	Score		
Jul 2020	Jun 2020	Jul 2019			Jul 2020	Jun 2020	Jul 2019
1.	1.	1.	Oracle	Relational, Multi-model	1340.26	-3.33	+19.00
2.	2.	2.	MySQL	Relational, Multi-model	1268.51	-9.38	+38.99
3.	3.	3.	Microsoft SQL Server	Relational, Multi-model	1059.72	-7.59	-31.11
4.	4.	4.	PostgreSQL	Relational, Multi-model	527.00	+4.02	+43.73
5.	5.	5.	MongoDB	Document, Multi-model	443.48	+6.40	+33.55
6.	6.	6.	IBM Db2	Relational, Multi-model	163.17	+1.36	-10.97
7.	7.	7.	Elasticsearch	Search engine, Multi-model	151.59	+1.90	+2.77
8.	8.	8.	Redis	Key-value, Multi-model	150.05	+4.40	+5.78
9.	9.	↑11.	SQLite	Relational	127.45	+2.64	+2.82
10.	10.	10.	Cassandra	Wide column	121.09	+2.08	-5.91

图2-2-1　数据库排名

关系型数据库是存储在计算机上的、可共享的、有组织的关系型数据的集合。关系型数据是指以关系数学模型来表示的数据，关系数学模型中以二维表的形式来描述数据。二维表实例如图2-2-2所示。通常表的第一行为字段名称，描述该字段的作用，下面是具体的数据。在定义该表时需要指定字段的名称及数据类型。

	lid	sellistNO	time	summoney	isout	usedtoDR
1	ACC960A9-B37C-4F2D-BEB3-01...	20140115104657l462	2014-01-15 10:46:57.360	20.25	0	0
2	ACEE2570-9EC5-4BC9-9663-2A...	201412221427432953	2014-12-22 14:27:43.110	40	0	0
3	2BBC2D14-EDA2-4DED-9A5C-3...	201412221658169889	2014-12-22 16:58:16.347	50	0	0
4	6911248C-F793-402D-AAC3-6B...	201412191337288313	2014-12-19 13:37:28.670	20	0	0
5	D81EF94C-F956-4D0B-AE4C-8C...	201401161610494403	2014-01-16 16:10:49.443	2	0	0
6	6662AE9B-C9C7-4830-A787-931...	201401151047150863	2014-01-15 10:47:15.430	20.25	0	0
7	ED8A2FD7-CA80-41A0-B3E1-BF...	201412221411353095	2014-12-22 14:11:35.280	40	0	0

图2-2-2　二维表实例

2．常用关系型数据库软件介绍

（1）Oracle数据库

Oracle Database，又名Oracle RDBMS，简称Oracle，是甲骨文公司的一款关系型数据库管理系统。它在数据库领域一直处于领先地位。Oracle数据库系统是目前世界上流行的关系型数据库管理系统，系统可移植性好、使用方便、功能强，适用于各类大、中、小、微机环境。它是一种效率高、可靠性好、适应高吞吐量的数据库方案。

（2）MySQL数据库

MySQL数据库是一个中小型关系型数据库管理系统，软件开发者为瑞典MySQL AB公司。在2008年1月16日被Sun公司收购，之后Sun公司又被Oracle公司收购。在Web应用方面，MySQL是最好的RDBMS（Relational Database Management System，关系型数据库管理系统）应用软件之一。MySQL所使用的SQL语言是用于访问数据库的最常用标准化语言。由于体积小、速度快、总体拥有成本低，尤其是开放源码这一特点，许多大中小型网站为了降低网站总体拥有成本而选择了MySQL作为网站数据库。

（3）Microsoft SQL Server

Microsoft SQL Server是微软公司开发的大型关系型数据库系统。SQL Server的功能比较全面，效率高，可以作为中型企业或者单位的数据库平台。SQL Server可以与Windows操作系统紧密集成，不论是应用程序开发速度还是系统事务处理运行速度，都能得到较大的提升。对于在Windows平台上开发的各种企业级信息管理系统来说，不论是C/S架构还是B/S架构，SQL Server都是一个很好的选择。SQL Server的缺点是只能在Windows系统下运行。

3．设备简介

（1）门禁一体机

门禁一体机是门禁系统的核心控制设备，具有数据存储可靠、掉电数据不丢失、集管理和自动控制为一体等特点。门禁一体机可实现门禁的自动化管理，还可用于考勤，在实现门禁考勤双功能的同时与一卡通系统可以无缝连接。设备支持密码、刷卡、卡加密码开门方式，具有外接块根读头、韦根信号输出、防拆报警、增加卡和删除卡、用户卡自动注册、数据拷贝等功能。门禁一体机有门禁模式、韦根26模式及韦根34模式三种模式可选。门禁一体机简况及安装方法见表2-2-1。

表2-2-1　门禁一体机简况及安装方法

设备名称	设备简况
门禁一体机	
	工作电压：DC 12V 静态电流：≤50mA 读卡距离：5～10cm 环境温度：-20℃～70℃ 环境湿度：0～95% 开门时间：0～255s 初始开门密码7890，编程密码123456
安装方法	
	设备底部有个螺钉，旋松打开后盖，后盖上有4个孔位，通过这4个孔位将后盖固定于面板上，然后将设备盖上，旋紧底部的螺钉，完成设备安装固定

（2）门禁电源

在门禁系统里电源的性能极为重要，门禁控制器专用电源的选择直接影响门禁系统的安全和稳定，门禁控制器专用电源与其他电源相比，有很多特殊的要求，虽然同样是提供电源，因其控制电锁，而电锁都是通过电感线圈实现控制，在电锁启动时会有瞬间的大电流，而在电锁电流结束时会产生反向电压，这就要求电源能够承受负载的频繁波动。同时因为门禁属于射频识别，要求电源有较小的噪声杂波和辐射，尤其是高频的噪声干扰会影响读卡距离或导致设备死机甚至烧毁。所以在门禁控制器专用电源的设计中要充分考虑其波形稳定、无高频噪声、能够长期持续供电以及能够承受频繁的负载变化等各项参数。本任务采用的门禁电源配置了36W大功率变压器，具备较高的利用效率，输出功率大，可以满足1台门禁机或者1把磁力锁同时正常工作，电源的交流接口与电锁负载连接线设计了保险丝装置；有标准的散热排风设计、金属外壳设计和抗干扰设计。门禁电源简况及安装方法见表2-2-2。

表2-2-2　门禁电源简况及安装方法

设备名称	设备简况
门禁电源	
遥控模块（外插，选配） 保险丝装置	输入：AC 220V 输出：DC 12V 接口：NO\NC，PUSH，BELL 环境温度：-20℃～50℃
安装方法	
	打开门禁电源上盖，在底板上有两个用于固定的孔位。用螺钉通过这两个孔位将设备固定于墙上或面板上

（3）磁力锁

磁力锁以铝合金为主要材质，坚固耐用，适用于多种门。采用内六角螺钉，安全防盗。一般与门禁控制器配合使用。磁力锁简况及安装方法见表2-2-3。

表2-2-3　磁力锁简况及安装方法

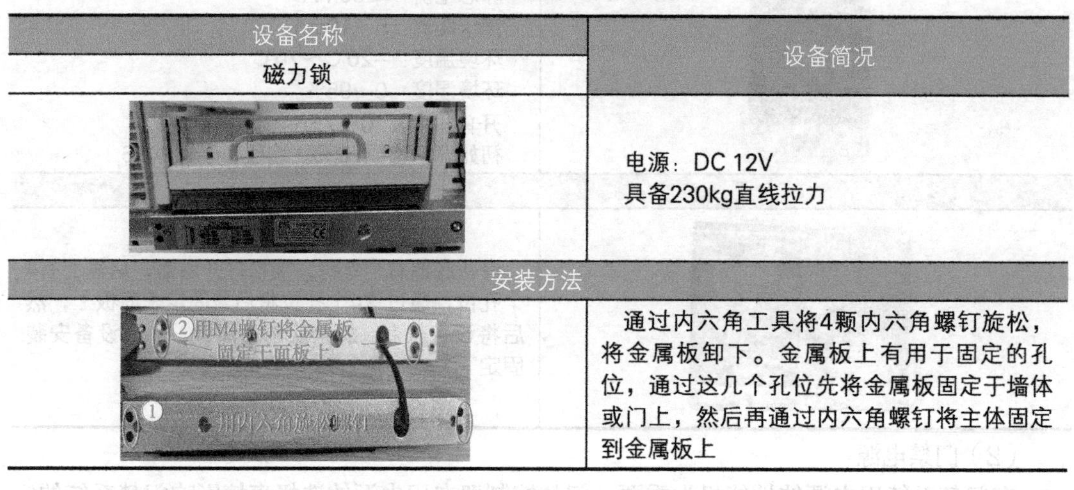

设备名称 磁力锁	设备简况
	电源：DC 12V 具备230kg直线拉力
安装方法	
	通过内六角工具将4颗内六角螺钉旋松，将金属板卸下。金属板上有用于固定的孔位，通过这几个孔位先将金属板固定于墙体或门上，然后再通过内六角螺钉将主体固定到金属板上

（4）门铃

门铃为有线门铃，采用高强度ABS塑料制作，抗氧化性好，寿命长，配合门禁系统使用，适用于办公室、写字楼、住宅等。门铃简况及安装方法见表2-2-4。

表2-2-4　门铃简况及安装方法

设备名称 门铃	设备简况
DOOR BELL	电源：DC 12V 接口：红线 接正极 黑线 接负极 绿线与黄线 接门铃开关 工作温度：−10℃～80℃ 工作湿度：<80%
安装方法	
	背后有一卡口，可先在墙体上旋一颗螺钉，将门铃卡口对准螺钉，挂于墙体上

（5）门禁出门开关

门禁出门开关为点动式开关，出门按下门禁开关即可将门打开。信号输出为常开信号输出，需要信号对应接线。采用PC防火阻燃材料制作，自动复位弹力好，适用于电子门禁系统。门禁出门开关简况及安装方法见表2-2-5。

表2-2-5 门禁出门开关简况及安装方法

设备名称	设备简况
门禁出门开关	
	接点输出：NO/COM接点
安装方法	
	两侧配有固定的孔位，通过固定孔位用M4螺钉将设备固定于墙上或安装面板上

（6）韦根485转换器　韦根485转换器简况见表2-2-6。

表2-2-6 韦根485转换器简况

设备名称	设备简况
韦根485转换器	
	电源：DC 12V 输入端口：D0，D1，GND 输出端口：485A，485B

任务计划与决策

1. 任务分析

门禁系统有两种部署方式。

（1）独立型门禁系统

独立型门禁机不是通过计算机设置权限，而是通过主卡、副卡、红外遥控器或者密码键盘设计注册卡的进出权限。优点是布线施工方便，价格便宜。缺点是没有个性化的出入权限管理，没有进出记录的查询，只具备门禁的基本功能，安全性较弱。

（2）联网型门禁系统

联网型门禁系统通过计算机对所有门进行权限管理，设置强大的门禁管理功能和权限，可以实时监控门的进出情况，查询所有门的进出记录，门越多，设置越轻松，管理越方便，安全性较高。

联网型门禁系统还具备基本的考勤功能，可以省去买考勤打卡机的资金，而且考勤记录比较公正客观，统计速度科学快速。所以，如果公司出于成本考虑，只需要一个简单的门禁功能，无需个性化的出入管理功能，而且要装门禁的门数量不多，且不需要考勤功能，安全性要求并不高时，就适合选用独立型门禁系统。如果想用一套具备考勤功能的门禁系统，就选择联网型门禁系统。由于联网型门禁系统具备较好的扩张性，可以先上几个门，觉得好用了，再扩容。

独立型门禁系统传输的是电平信号，门禁一体机的门禁模式用于独立型门禁系统。联网型门禁系统传输的是加密数据信号，服务器根据数据进行相应处理，配合外设实现打卡、门禁等功能。门禁一体机的韦根模式用于联网型门禁系统。

本任务通过独立型门禁系统，了解电平对门禁系统各设备的控制，掌握门禁控制的过程；通过联网型门禁系统打卡功能的实现过程，学习数据库部署及软件安装配置；通过应用程序，管理用户并记录用户打卡。

智能通道拓扑图如图2-2-3所示。

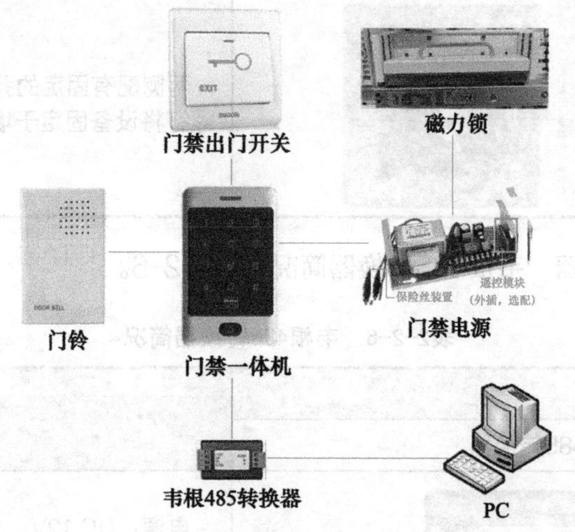

图2-2-3　智能通道拓扑图

2. 制订计划

根据所学相关知识，请制订完成本次任务的实施计划，见表2-2-7。

表2-2-7　任务计划

项目名称	部署智能办公系统
任务名称	部署智能通道系统
计划方式	自行设计
计划要求	用8个以内的计划步骤来完整描述出如何完成本次任务
序　　号	任务计划
1	
2	
3	
4	
5	
6	
7	
8	

3. 设备与资源准备

任务实施前必须先准备好以下设备与资源，见表2-2-8。

表2-2-8　设备与资源

序号	设备/资源名称	数量	是否准备到位（√）
1	门禁一体机	1	
2	门禁电源	1	
3	磁力锁	1	
4	门铃	1	
5	门禁出门开关	1	
6	韦根485转换器	1	
7	485转232转接头	1	
8	设备说明文档	1	
9	安装工具	1套	
10	安装耗材	若干	

任务实施

要完成本次任务，可以将实施步骤分成以下5步：

- 设备安装与连线。
- 部署数据库。
- 安装Window应用程序。
- 调试系统。
- 维护数据库数据。

具体实施步骤如下。

一、设备安装与连线

1）参照图2-2-4所示的智能通道设备参考布局图安装设备。要求设备安装牢固，布局合理。

2）根据系统连线图进行连线，如图2-2-5所示。

连线注意事项：电源大小及极性切勿接错；各信号线接口确保正确；连线工艺规范，保证良好电气连接。

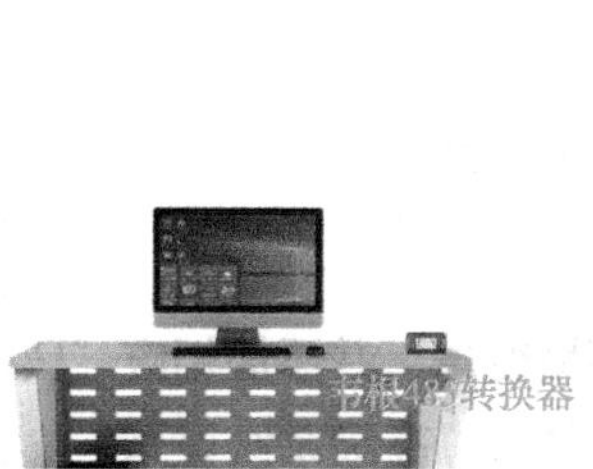

图2-2-4　智能通道设备参考布局图

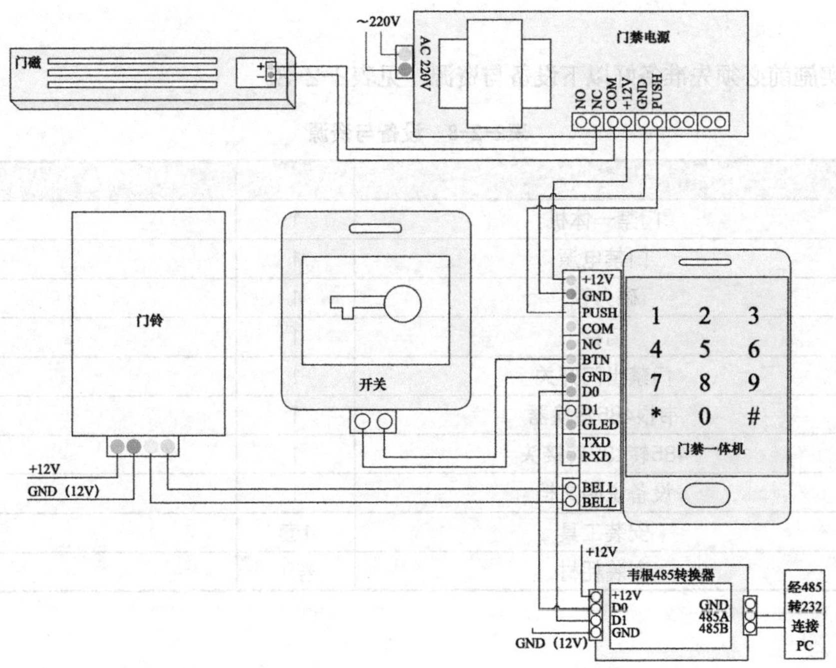

图2-2-5　系统连线图

二、部署数据库

mysql部署在模拟服务器（虚拟机上的Windows Server 2019系统）上。部署内容主要涵盖软件安装和使用两个方面。

1．安装数据库

（1）将程序压缩包解压

将下载或者拷贝的数据库软件压缩包解压至存放目录。将mysql-5.7.29-win×64文件夹解压后置于“C:\Program Files\Mysql”目录下，如图2-2-6所示。

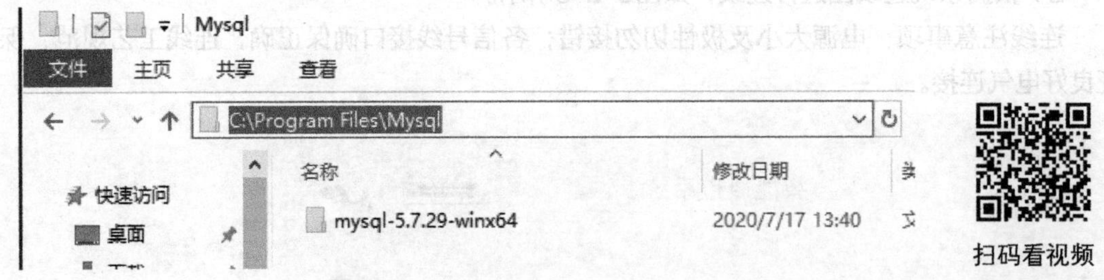

图2-2-6　文件存放目录

（2）配置环境变量

添加一个名为“MYSQL_HOME”的环境变量，并添加相应“Path”变量值。

右键单击“此电脑”，选择“属性”，单击“高级系统设置”，选择“高级”标签，单击“环境变量”，进入“环境变量”页面，如图2-2-7所示。

图2-2-7　进入“环境变量”页面

在“环境变量”页面，单击“新建”按钮，“变量名”输入“MYSQL_HOME”，单击“浏览目录”，选择mysql-5.7.29-win×64文件夹所在位置，单击“确定”，完成“MYSQL_HOME”变量添加，如图2-2-8所示。

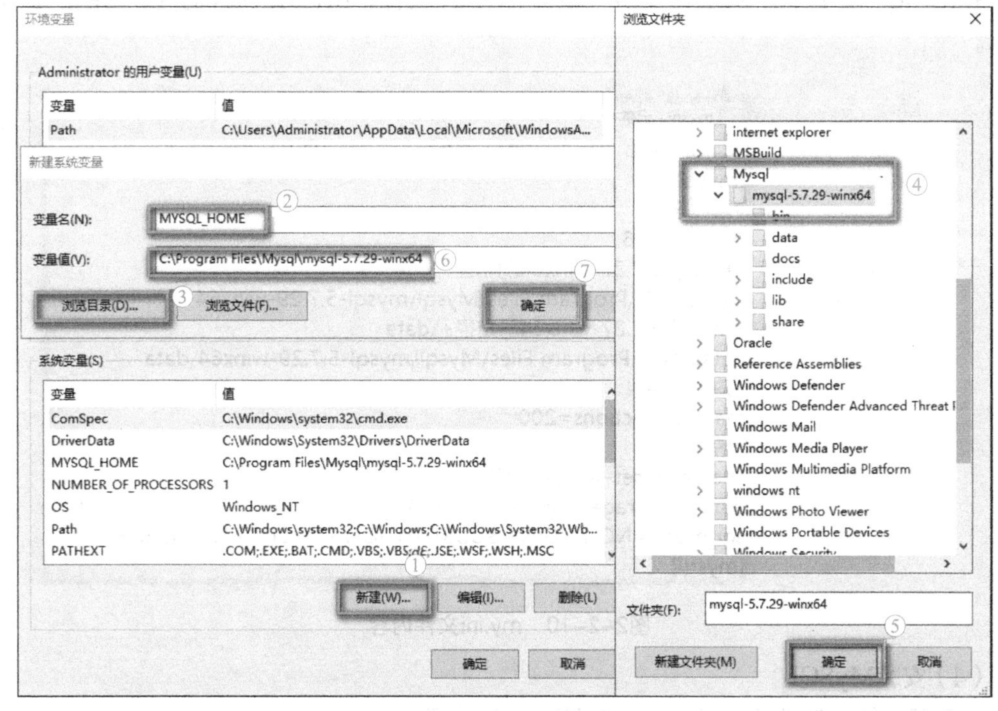

图2-2-8　添加“MYSQL_HOME”变量

选择“Path”变量，单击“编辑”，进入“编辑环境变量”页面。单击“新建”，填入“%MYSQL_HOME%\bin”，单击“确定”完成“Path”变量编辑，如图2-2-9所示。

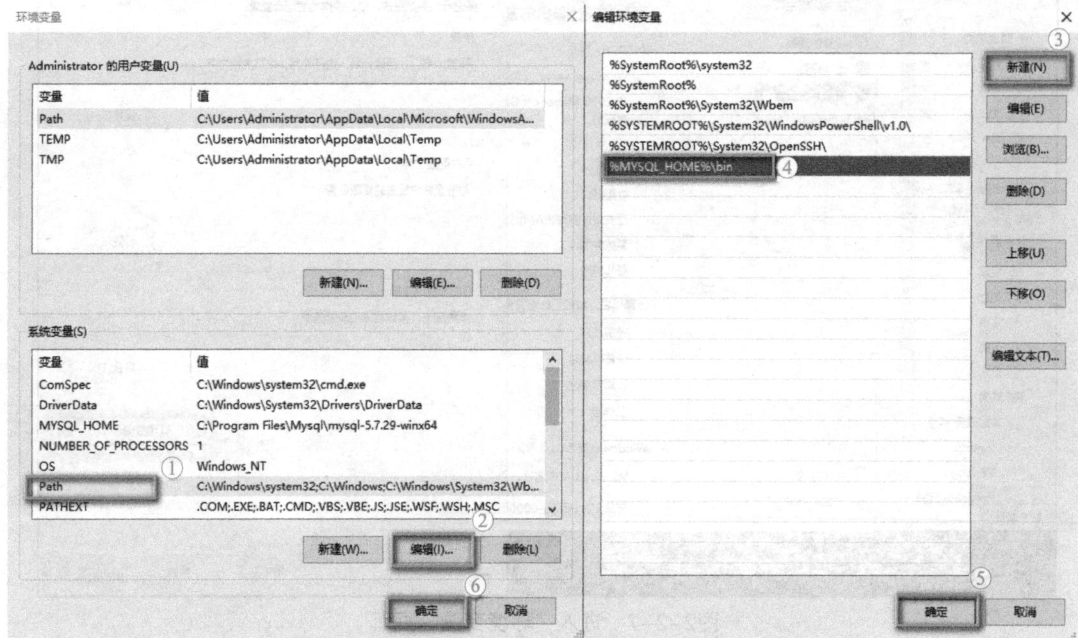

图2-2-9　编辑“Path”变量

（3）配置my. ini文件

在mysql-5. 7. 29-win×64目录下新建my. ini文件，my. ini文件的内容如图2-2-10所示。

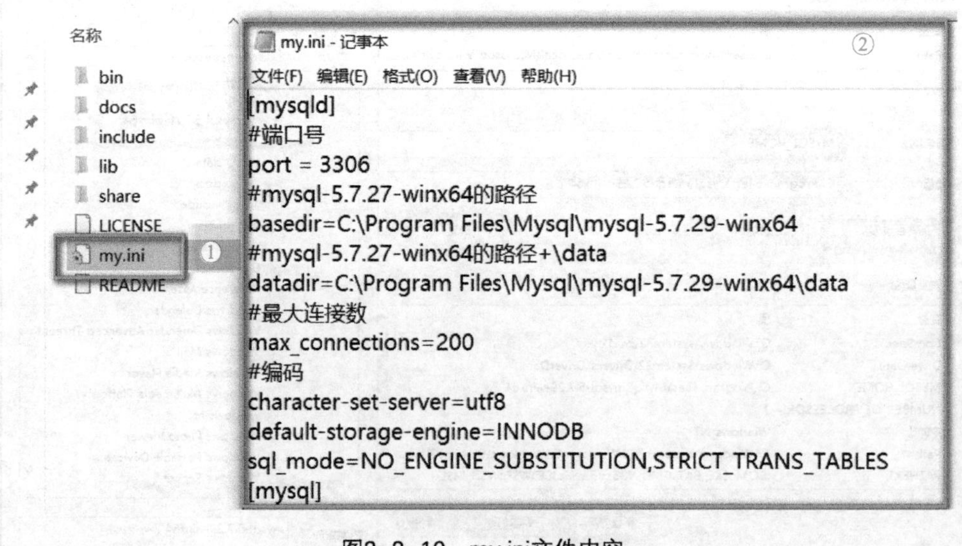

图2-2-10　my.ini文件内容

（4）安装MySQL

以管理员的身份运行cmd. exe，如图2-2-11所示。

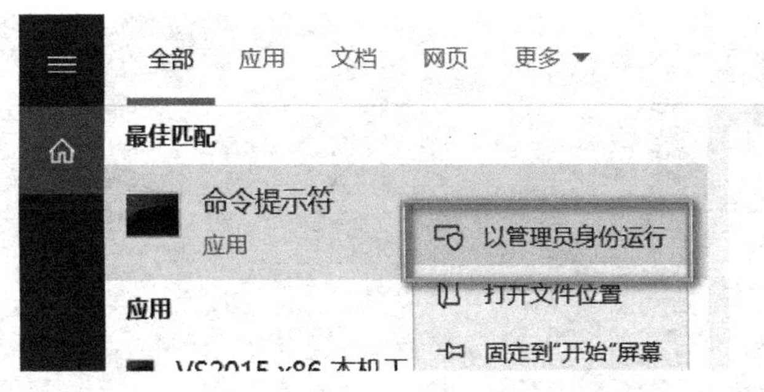

图2-2-11　管理员的身份运行cmd.exe

通过cmd命令进入到C:\Program Files\Mysql\mysql-5.7.29-win×64\bin目录下。输入安装命令“mysqld-install”，若出现“Service successfully installed”，说明安装成功。输入初始化命令“mysqld - initialize”，此时不会有任何提示，而在mysql-5.7.29-win×64目录下会多一个data文件夹。再输入启动命令“net start mysql”，出现“MySQL服务已经启动成功”，说明数据库可以正常使用，如图2-2-12所示。

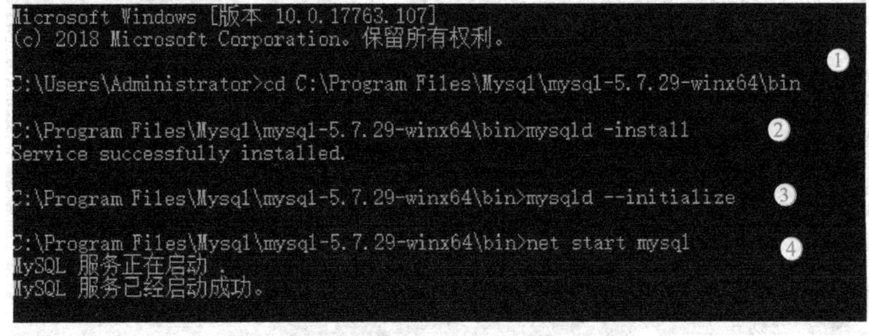

扫码看视频

图2-2-12　安装、初始、启动MySQL服务

（5）设置密码

系统在安装MySQL时会自动给出“root”账号配置随机密码。需要重新设置MySQL的“root”账户的登录密码。步骤：停止服务→跳过授权表登录→修改密码→退出→使用root账号登录，如图2-2-13和图2-2-14所示。

1）输入“net stop mysql”命令停止MySQL服务。

2）使用“mysqld --skip-grant-tables”命令跳过授权表，输入“mysql”登录数据库。

3）输入“update mysql.user set authentication_string=password(‘123456’) where user=’root’ and Host =’localhost’;”指令，将随机密码修改为“123456”。

4）输入“quit”退出mysql。

5）输入“mysql - u root - p”登录mysql，按提示输入密码：“123456”，出现MySQL版本号等内容说明成功登录系统。

```
C:\Users\Administrator>mysqld --initialize

C:\Users\Administrator>net start mysql
MySQL 服务正在启动 .
MySQL 服务已经启动成功。


C:\Users\Administrator>mysql -u root -p
Enter password:
ERROR 1045 (28000): Access denied for user 'root'@'localhost' (using password: NO)

C:\Users\Administrator>mysql -u root -p
Enter password: ******
ERROR 1045 (28000): Access denied for user 'root'@'localhost' (using password: YES)

C:\Users\Administrator>net stop mysql                ①
MySQL 服务正在停止.
MySQL 服务已成功停止。


C:\Users\Administrator>mysqld --skip-grant-tables      ②
```

图2-2-13　设置密码过程1

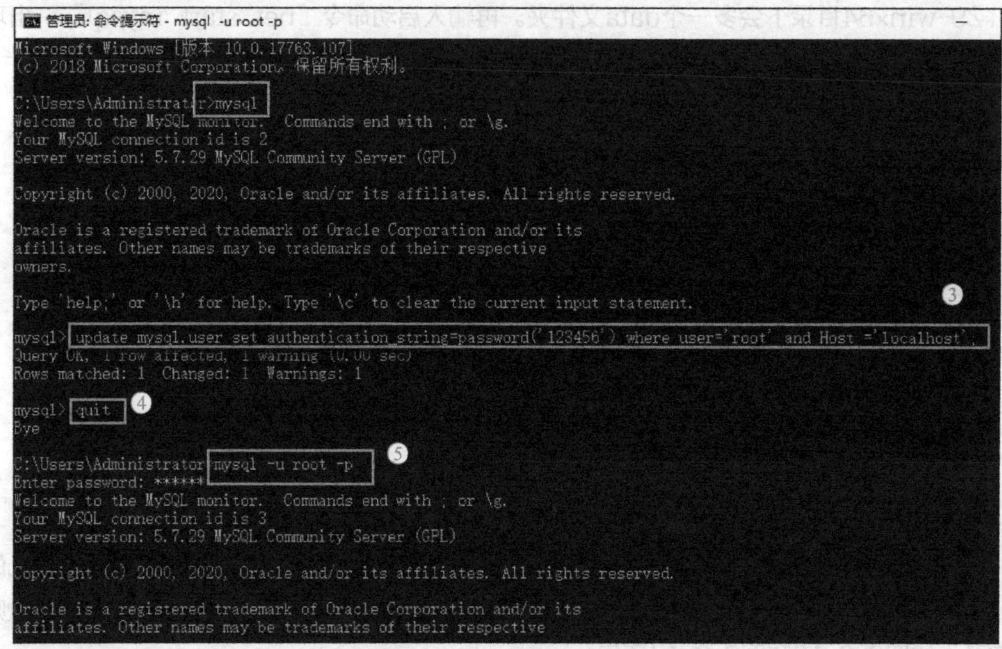

图2-2-14　设置密码过程2

2．使用数据库

启动MySQL有两种方式，一是在DOS方式下运行，二是使用可视化软件（如Navicat、MySQL GUI Tools等）连接MySQL。

本任务以Navicat为例部署数据库。部署的内容有将数据库管理系统设置成可通过IP访问，添加数据库，并在数据库中添加相应表格。

（1）连接数据库

双击Navicat图标打开软件，单击“Connection”连接数据库，连接名称填“mysql”，IP地址与端口号默认。用户名默认，密码填入设置的密码“123456”，单击“OK”按钮连接数据库，如图2-2-15所示。

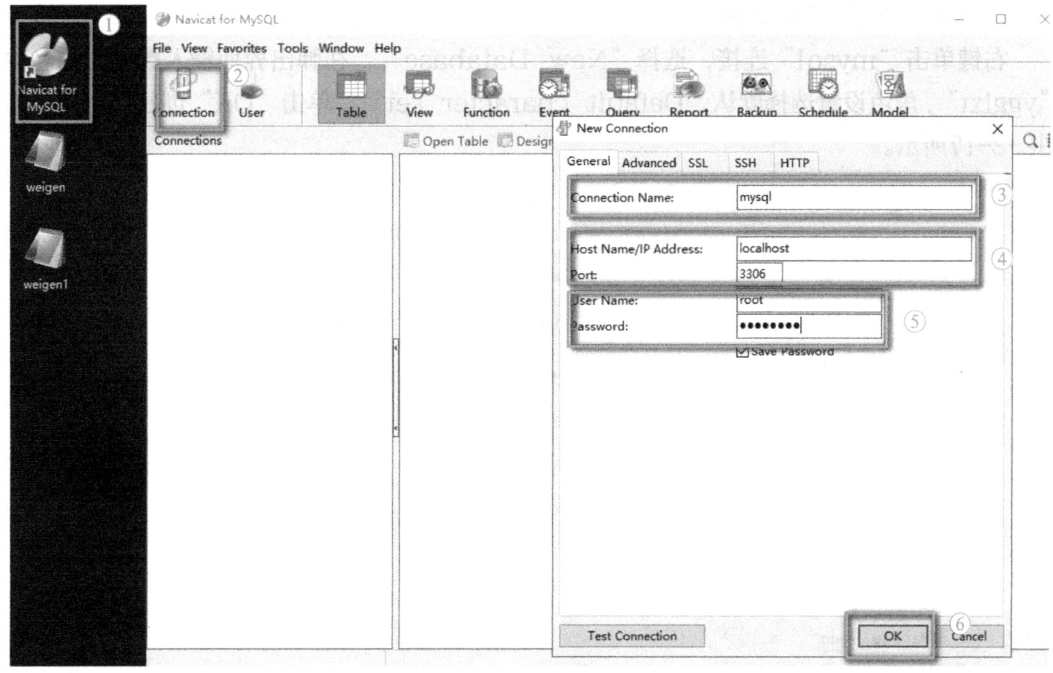

图2-2-15　连接数据库

（2）设置IP访问权限

单击mysql数据库下的“Tables”，单击“user”打开表格，将“root”用户的Host栏修改成通配符“%”，单击“√”，配置完成后就能用root账号通过IP访问数据库了。设置过程如图2-2-16所示。

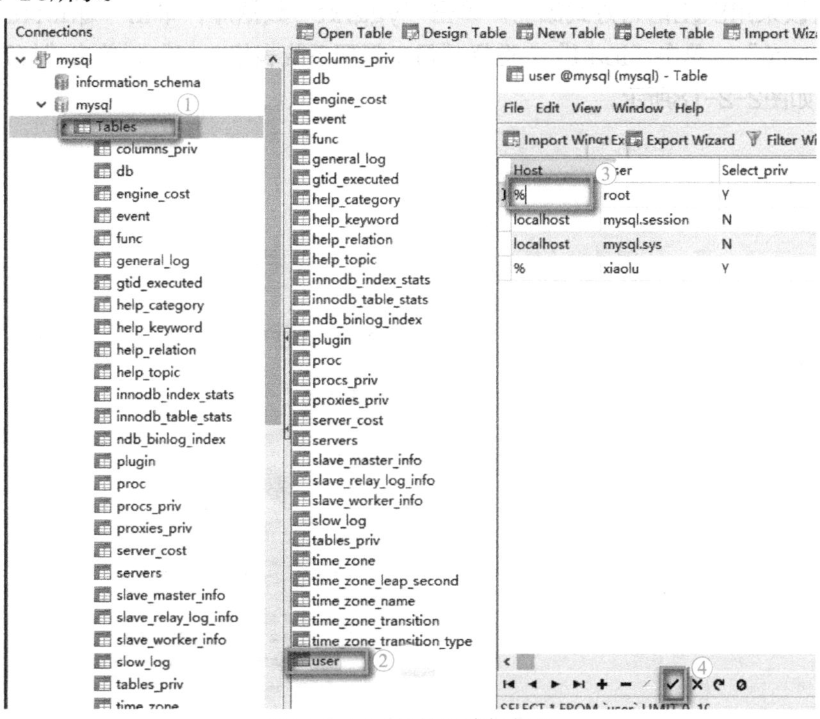

图2-2-16　设置IP访问权限

（3）创建员工管理系统数据库

右键单击“mysql”连接，选择“New Database”，在弹出界面输入数据库的名称“ygglxt”，角色设置选择默认“Default character set”，单击“OK”创建数据库，如图2-2-17所示。

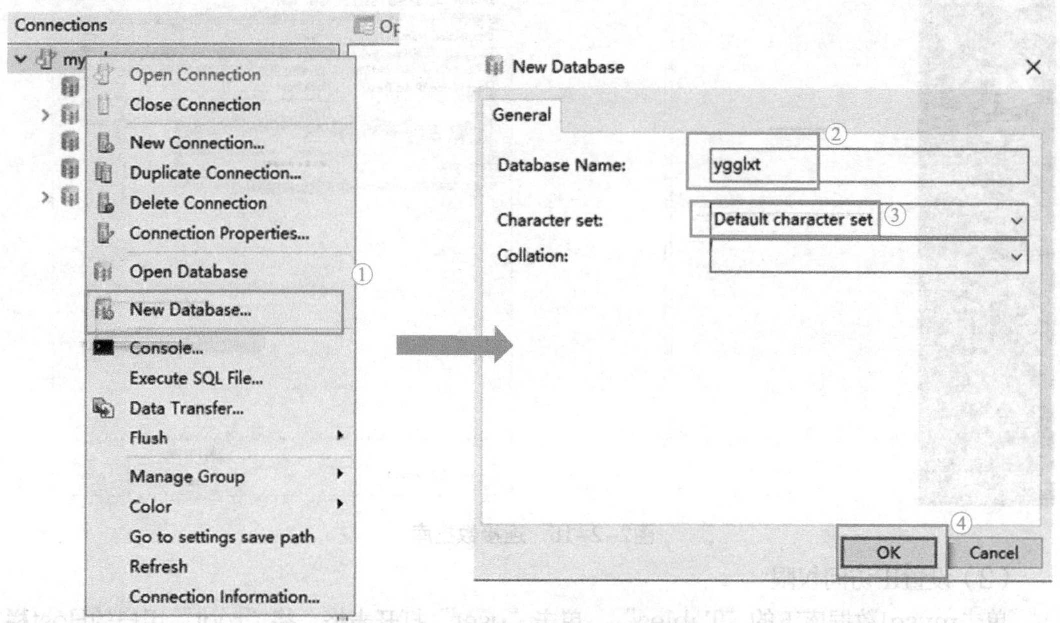

图2-2-17 创建员工管理系统数据库

（4）添加表格

表格可以采用SQL语句方式添加。单击“ygglxt”数据库，单击“Queries”，单击“New Query”，单击“load”，选择“员工管理系统表格.sql”，单击“打开”，加载SQL语句，如图2-2-18所示。

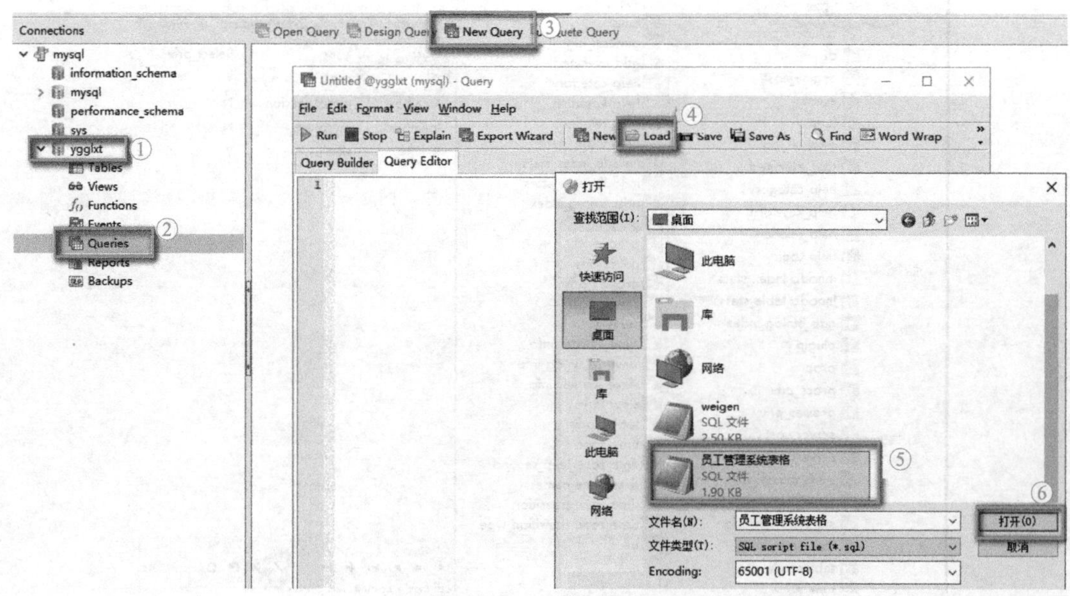

图2-2-18 添加表格

编辑框内出现表格创建的语句（语句可以自行编写与修改）后，单击“Run”按钮运行语句，“Message”栏会出现执行过程的提示。确认无错误提示后关闭窗口，如图2-2-19所示。

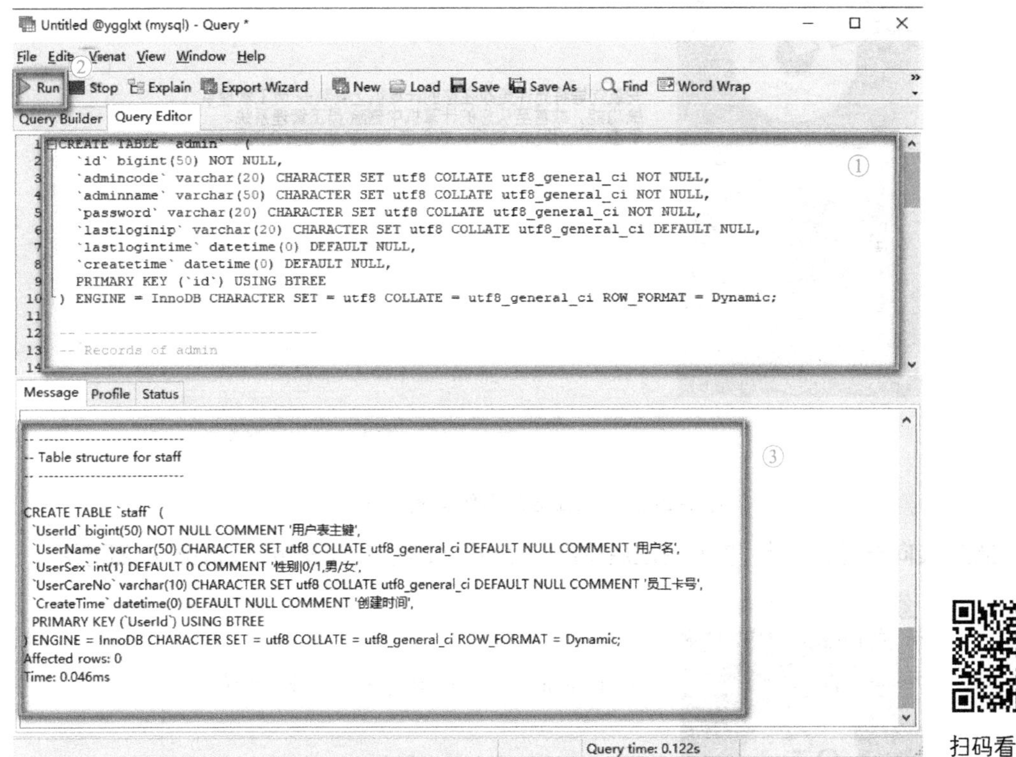

扫码看视频

图2-2-19　执行表格创建的语句

右键单击“mysql”连接，选择“Connection Properties”选项重新连接数据库。重新连接后，查看“ygglxt”数据库下的表格，如图2-2-20所示。其中第一个表格是系统管理员账号信息，第二个表格是员工打卡记录，第三个表格是员工的信息。

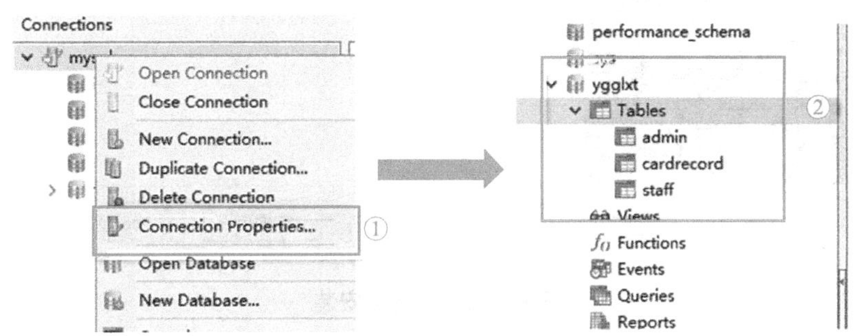

图2-2-20　查看添加的表格

三、安装应用程序

1. 安装软件

双击打开“员工管理系统”应用程序安装包，进入安装页面，如图2-2-21所示。

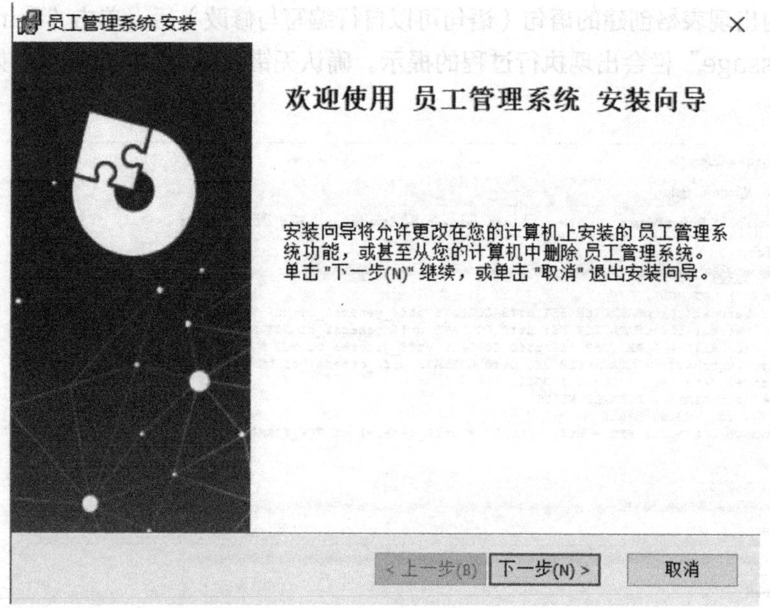

图2-2-21　员工管理系统安装向导

按照安装向导指示安装，安装完成后单击“完成”按钮，结束安装，如图2-2-22所示。

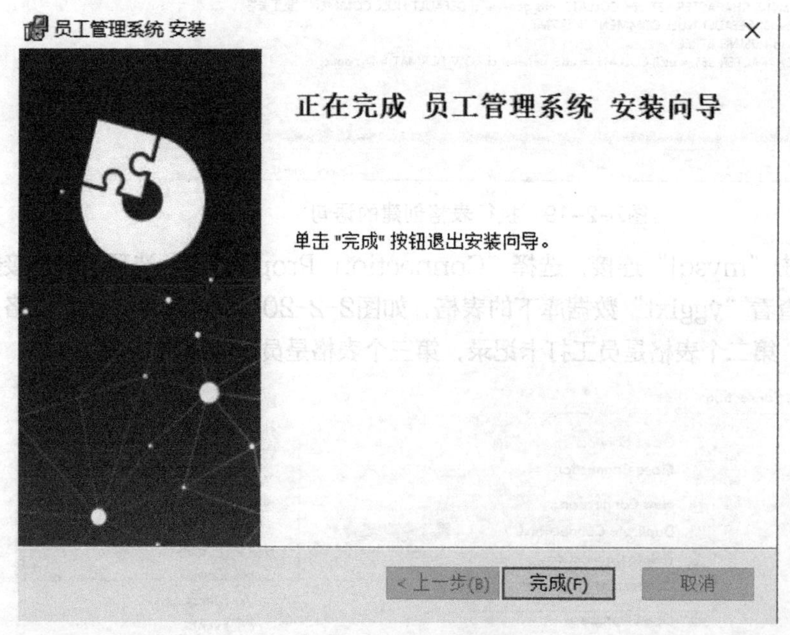

图2-2-22　完成安装

2．配置软件

软件需要连接数据库使用，韦根设备是通过串口连接PC端的，因此需要配置数据库的连接参数及韦根设备的串口号。

（1）配置数据库的连接参数

1）右键单击“员工管理系统”图标，单击“打开文件所在位置”，如图2-2-23所示。

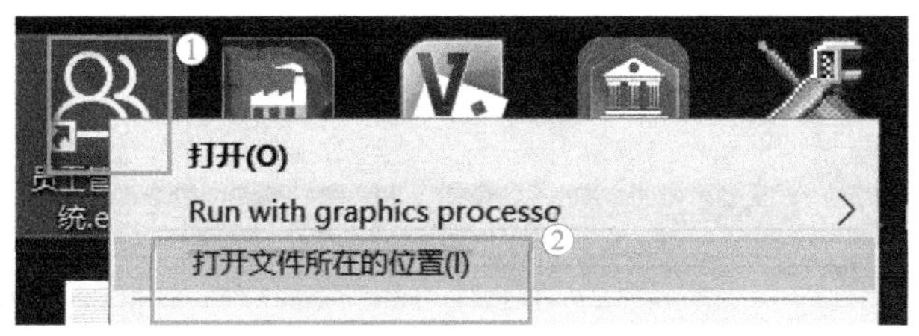

图2-2-23　打开文件所在位置

2）选择对应的config文件，用记事本方式打开，如图2-2-24所示。

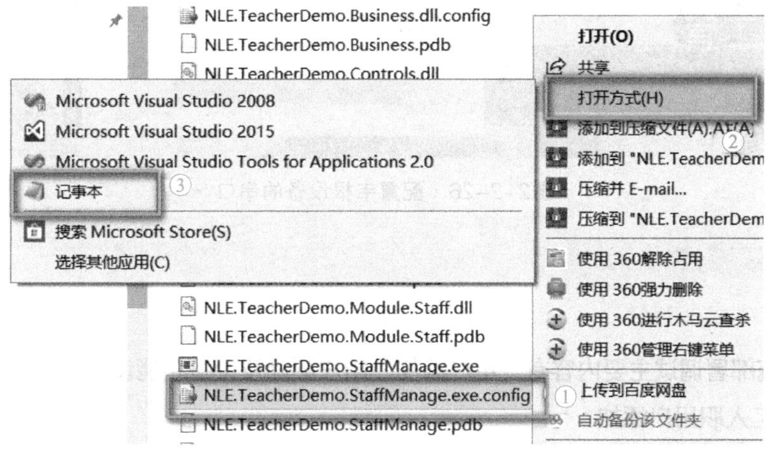

图2-2-24　用文本打开配置文件

3）在配置文件中配置数据库登录信息。data soure后的IP为数据库所在PC的IP，database后的名称是数据库的名称（如ygglxt），user id后填数据库用户名，password后填数据库登录密码，如图2-2-25所示。

```
                <appender-ref ref="ConsoleAppender" />
        </root>
    </log4net>
    <startup>
        <supportedRuntime version="v4.0" sku=".NETFramework,Version=v4.6.1"/>
    </startup>
    <connectionStrings>
        <add name="ConnectionString" connectionString="data
source=192.168.14.98;database=ygglxt;user id=root;password=123456;pooling=true;charset=utf8" />
    </connectionStrings>
</configuration>
```

图2-2-25　配置数据库登录信息

（2）配置韦根设备的串口

打开应用程序，单击右上角倒三角符号，单击“系统设置”出现“系统配置”页面。选择韦根读卡器的连接串口号（初次使用需要安装ft232r usb uart驱动），单击“保存”完成配置，如图2-2-26所示。

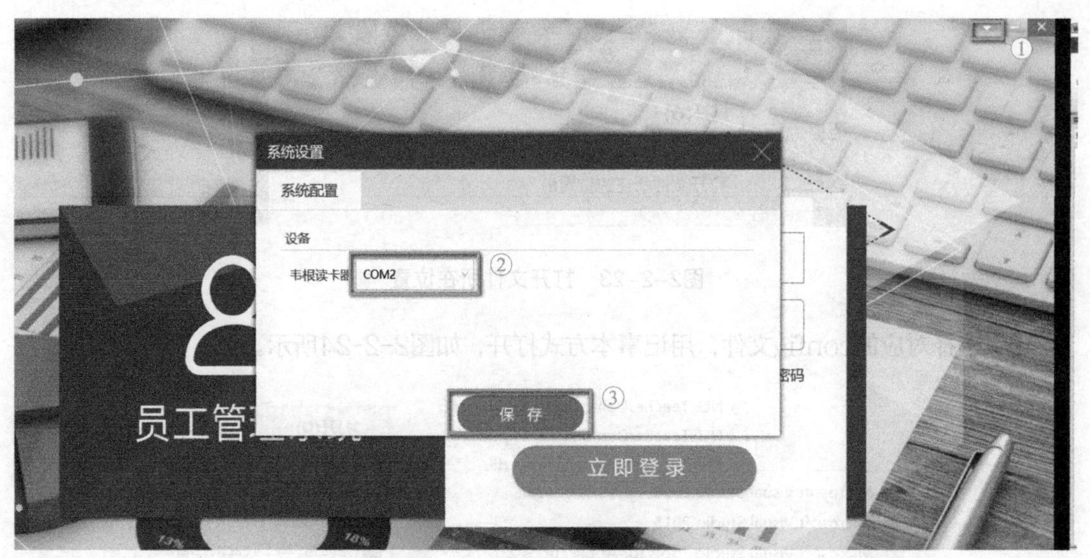

图2-2-26　配置韦根设备的串口

四、调试系统

1. 部署调试门禁系统

门禁系统部署调试主要内容有：用户添加、用户删除及设备功能调试。

（1）员工入职用户添加

1）添加卡型用户。

按 [*] [编程密码] [#] [1] [4位用户编码] [#] [刷卡]

例如，添加0011用户，*123456#10011#刷卡。

2）添加密码型用户。

按 [*] [编程密码] [#] [2] [4位用户编码] [用户密码] [#]

例如，添加0012用户，密码为1314，*123456#200121314#。

（2）员工离职用户删除

删除单个用户

按 [*] [编程密码] [#] [4] [输入用户编码或刷卡] [#]

注：在编程状态下可以连接操作。

例如，删除0012用户，*123456#40012#。

（3）通道设备功能调试

门禁一体机需设置在门禁模式下，出厂时默认设置为门禁模式。设置方法：将GLED和GND连接后通电，等绿灯闪烁时将GLED与GND断开，断开时滴一声说明转换成功。

1）刷卡或者输入密码，磁力锁开锁。

2）按下出门开关，磁力锁开锁。

3）按下门禁一体机上的门铃键，门铃响起。

2. 调试员工管理系统

门禁一体机需要调至韦根26模式下才会将数据输出。设置方法：将D0和GND连接后通电，等绿灯闪烁时将D0与GND断开，断开时滴两声说明转换成功。

（1）应用程序登录

双击打开应用程序，用户名为“admin”，密码为“1”，单击“立即登录”进入系统，如图2-2-27所示

图2-2-27　应用程序登录

本系统具有员工信息处理、员工打卡及员工打卡记录查询等功能。

（2）员工信息处理

1）添加员工。在“员工管理”项目下，单击“新增员工”，将卡片置于门禁一体机上，单击“读取卡号”，获取员工卡号，填写员工信息，单击“保存”，将卡与员工绑定，如图2-2-28所示。

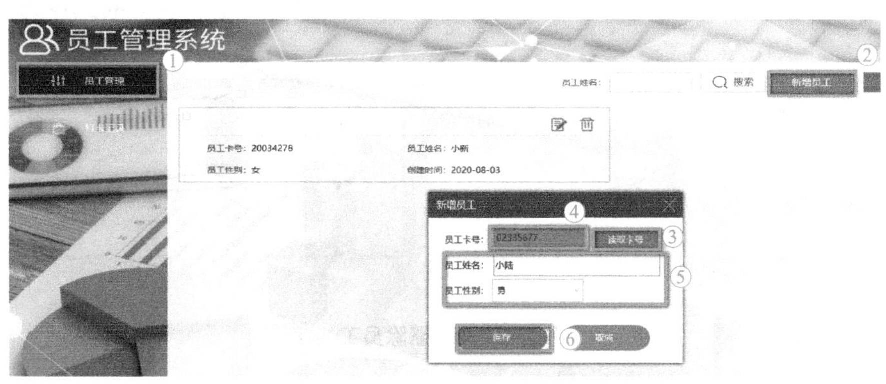

图2-2-28　添加员工

2）编辑员工信息。单击所要编辑员工信息的右上角“编辑”图标，在弹出的“编辑员工”窗口中修改信息，单击“保存”，完成信息修改，如图2-2-29所示。

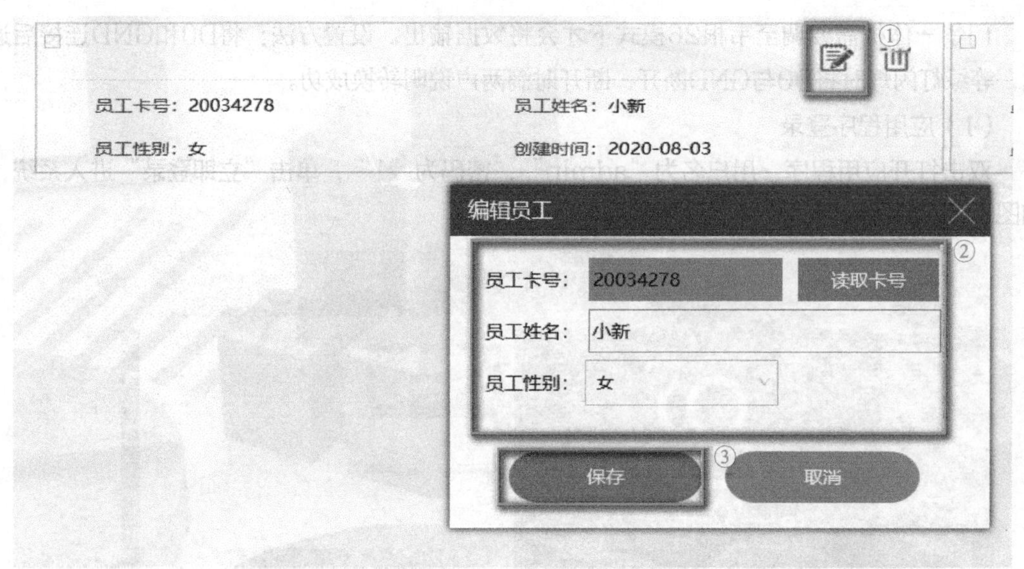

图2-2-29　编辑员工信息

3）删除员工。单击“删除”图标，在提示窗口单击“确定”删除已离职员工，如图2-2-30所示。

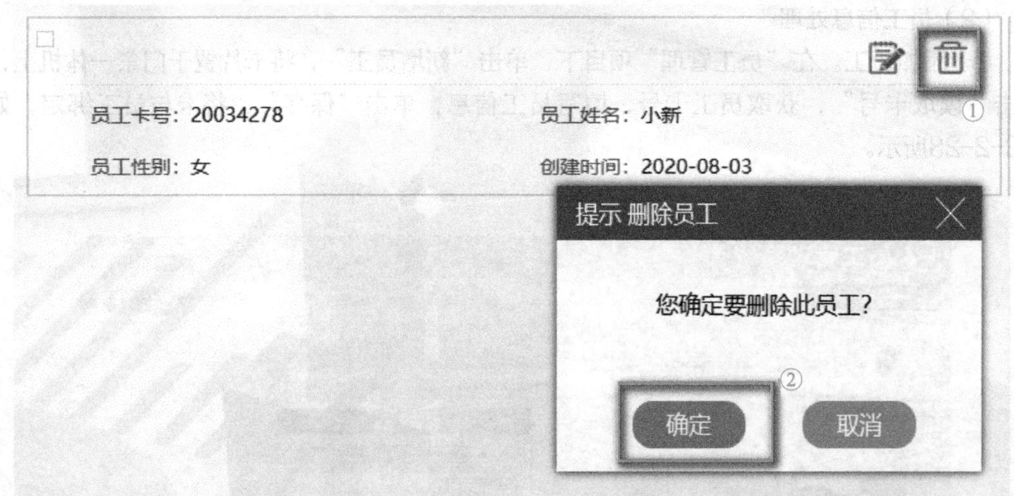

图2-2-30　删除员工

（3）员工打卡

在“员工管理”界面，单击“员工打卡”，在弹出窗口单击“开始打卡”，在门禁一体机上刷一下员工卡，员工刷卡信息会写入数据库，并可通过软件进行查询，如图2-2-31所示。

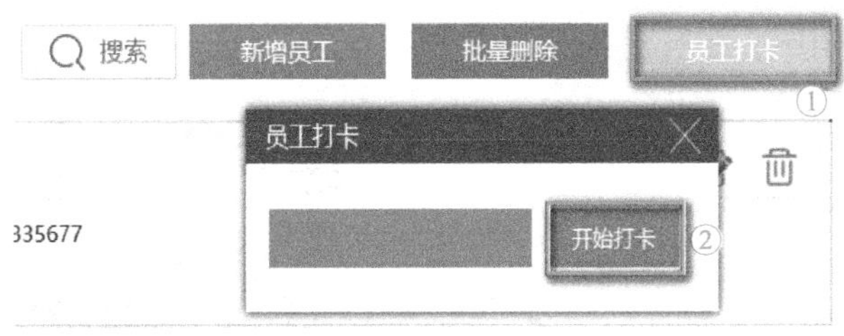

图2-2-31　员工打卡

（4）查询员工打卡记录

单击“打卡记录”，可查询所有员工的打卡记录，如图2-2-32所示。

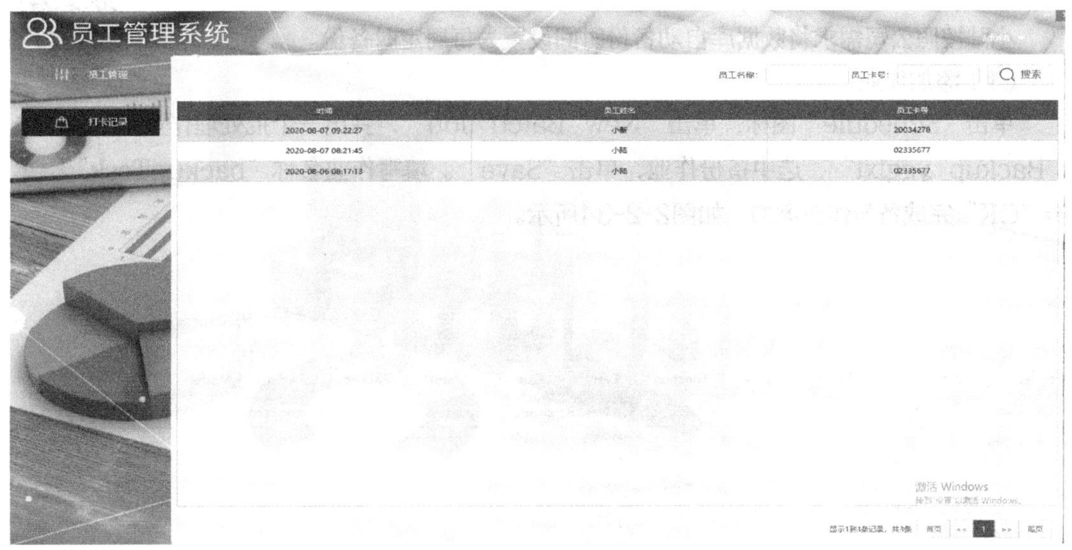

图2-2-32　员工打卡记录查询

五、维护数据库数据

扫码看视频

为了防止因服务器故障、网络攻击及其他意外引起的数据丢失，数据库需要进行备份。数据库备份可采用手动备份与定时备份两种方式。

1. 手动备份数据库

单击“ygglxt”数据库下方的“Backups”项目，单击“New Backup”，在弹出的对话框中单击“Start”开始备份，备份成功会出现一个以时间命名的备份文件，如图2-2-33所示。

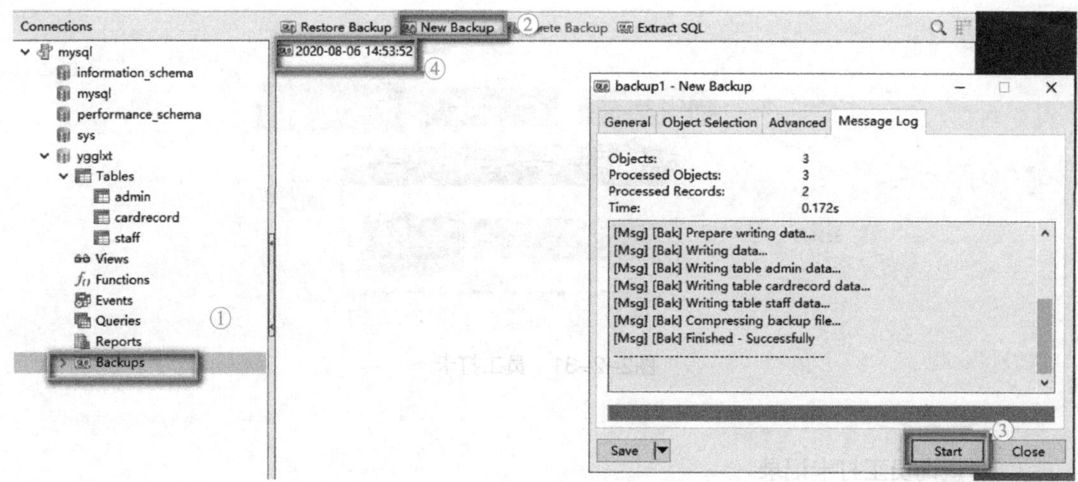

图2-2-33　手动备份数据库

2. 定时备份数据库

扫码看视频

小陆按照公司需求将数据库自动备份时间设置为每周定时备份。

（1）添加作业

单击“Schedule”图标，单击“New Batch Job”，弹出一个批处理作业窗口。双击“Backup ygglxt”，选中备份作业，单击“Save”。填写作业名称“backupTesk”，单击“OK”完成备份作业添加，如图2-2-34所示。

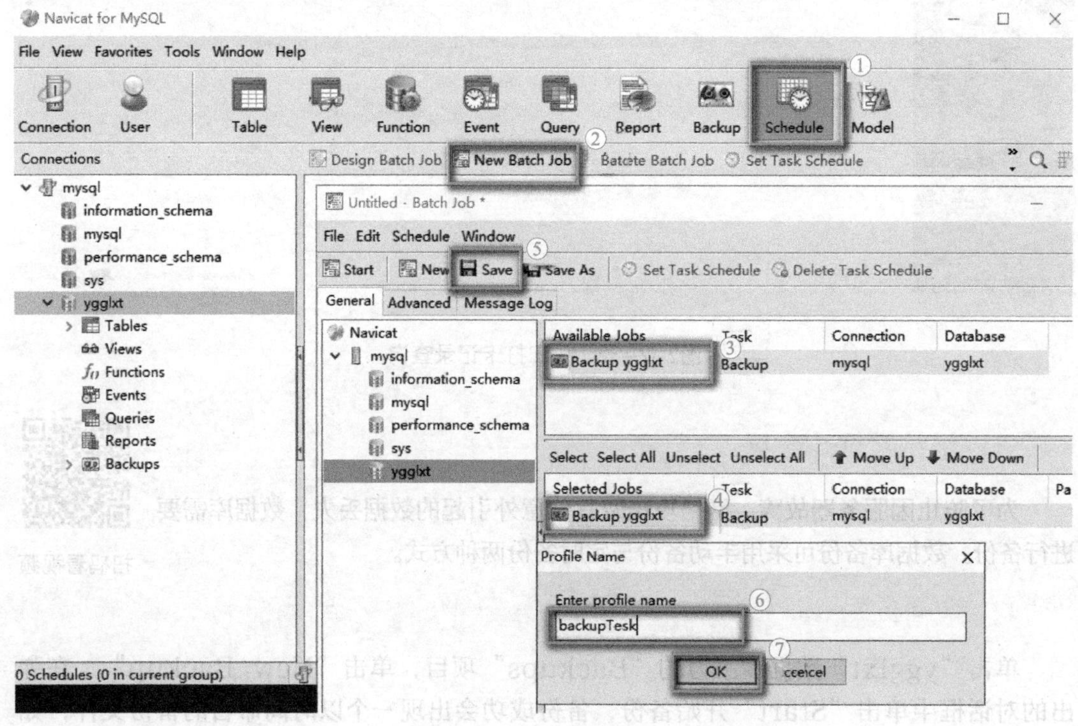

图2-2-34　添加备份作业

（2）设置任务计划

在“backupTesk-Batch Job”页面，单击“Set Task Schedule”。在“backup Tesk”界面，单击“计划”选项卡，单击“新建”按钮，计划任务参数配置可根据具体需求进行。本任务按要求配置成每周一9点定时备份，计划任务选择“每周”，开始时间选“9:00”，勾选“星期一”，单击“确定”，如图2-2-35所示。在弹出的框中输入对应账户的密码。

图2-2-35　设置任务计划

3．还原数据库

单击“Backup”，选择需要还原的数据备份，单击“Restore Backup”，弹出还原备份窗口，单击“Start”按钮还原数据库，完成后单击“Close”按钮关闭窗口，如图2-2-36所示。

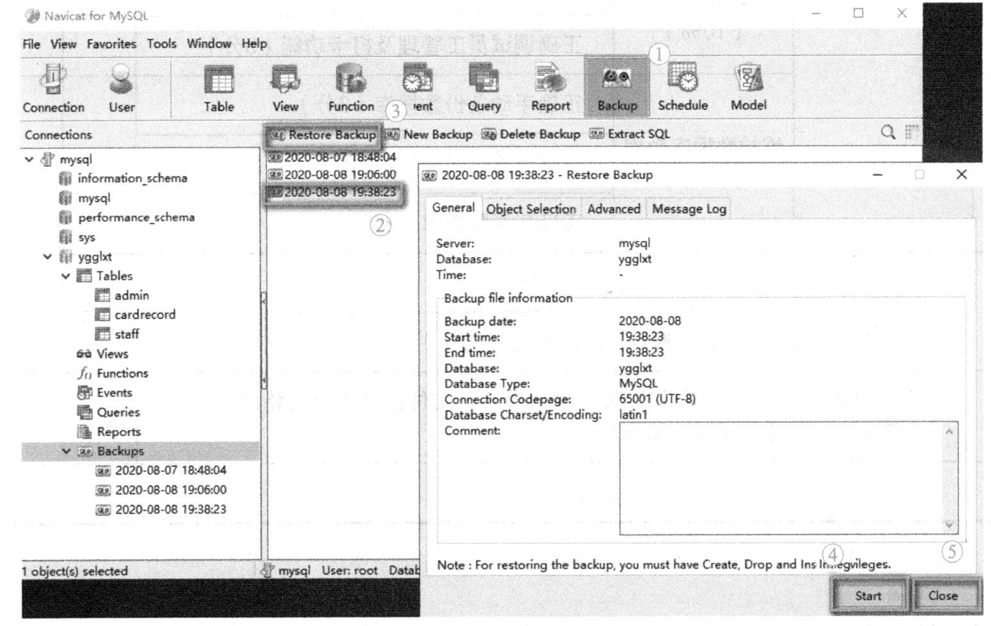

图2-2-36　还原数据库

任务检查与评价

完成任务实施后，进行任务检查与评价，具体任务检查评价单见表2-2-9。

表2-2-9 任务检查评价单

项目名称		部署智能办公系统			
任务名称		部署智能通道系统			
评价方式		可采用自评、互评、老师评价等方式			
说　明		主要评价学生在项目学习过程中的操作技能、理论知识、学习态度、课堂表现、学习能力等			
序号	评价内容	评价标准		分值	得分
1	专业技能（60%）	设备安装与连线（10%）	设备安装牢固，布局合理（5分）	10分	
			设备连线正确（5分）		
2		部署数据库（20%）	正确安装MySQL（10分）	20分	
			正确添加数据库及表格（10分）		
3		安装应用程序（10%）	正确安装应用程序（3分）	10分	
			应用程序的数据库及串口设置正确（7分）		
4		调试系统（10%）	正确调试门禁功能（5分）	10分	
			正确调试员工管理及打卡功能（5分）		
5		维护数据库数据（10%）	正确手动备份数据库（3分）	10分	
			正确设置定时备份数据库（4分）		
			正确还原数据库（3分）		
6	核心素养（20%）	具有自主学习能力（10分）		20分	
		具有分析解决问题的能力（10分）			
7	课堂纪律（20%）	设备无损坏、设备摆放整齐、工位区域内保持整洁、不干扰课堂秩序（20分）		20分	
总得分					

任务小结

通过部署智能通道系统任务，读者可了解数据库的安装与部署方法以及应用软件的安装与配置，强化设备安装与接线的技能，掌握数据库的备份与还原方法。

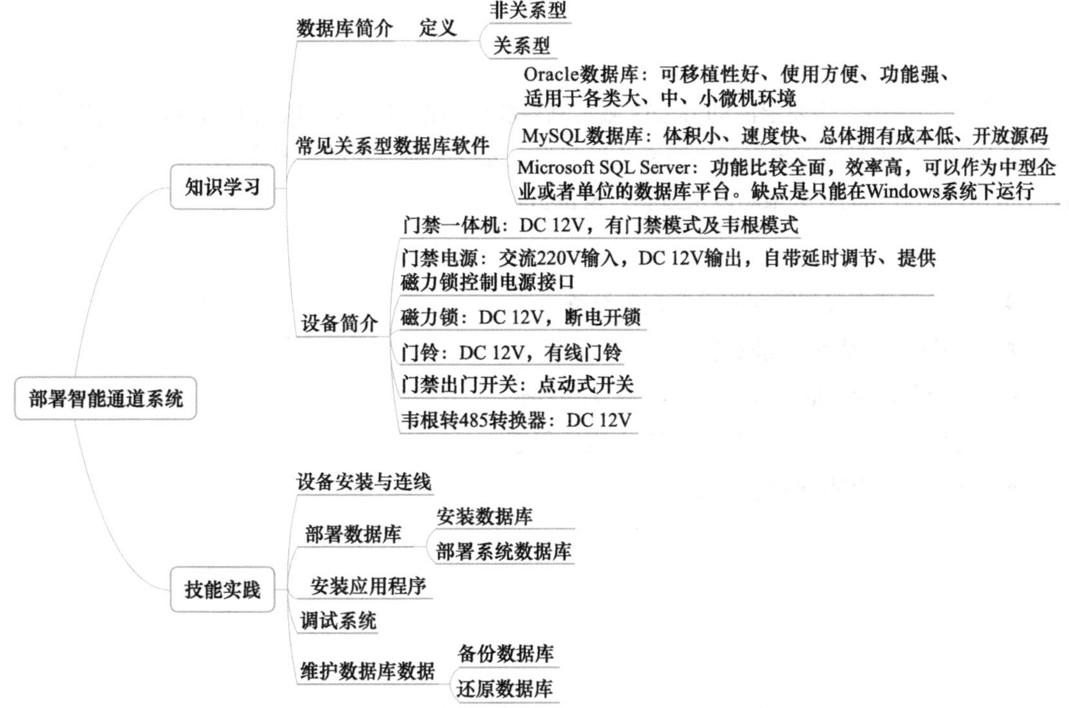

任务拓展

物联网网关配有韦根连接器，根据所学知识，以新大陆云平台为服务器，结合PLC设备及门禁相关设备，设计一个联网型门禁系统，并通过实际电路验证设计方案。

任务3 部署智能照明系统

职业能力

- 能根据智能照明系统安装图纸，正确安装与连接设备。
- 能根据产品使用说明，准确完成物联网网关和ZigBee节点的调试。
- 能根据产品部署文档，在云平台上正确添加及配置设备及传感器。
- 能根据产品说明书，灵活运用项目生成器，正确开发相关Web应用程序。
- 能在Windows系统环境下，正确将Web应用程序部署于IIS网站。

任务描述与要求

任务描述

小陆接到任务，需要给流动办公区域定制智能照明系统，这个区域无固定人员使用，为公共办公区。要求灯能够根据是否有人及光照强度进行控制，并且管理员可以在局域网内通过Web应用控制灯光的开关策略以及查看各设备状态。

任务要求

- 正确安装连接智能照明系统相关设备。
- 将ZigBee设备正确联网。
- 在云平台上正确添加与配置设备与传感器。
- 使用项目生成器，开发相关Web应用程序。
- 将Web应用程序部署于IIS网站。

知识储备

1. 照明系统部署的注意事项

本套系统采用ZigBee连接，集成用到传感设备比较小，无外接电源，安装时采用的是粘胶或磁铁吸附的方式。系统部署时应注意以下几点:

1）ZigBee设备要先入网，再根据布局图固定。

2）在多个ZigBee网络共存的情况下，频段与PAN_ID要有所区别，避免相互干扰。

3）固定时粘胶要牢固，避免因设备掉落造成的损坏。

4）ZigBee设备入网后，切记要配置相应的标识符，否则云平台无法获取数据。

5）IIS浏览网站打不开时，在确认部署过程无误的情况下，换种浏览器试一下。

2. 项目生成器简介

IoT Web应用，也叫Dashboard。新大陆IoT平台有一个称为“项目生成器”的模块。在项目生成器中，网关同步到IoT平台上的传感器、执行器、摄像头、RFID读卡器等，都被包装成Html5的组件。项目生成器是一个包含拖放式面板的可视化设计工具，能够快速完成网关、传感器、执行器等设备的添加管理，同时支持多级策略创建以及管理，满足快速生成智慧农业、智能生产、智能环境、智能家居等物联网应用的市场需求。通过项目生成器，即使没有编程基础也能实现一些Web应用程序的开发，大大降低了应用程序开发的门槛。

“项目生成器”界面分为以下6个区域，如图2-3-1所示。

①传感器组件栏　②项目栏

③应用分页栏　④主设计面板

⑤操作栏　⑥组件属性栏

图2-3-1 “项目生成器”界面

3. 设备简介

（1）ZigBee分析仪

ZigBee分析仪是烧写了ZigBee2MQTT固件的ZigBee dongle，作为ZigBee协调器。ZigBee分析仪简况见表2-3-1。

表2-3-1 ZigBee分析仪简况

设备名称	设备简况
ZigBee分析仪	
	使用时直接插于物联网网关USB口上 2个指示灯 2个按键 具有带电源程序升级接口 引出4个IO口及电源

（2）电量计量五孔面板

电量计量五孔面板为固定式智能插座，不影响已有家装风格，可直接替换传统插座，可实现远程控制、定时开关和电量统计等功能，并可与其他智能设备联动轻松实现便利生活。采用V0级750℃抗阴燃材料，插孔自带独立安全门，支持过温过载保护。电量计量五孔面板简况及安装方法见表2-3-2。

表2-3-2 电量计量五孔面板简况及安装方法

设备名称	设备简况
电量计量五孔面板	
	无线协议：ZigBee 输入电压：100V～250V，50Hz 最大负载：10A/2500W 工作温度：-10℃～50℃ 支持最大2500W的大功率电器 添加设备时，长按重置键3s，直到蓝灯连续闪烁3次松开

（续）

安装方法
1. 关闭总电源，拧松背面螺钉，将墙壁接线盒里的火线和零线分别接到输入端的L孔和N孔，地线接中间，拧紧螺钉 2. 用一字螺钉旋具撬起插座面壳 3. 用螺钉将插座固定到墙壁接线盒里 4. 扣上插座面壳

（3）人体红外传感器

采用热释电红外传感器，通过感应热量的移动来判断是否有人或动物经过，使用聚烯烃材料制作透镜，用来提高探测精度，外壳采用抗UV材质，保证外观长期不褪色。15ms快速响应，使用中感觉不到延迟。人体红外传感器简况见表2-3-3。

表2-3-3　人体红外传感器简况

设备名称 人体红外传感器	设备简况
	探测距离：最大7m 无线连接：ZigBee 电池型号：CR2450 工作湿度：0%～95%RH 添加设备时，长按重置键3s，直到蓝灯连续闪烁3次松开

（4）光照传感器

光照传感器可以精准检测周围环境光照强弱变化，针对不同的光照情况自动切换测量区间，提供准确的光照信息。外壳采用抗UV材质，达到生活防水等级且通过高温测试，轻松应对各种复杂环境。光照传感器简况见表2-3-4。

表2-3-4　光照传感器简况

设备名称 光照传感器	设备简况
	光照量程：0～83000lx 无线连接：ZigBee 3.0 电池型号：CR2450 工作湿度：0%～95%RH 添加设备时，长按重置键3s，直到蓝灯连续闪烁3次松开

任务计划与决策

1．任务分析

（1）网络拓扑分析

人体红外传感器、光照传感器及电量计量将传感信息ZigBee扫描仪汇总至物联网网关，通过路由器上传给云平台。由云平台对数据进行处理，并根据相关策略控制灯的亮灭。智能照明系统拓扑如图2-3-2所示。

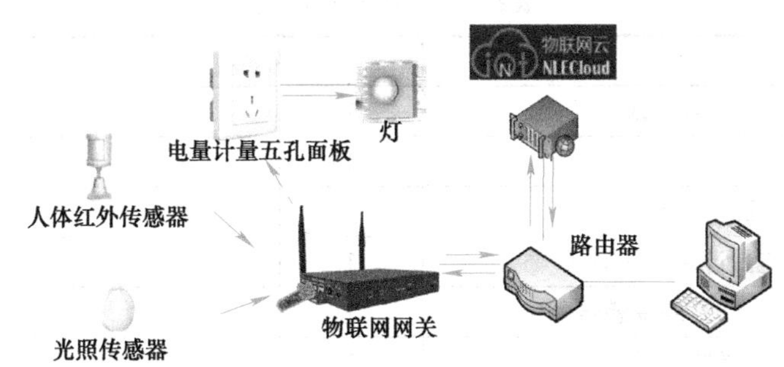

图2-3-2　智能照明系统拓扑图

（2）系统部署流程分析

本系统数据汇总及处理由云服务器完成，因此在系统安装部署过程中要保证数据传输通道的顺畅。ZigBee传感网络数据汇总连接至物联网网关，这一环节是整个数据链的基础，设备顺利入网尤为重要。

本系统的数据展示并非直接访问云平台，而是通过设计好的Web应用获取，Web应用可以对数据信息进行筛选，将用户需要的数据直观地集中展示在同一页面上。Web应用通过项目生成器设计并发布，可以从云平台下载应用并部署于局域网内的IIS服务器上。Web应用的下载、配置及IIS网站建设这三个环节操作是否正确会影响到系统数据的展示效果。

2. 制订计划

根据所学相关知识，请制订完成本次任务的实施计划，见表2-3-5。

表2-3-5　任务计划

项目名称	部署智能办公系统
任务名称	部署智能照明系统
计划方式	自行设计
计划要求	用8以内的计划步骤来完整描述出如何完成本次任务
序　　号	任务计划
1	
2	
3	
4	
5	
6	
7	
8	

3. 设备与资源准备

任务实施前必须先准备好以下设备与资源，见表2-3-6。

表2-3-6　设备与资源

序号	设备/资源名称	数量	是否准备到位（√）
1	D-LINK	1	
2	物联网网关	1	
3	ZigBee分析仪	1	
4	电量计量五孔面板	1	
5	人体红外传感器	1	
6	光照传感器	1	
7	灯座+12V灯	1	
8	设备说明文档	1	
9	安装工具	1套	
10	安装耗材	若干	

任务实施

要完成本次任务，可以将实施步骤分成以下5步：

- 设备安装与连线。
- 配置物联网网关。
- 配置云平台。
- 开发Web应用程序。
- 建设IIS网站。

具体实施步骤如下。

一、设备安装与连线

1）参照图2-3-3所示系统参考布局图安装设备。要求设备安装牢固，布局合理。

2）根据智能照明系统连线图进行连线，如图2-3-4所示。

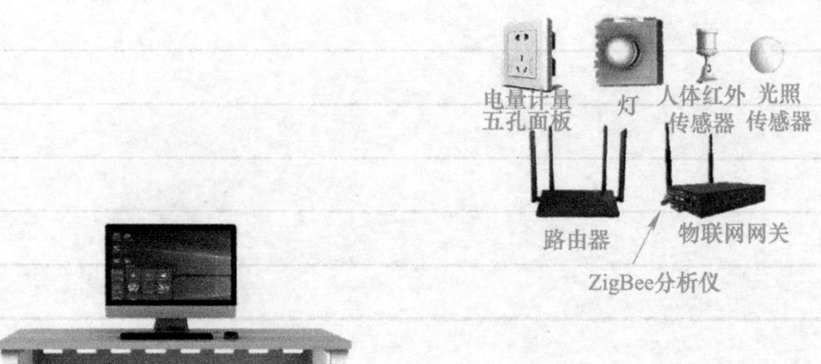

图2-3-3　系统参考布局图

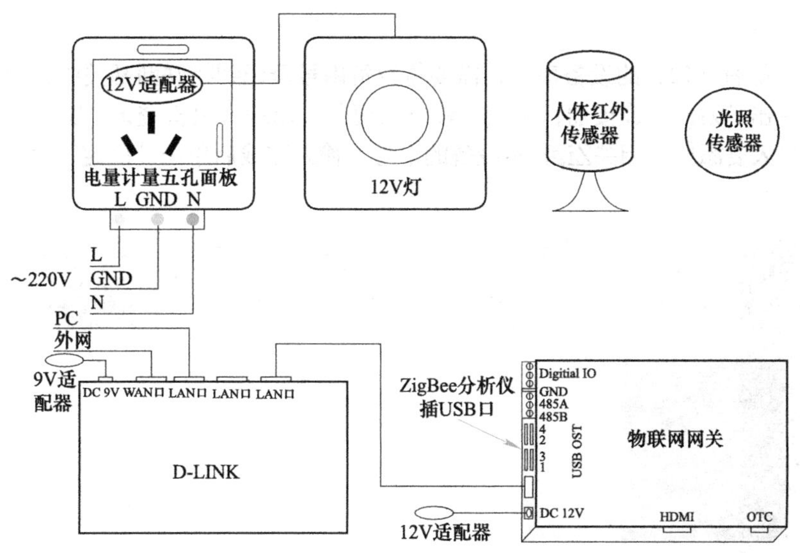

图2-3-4 智能照明系统连线图

二、配置物联网网关

ZigBee设备入网配置流程：新建连接器→添加串号→ZigBee设备请求入网→编辑设备。

1. 新建连接器

通过Web访问物联网网关，单击“配置”选项下的“新建连接器”，选择“串口设备”，“连接器名称”可自定义填写（如“znjj”），“连接器设备类型”选择“ZIGBEE 2 MQTT”，“模式设置”为“普通模式”，“串口名称”按所接的串口选择，“输出功率”选择“8”（功率越大，信号越好），“频段”可自行选择，如“18”，“PAN_ID”为4个16进制数，“扩展PAN_ID”为8个2位16进制数（各组PAN_ID不要一样），信息填写完后单击“确定”完成连接器添加，如图2-3-5所示。

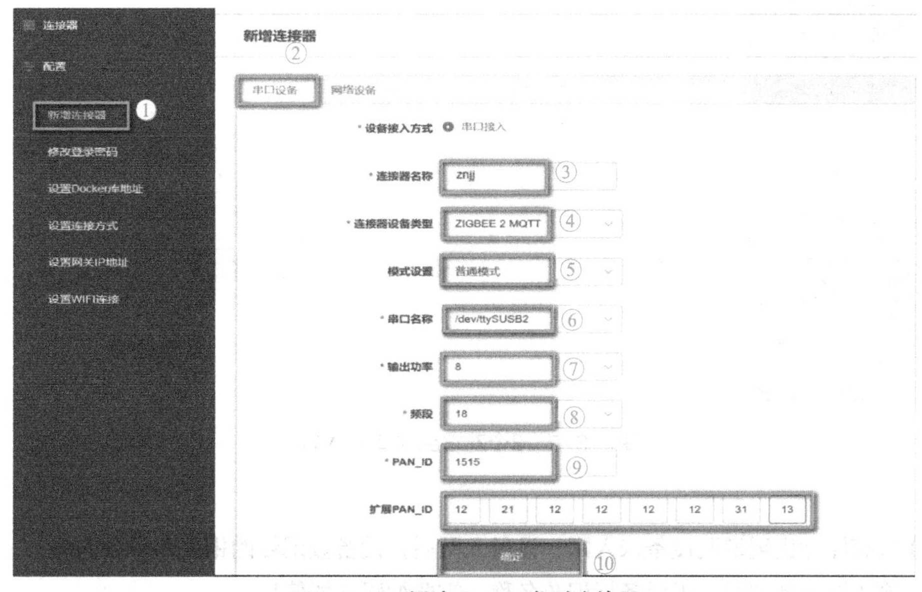

图2-3-5 新建ZigBee类型连接器

2．添加串号

每个设备都有其独有的设备串号，需要将设备串号登记到物联网网关中，用于识别比对传感设备。单击“znjj”连接器，单击“设备登记”，出现“设备登记”窗口。在“设备登记”窗口中输入要添加的相关ZigBee设备的串号，输入完成后单击“确定”完成设备登记，如图2-3-6所示。

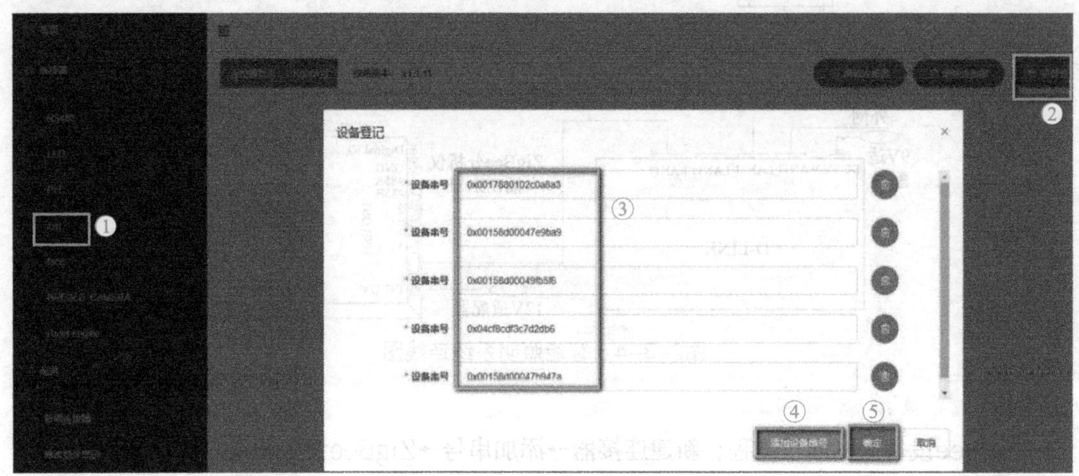

图2-3-6　ZigBee设备登记

3．ZigBee设备请求入网

入网基本操作：在设备上找到入网键，长按直到设备闪烁，松开等待配对，配对成功后，闪烁消失，并且连接器上出现相应设备图标，如图2-3-7所示。

本任务需要入网的设备有：人体红外传感器、电量计量五孔面板与光照传感器三个设备。

图2-3-7　3个ZigBee设备已入网

注：

1）没有图标出现说明设备未入网，设备入网后，设备登记处的相关串号会消失。

2）刚入网设备图标上无设备标识及名称，需要编辑才能使用。

4. 编辑设备

(1) 人体红外传感器

单击人体红外传感器图标上的“编辑”按钮，进入“编辑”界面。设置“传感名称”为“人体”，“标识名称”为“renti”，“传感类型”已默认，单击“确定”完成配置，如图2-3-8所示。

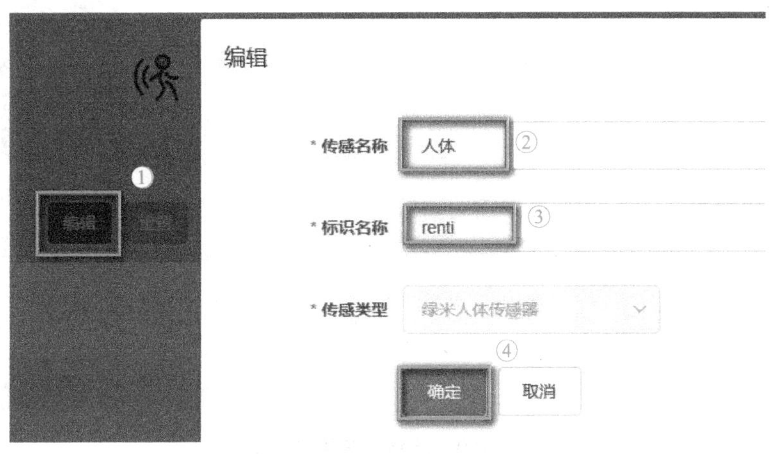

图2-3-8 编辑人体红外传感器信息

(2) 电量计量五孔面板

单击电量计量五孔面板图标上的“编辑”按钮，进入“编辑”界面。设置“传感名称”为“智能插座”，“标识名称”为“chazuo”，“传感类型”已默认，单击“确定”完成配置，如图2-3-9所示。

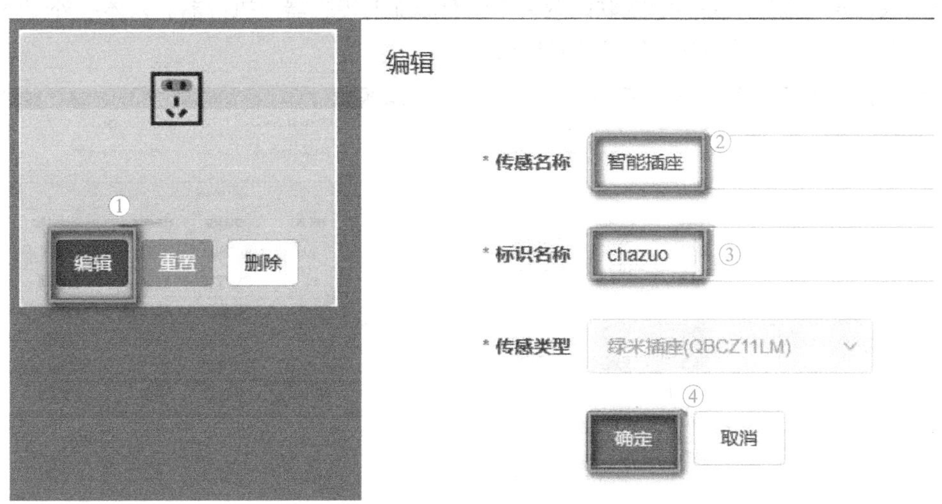

图2-3-9 编辑电量计量五孔面板信息

(3) 光照传感器

单击光照传感器图标上的“编辑”按钮，进入“编辑”界面。设置“传感名称”为“Z

光照”，“标识名称”为“Z_guangz”，“传感类型”已默认，单击“确定”完成配置，如图2-3-10所示。

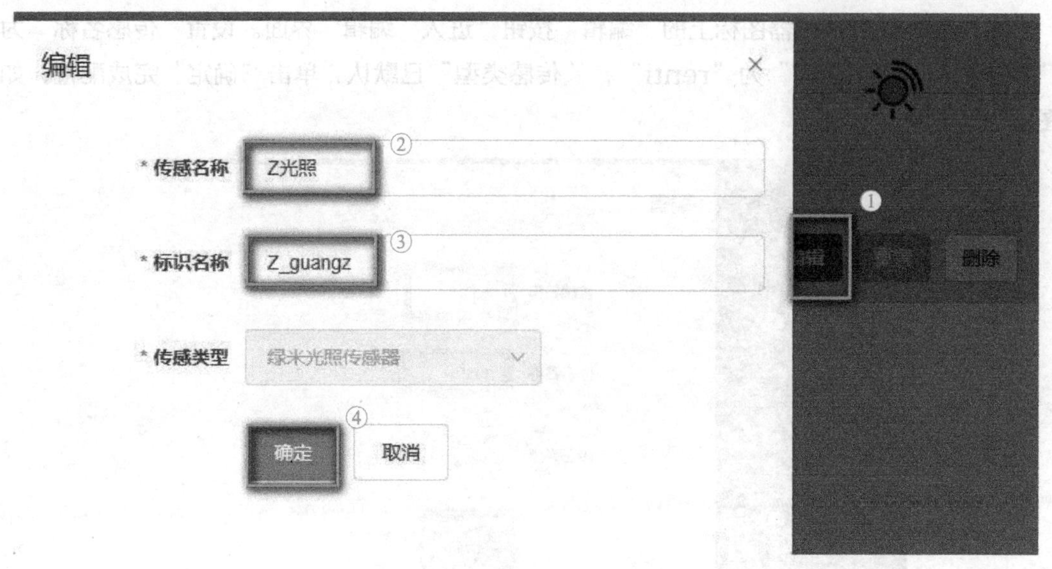

图2-3-10　编辑光照传感器信息

三、配置云平台

云平台需要同步物联网网关的设备信息，并根据需求设置相应策略。

（1）同步物联网网关设备信息

登录云平台，进入物联网网关设备页面，在网关设备在线的情况下（小绿灯图标亮起），单击“数据流获取”，使云平台与物联网网关中的传感器、执行器同步。完成同步后在传感器区块与执行器区块会显示物联网网关中所有添加的传感器与执行器。人体红外传感器、光照传感器、智能插座信息如图2-3-11所示。

114039 / 边缘网关	E947da9f0e4	TCP 数据流获取	下发设备	获取失败可尝试刷新!	2020-08-11 21:45:27	20144
SecretKey	07b896eea1da487aacf8c06f1eed698d		数据地址	www.nlecloud.com/device/114039	获取设备信息API	api.nlecloud.com/devices/114039

传感器

名称	标识名	传输类型	数据类型	操作
CO2	m_co2	只上报	整数型	API
水浸	m_water	只上报	浮点型	API
智能开关_开 1/1	znkg0	只上报	浮点型	API
智能开关_上 1/1	znkg1	只上报	浮点型	API
智能开关_下	znkg2	只上报	浮点型	API
智能开关_关	znkg3	只上报	浮点型	API
光电对射 2/2	m_guangdds	只上报	整数型	API
门磁	menci	只上报	浮点型	API
人体	renti	只上报	整数型	API
智能插座_功耗	chazuo1	只上报	浮点型	API
智能插座_温度	chazuo2	只上报	浮点型	API
Z光照	Z_guangz	只上报	浮点型	API

执行器

名称	标识名	传输类型	数据类型	操作
LED 3/3	led	上报和下发	字符型	API 发的内容
风扇	fan	上报和下发	整数型	API 关
照明灯 2/2	lamp	上报和下发	整数型	API 关
报警灯	alarmlight	上报和下发	整数型	API 关
电动推杆 2/2	electricputter	上报和下发	整数型	API
智能插座_状态	chazuo0	上报和下发	整数型	API 关

图2-3-11　云平台同步网关设备信息

（2）设置策略

1）上电策略。设置有人并且光照度很低时连通插座，插座上连接的灯通电工作。办公室一般照度要求在300lx。设置策略：Z光照小于100并且人体等于1（有人）时插座上电，如图2-3-12所示。

图2-3-12　设置插座上电策略

2）断电策略。设置无人或者光照度较高时插座断电，插座上连接的灯停止工作。设置策略：Z光照大于400或人体等于0（无人）时插座断电，如图2-3-13所示。

图2-3-13　设置插座断电策略

四、开发Web应用程序

Web应用程序的开发流程：创建应用→设计并发布应用→查看结果。

1. 创建应用

（1）新增应用

进入云平台项目设备管理页面，单击右上角“应用管理”，单击“新增应用”，进入应用编辑界面，如图2-3-14所示。

图2-3-14　新增应用

（2）编辑应用

设置“应用名称”为“智能照明系统”，“应用标识”只能是英文组合的唯一标识，需要自行命名，“分享设置”自行选择是否公开，“应用徽标”可以选择上传个性化图标，单击“确定”完成应用编辑，如图2-3-15所示。

云平台 / 开发者中心 / 智慧社区 / 应用管理 / 编辑应用

所属项目　智慧社区

应用名称　智能照明系统　①　最多支持输入15个字符！

应用标识　znzmxt　②　只能是英文组合唯一标识，会以“http://app.nlecloud.com/xxxxxx.shtml“来访

应用模板　自行设计　基础案例　智能家居　项目生成器

分享设置　公开(任意游客可在浏览器中访问以上网址)　③

应用简介

应用徽标　④　上传图片　修改默认徽标

⑤　确定　返回

图2-3-15　编辑应用

2．设计并发布应用

在智能照明系统应用中，单击“设计”，进入项目编辑器，如图2-3-16所示。

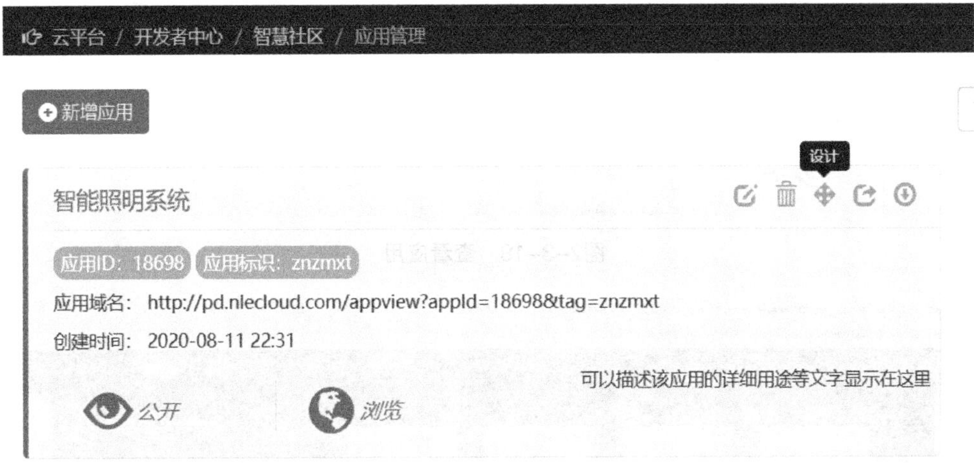

图2-3-16 单击“设计”

物联网应用设计需要根据需求，将相应的数据及功能展示在界面上。本任务需要展示光照传感器、人体红外传感器的数值及插座面板的状态。

上传1张图片作为背景，将边缘网关设备下的人体、Z光照、智能插座_状态等所需的组件拖至中间主设计面板，排列整齐。单击“保存”，并发布应用，如图2-3-17所示。

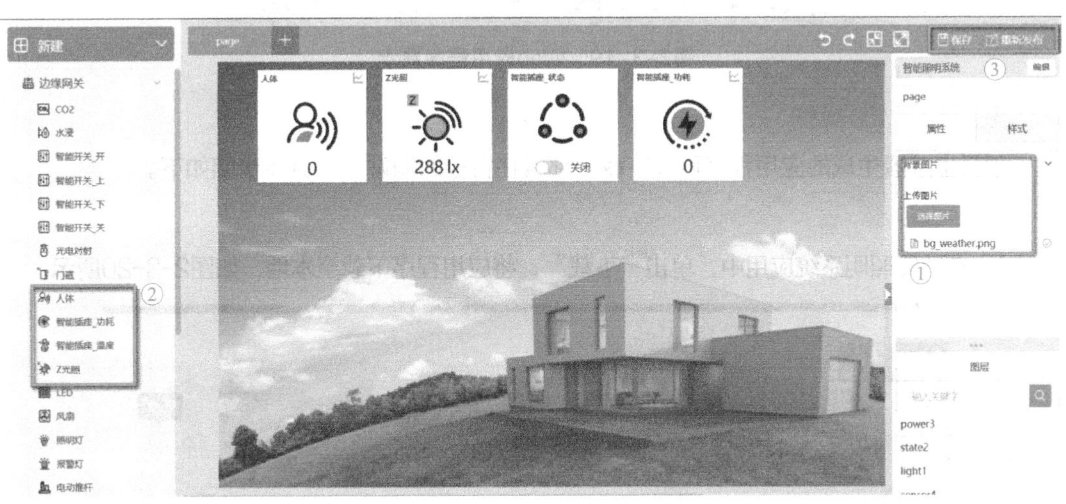

图2-3-17 设计并发布应用

3．查看结果

在智能照明系统应用中，单击“浏览”，查看应用，如图2-3-18所示。

Web应用程序展示时，应用数据与云平台数据同步，如图2-3-19所示。

图2-3-18　查看应用

图2-3-19　Web应用程序展示

五、建设IIS网站

项目生成器生成的应用程序可以下载，部署在自己的网站上，具体步骤如下。

1．下载应用

1）在智能照明系统应用中，单击“下载”，将应用程序下载至本地，如图2-3-20所示。

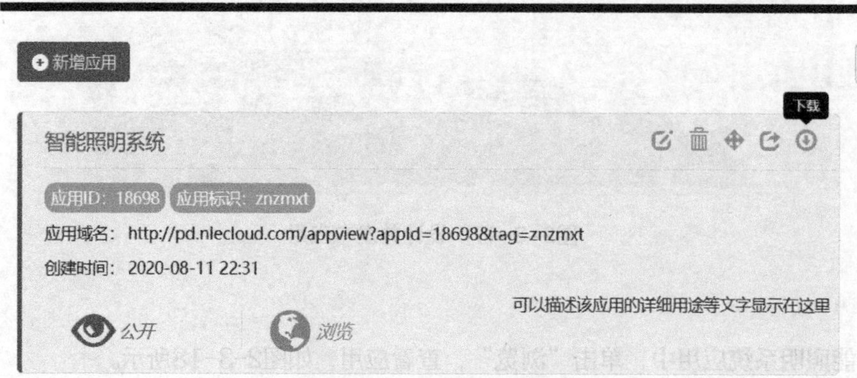

图2-3-20　下载应用

2）为了便于管理，将下载的文件复制到相应的文件夹并解压，如图2-3-21所示。

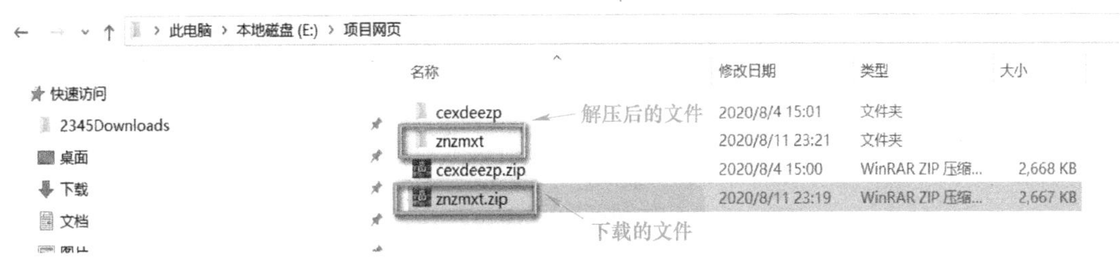

图2-3-21　解压文件

3）配置config.js。右键单击“本地磁盘(E:)\项目网页\znzmxt\static\js”路径下的“config.js”文件，选择“编辑”打开文件，将“apiUrl”配置为“'http://api.nlecloud.com'”，“serverType”修改为“1”，修改后保存退出，如图2-3-22所示。

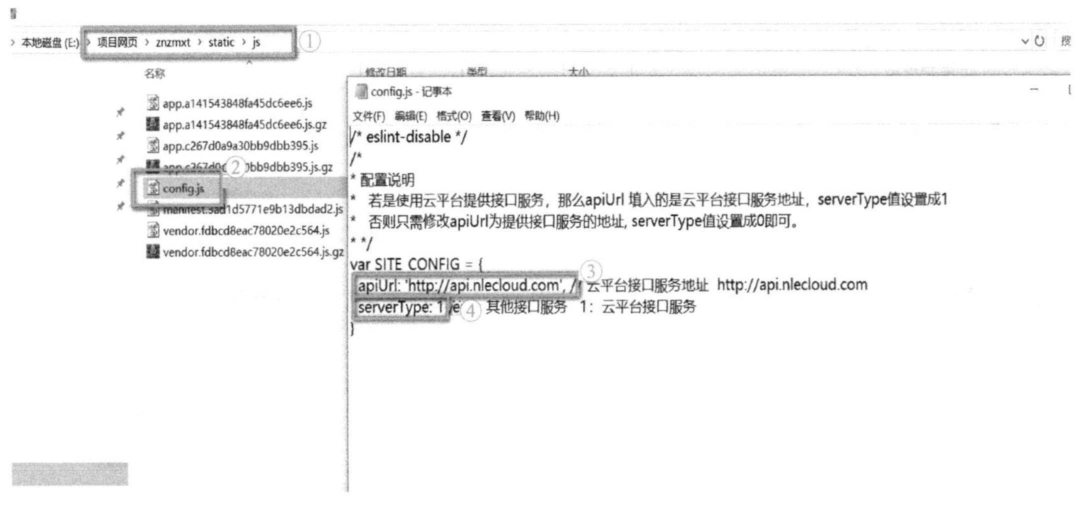

图2-3-22　配置config.js文件

2. 发布IIS网站

1）打开IIS，右键单击“网站”，选择“添加网站”，进入“添加网站”界面，如图2-3-23所示。

2）在“添加网站”界面，输入网站名称，“应用程序池”选择“.NET v4.5”，“物理路径”选择智能照明系统应用程序文件夹znzmxt，“IP地址”选择本机IP，端口自定，可以选择默认端口80。单击“确定”完成网站添加，如图2-3-24所示。

3）Web应用程序查看。单击“znzmxt”网站，单击右侧“浏览192.168.14.XXX:8080”（IIS网站IP）查看网页，如图2-3-25所示。

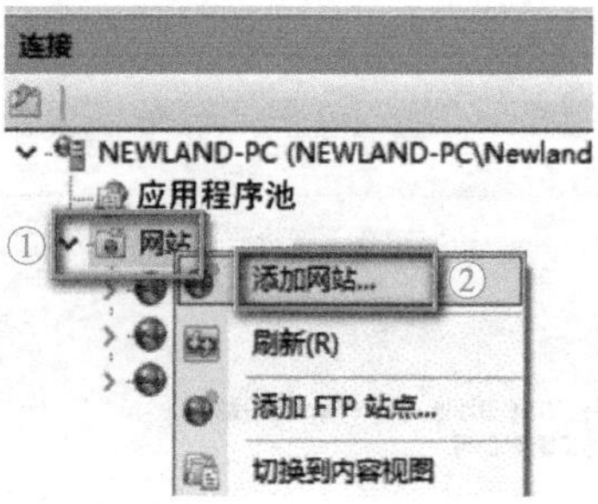

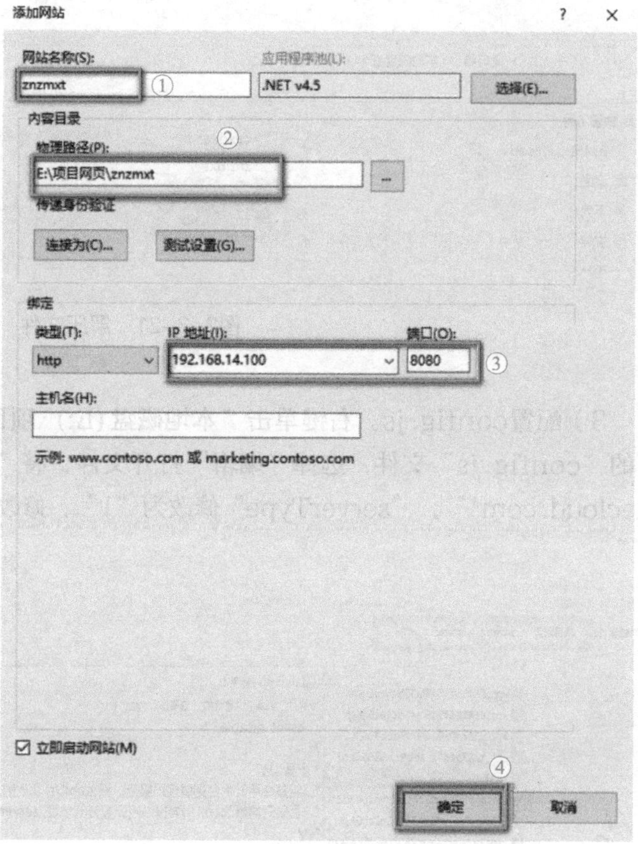

图2-3-23　进入“添加网站”界面　　图2-3-24　添加网站

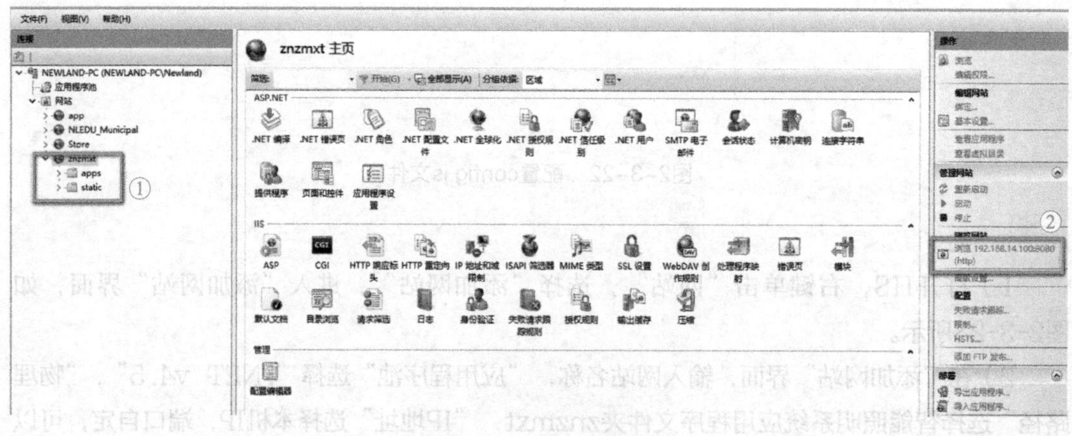

图2-3-25　查看网页

展示网页如图2-3-26所示，网页要与云平台同步需要登录云平台账号。

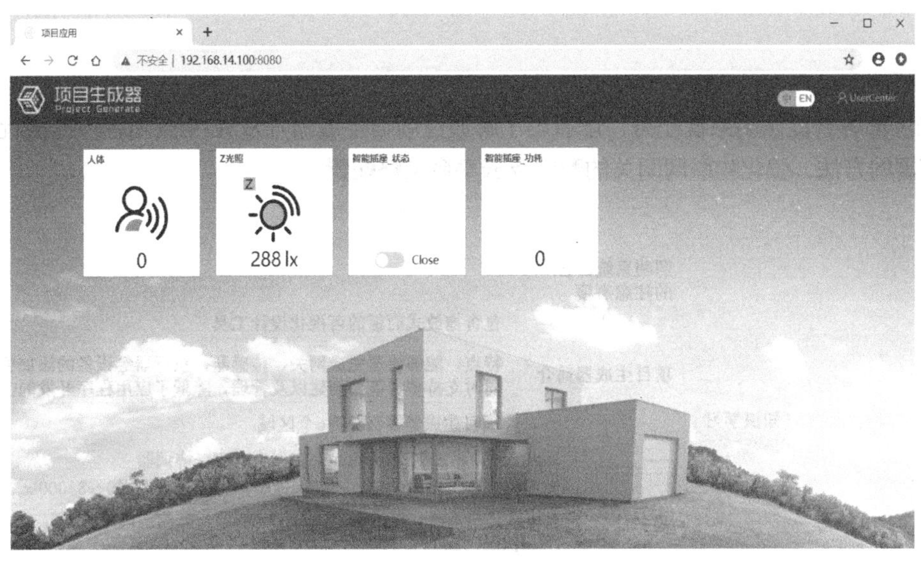

图2-3-26 展示网页

任务检查与评价

完成任务实施后，进行任务检查与评价，具体任务检查评价单见表2-3-7。

表2-3-7 任务检查评价单

项目名称		部署智能办公系统			
任务名称		部署智能照明系统			
评价方式		可采用自评、互评、老师评价等方式			
说　明		主要评价学生在项目学习过程中的操作技能、理论知识、学习态度、课堂表现、学习能力等			
序号	评价内容	评价标准		分值	得分
1	专业技能（60%）	设备安装与连线（10%）	设备安装牢固，布局合理（5分）	10分	
			设备连线正确（5分）		
2		配置物联网网关（20%）	正确添加ZigBee连接器 （5分）	20分	
			正确添加ZigBee设备串号 （5分）		
			3个ZigBee设备成功入网（5分）		
			正确编辑ZigBee设备标识（5分）		
3		配置云平台（10%）	云平台数据获取正确（3分）	10分	
			云平台策略配置正确（7分）		
4		开发Web应用程序（10%）	成功创建应用（3分）	10分	
			合理设计应用并成功发布（7分）		
5		建设IIS网站（10%）	正确下载配置应用（5分）	10分	
			正确添加网站（5分）		
6	核心素养（20%）	具有自主学习能力（10分）		20分	
		具有分析解决问题的能力（10分）			
7	课堂纪律（20%）	设备无损坏、设备摆放整齐、工位区域内保持整洁、不干扰课堂秩序（20分）		20分	
总得分					

任务小结

通过部署智能照明系统任务，读者可了解通过项目生成器开发Web应用程序的流程及IIS网站部署的方法，强化物联网网关的配置及云平台策略配置。

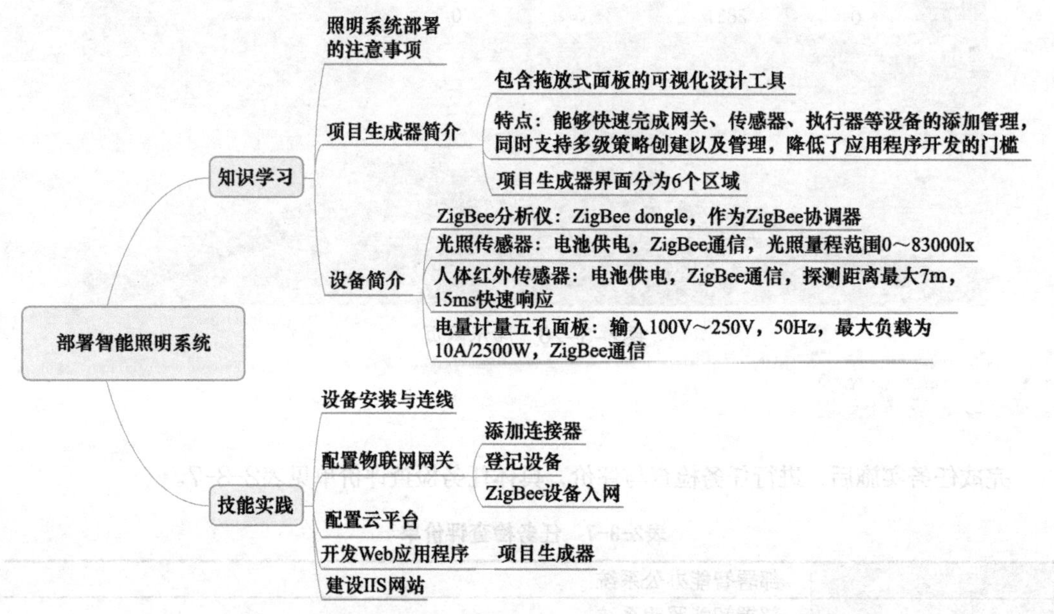

任务拓展

运用项目生成器开发一个智能路灯的Web应用，要求配有合适的背景图片，界面上能直观展示传感器与执行器的状态，网络拓扑图如图2-3-27所示。

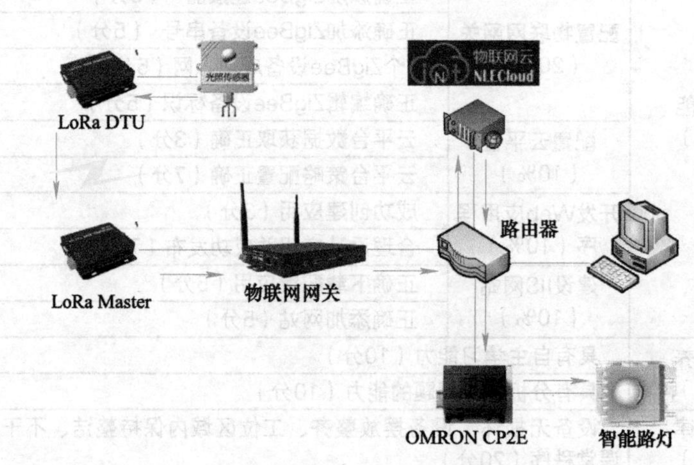

图2-3-27　网络拓扑图

任务4 部署智能工作区系统

职业能力

- 能根据智能工作区系统安装图纸，正确安装与连接设备。
- 能根据产品使用说明，准确完成物联网网关和ZigBee节点的调试。
- 能根据产品部署文档，在云平台上正确添加及配置设备和传感器。
- 能在Android系统环境下，安装Android应用程序，并正确完成配置。

任务描述与要求

任务描述

智能手机成为我们生活中不可或缺的一部分，客户希望能够通过手机查看智能工作区内设备的工作状态，并建立预警系统避免在谈论机要事务时因外人闯入而造成信息泄露。小陆根据客户需求做出如下规划，办公区域传感网络采用ZigBee接入，数据处理由云服务器或边缘服务器完成，移动端数据采集自云服务器。

任务要求

- 正确安装与连接设备。
- 正确配置物联网网关。
- 将ZigBee设备正确联网。
- 在云平台上正确获取传感器信息。
- 正确配置云平台策略。
- 正确安装Android应用程序，并完成配置。

知识储备

1. 智能工作区部署的注意事项

本套系统采用ZigBee连接，集成用到传感设备比较小，无外接电源，安装时采用的是粘胶或磁铁吸附的方式。系统部署时应注意以下几点：

1）ZigBee设备要先入网，再根据布局图固定。

2）在多个ZigBee网络共存的情况下，频段与PAN_ID要有所区别，避免相互干扰。

3）固定时粘胶要牢固，避免因设备掉落造成的损坏。

4）ZigBee设备入网后，切记要配置相应的标识符，否则云平台无法获取数据。

5）智能开关按键应有两个状态，长按与短按。

6）安卓端的应用程序可以采用以下几种方式由计算机发送到安卓端：①安卓端开启开发

者模式USB调试，用数据线连接计算机。②通过各类手机助手将计算机与安卓端相连，相关软件有豌豆荚、360手机助手等。③借助即时通信工具发送应用程序至安卓端，相关软件有QQ、微信等。

2．设备简介

（1）门磁传感器

门磁传感器通过传感器主体与磁铁的靠近和分开感知门窗状态。其特点是低功耗，免工具安装，即粘即用。门磁传感器简况及安装方法见表2-4-1。

表2-4-1　门磁传感器简况及安装方法

设备名称	设备简况
门磁传感器	
	感应距离：最大22mm 无线连接：ZigBee 电池型号：CR1632 工作湿度：0%～95%RH 工作温度：-10℃～50℃ 添加设备时，长按重置键3s，直到蓝灯连续闪烁3次松开
安装方法	
安装时尽量对齐　安装间隙小于22mm	采用双面胶将设备粘贴在门上。 为了方便重复教学使用，采用磁铁吸附式。安装时尽量对齐主体与磁铁的安装标记，两块间隙应小于22mm

（2）智能开关

智能开关是一款新型无线遥控开关，支持单击、双击、长按三种控制方式，可以任意旋转到需要的位置或粘贴安装使用，与网关联运并搭配其他智能设备执行丰富的智能场景。智能开关简况见表2-4-2。

表2-4-2　智能开关简况

设备名称	设备简况
智能开关	
	无线连接：ZigBee3.0 电池型号：CR23032 工作湿度：0%～95%RH 工作温度：-10～50℃ 重置/入网，长按重置键5s。（重置键在面板背后）

扩展阅读：边缘计算

边缘计算（Edge Computing）指的是接近于事物、数据和行动源头处的计算，在靠近物或数据源头的一侧，采用网络、计算、存储、应用核心能力为一体的开放平台，就近提供最近端服务。它是一种分散式运算的架构，把应用程序、数据资料与服务的运算，由网络中心节点移往网络逻辑上的边缘节点来处理。

物联网应用程序在边缘侧发起，产生更快的网络服务响应，满足行业在实时业务、应用智能、安全与隐私保护等方面的基本需求。边缘运算将原本完全由中心节点处理的大型服务加以分解，切割成更小与更容易管理的部分，分散到边缘节点去处理。这就是物联网中的边缘计算。

边缘计算将计算任务部署在云端和终端之间的。分布式计算以及靠近设备端的特性注定边缘计算具备实时处理的优势，所以边缘计算能够更好地支撑本地业务实时处理与执行。

物联网边缘计算主要涉及设备端、边缘计算端和云端三个部分，其中边缘计算端是设备连接到网关后，网关可以实现设备数据的采集、流转、存储、分析和上报至云端，同时网关提供规则引擎、函数计算引擎，方便场景编排和业务扩展。物联网边缘计算数据流如图2-4-1所示。

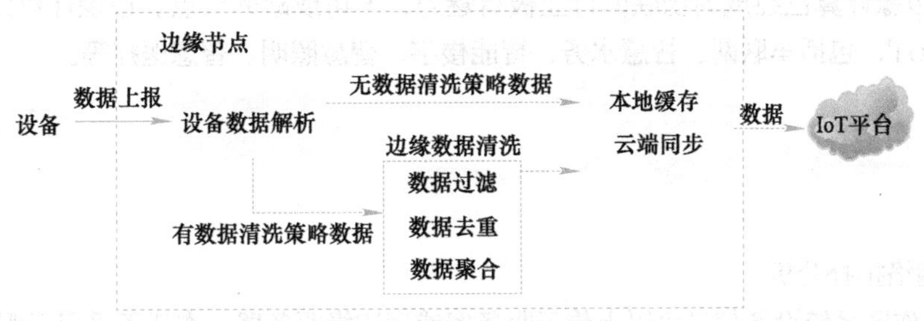

图2-4-1　物联网边缘计算数据流

边缘计算可以降低传感器和中央云之间所需的网络带宽（即更低的延迟），并减轻整个IT基础架构的负担。在边缘设备处存储和处理数据，不需要网络连接来进行云计算。这消除了高带宽的持续网络连接。

通过边缘计算，端点设备发送的信息是云计算所需的信息而不是原始数据。它有助于降低云基础架构的连接和冗余资源的成本。当工业机械生成的大量数据后，边缘计算仅将过滤的数据推送到云时，这是有益的，能节省IT基础设施。

边缘计算使边缘设备的行为类似于云类操作。应用程序可以快速执行，并与端点建立可靠且高度响应的通信。

边缘计算能实现数据的安全性和隐私性：敏感数据在边缘设备上生成、处理和保存，避免了通过不安全的网络传输破坏集中式数据中心的状况发生。边缘计算生态系统可以为每个边缘提供共同的策略（可以以自动方式实现），以实现数据完整性和隐私性。

边缘计算的出现并不能取代对传统数据中心或云计算基础设施的需求。相反，它与云共存，加强云的计算能力，同时云的部分计算被分配到端点执行。

下面针对物联网边缘计算的应用做一些说明。

1）某边缘计算产品Link Edge的开发者能够轻松将边缘计算能力部署在各种智能设备和计算节点上，如车载中控、工业流水线控制台、路由器等。

2）基于生物识别技术的智能云锁利用本地家庭网关的计算能力，可实现无延时体验，断网了还能开锁，避免"被关在自己家门外"的尴尬。云与边缘的协同计算，还能实现场景化联动，一推开门，客厅的灯就自动打开。产品利用局域网网关的处理能力，处理较为实时性的信息。

3）车联网。当下伴随着智能驾驶、自动驾驶等新势力车企的蓬勃发展，联网汽车数量越来越大，车联网用户的功能越来越多，车联网的数据量传输不断增加，用户对其延迟/时延的需求也越来越苛刻，尤其是汽车在高速行驶中，通信延迟应在几毫秒以内，而网络的可靠性对安全驾驶又至关重要。

那么，在这个过程中如何满足车联网对传输速率的高要求？传统中央云计算由于经过多层级计算处理，延迟高、效率低，已不再能满足车联网的传输需求。而基于边缘计算解决方案，在近点边缘层已经完成对数据的过滤、筛选、分析和处理，传输距离短、延迟低、效率更高。相较云计算，车联网显然更加需要边缘计算来保驾护航。

边缘计算通过与行业使用场景和相关应用相结合，依据不同行业的特点和需求，完成了从水平解决方案平台到垂直行业的落地，在不同行业构建了众多创新的垂直行业解决方案。目前边缘计算已经成为物联网行业极具魅力、不可或缺的节点。边缘计算的核心场景主要面向IoT，包括车联网、智慧水务、智能楼宇、智慧照明、智慧医疗等。

任务计划与决策

1．任务分析

（1）网络拓扑分析

智能工作区系统设备信息可以上传云服务器或者边缘服务器，本任务采用云服务器部署。在云服务器根据需求设置策略，用户通过移动端应用连接云服务器。在移动端应用中查看智能工作区状况，并实现对智能工作区的个性化设置。智能工作区网络拓扑图如图2-4-2所示。

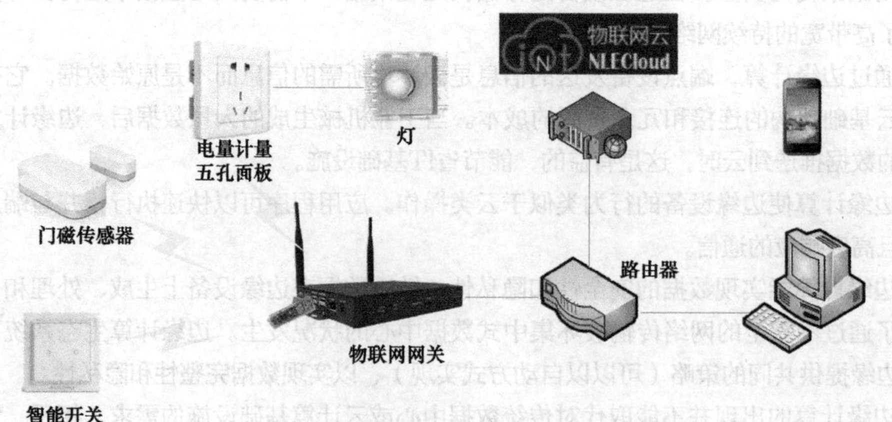

图2-4-2　智能工作区网络拓扑图

（2）系统部署流程分析

本系统数据汇总及处理由云服务器完成，因此在系统安装部署过程中要保证数据传输通道的顺畅。ZigBee传感网络数据汇总连接至物联网网关，这一环节是整个数据链的基础，设备顺利入网尤为重要。通过云平台获取数据并进行相关策略配置，实现系统预期的功能。本系统的数据展示由安卓App直接访问云平台获得，安卓App的项目ID、设备ID及设备标识是正确获取数据的关键。

2．制订计划

请根据所学相关知识，制订完成本次任务的实施计划，见表2-4-3。

表2-4-3　任务计划

项目名称	部署智能办公系统
任务名称	部署智能工作区系统
计划方式	自行设计
计划要求	用6个以内的计划步骤来完整描述出如何完成本次任务
序　号	任务计划
1	
2	
3	
4	
5	
6	

3．设备与资源准备

任务实施前必须先准备好以下设备与资源，见表2-4-4。

表2-4-4　设备与资源

序号	设备/资源名称	数量	是否准备到位（√）
1	D-LINK	1	
2	物联网网关	1	
3	ZigBee分析仪	1	
4	电量计量五孔面板	1	
5	门磁传感器	1	
6	智能开关	1	
7	灯座+12V灯	1	
8	设备说明文档	1	
9	安装工具	1套	
10	安装耗材	若干	

任务实施

要完成本次任务，可以将实施步骤分成以下4步：

- 设备安装与连线。

- 配置物联网网关。
- 配置云平台。
- 安装与配置Android应用。

具体实施步骤如下。

一、设备安装与连线

1）参照图2-4-3所示智能工作区系统参考布局图安装设备。要求设备安装牢固，布局合理。

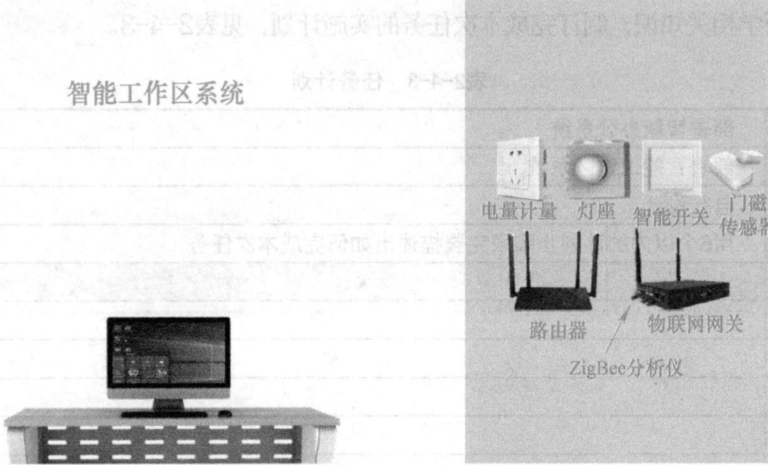

图2-4-3 智能工作区系统参考布局图

2）根据智能工作区系统连线图进行连线，如图2-4-4所示。

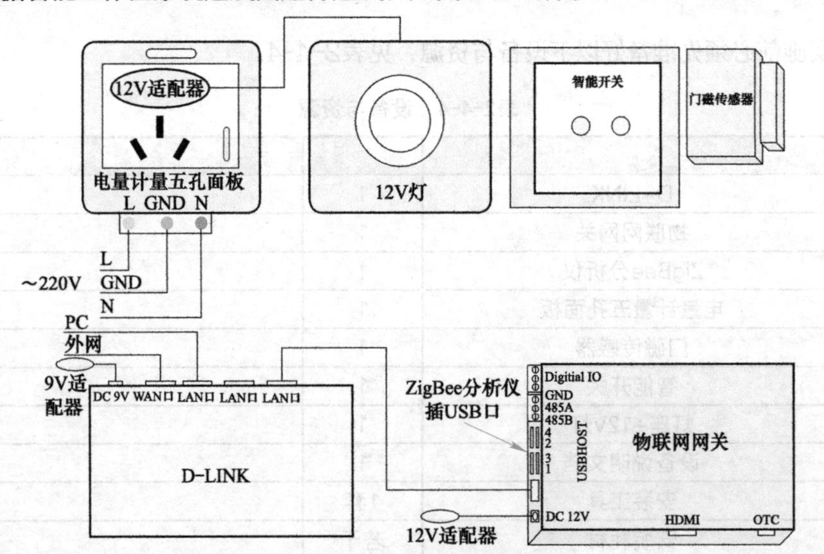

图2-4-4 智能工作区系统连线图

二、配置物联网网关

1. 添加串号

将设备串号登记到物联网网关中，用于识别比对传感设备。单击“znjj”连接器，单击

“设备登记”，出现“设备登记”窗口。在“设备登记”窗口中输入要添加的相关ZigBee设备的串号，输入完成后单击“确定”完成设备登记，如图2-4-5所示。

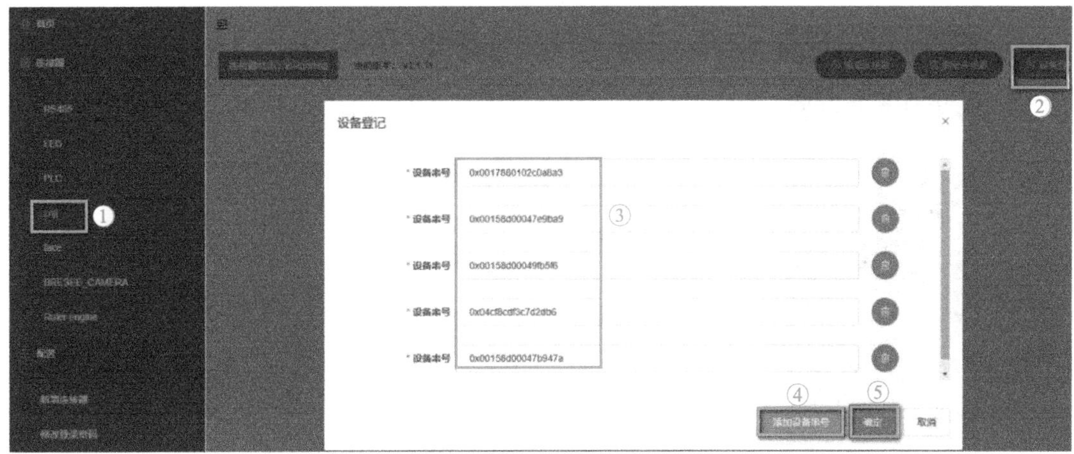

图2-4-5 ZigBee设备登记

2. ZigBee设备请求入网

入网基本操作：在设备上找到入网键，长按直到设备闪烁，松开等待配对，配对成功后，闪烁消失，并且连接器上出现相应设备图标，如图2-4-6所示。

本任务需要入网的设备有：门磁传感器、智能开关与电计量五孔面板三个设备。

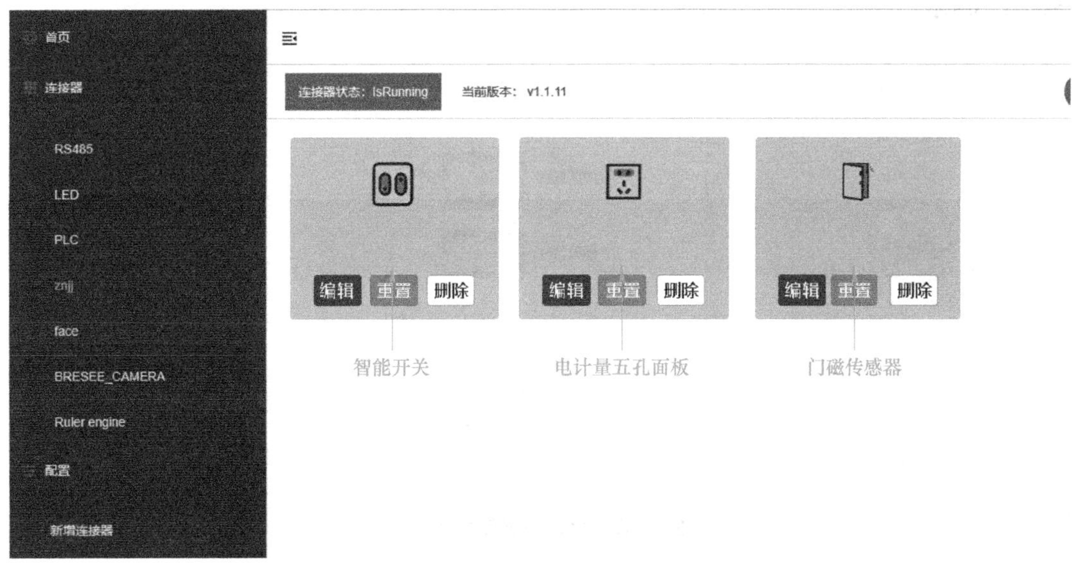

图2-4-6 三个ZigBee设备已入网

注：1）没有图标出现说明设备未入网，设备入网后，设备登记处的相关串号会消失。

2）刚入网设备图标上无设备标识及名称，需要编辑才能使用。

3. 编辑设备

（1）智能开关

单击智能开关图标上的“编辑”按钮，进入“编辑”界面。“传感名称”填“智能开关”，“标识名称”填“znkg”，“传感类型”已默认，单击“确定”完成配置，如图2-4-7所示。

图2-4-7　编辑智能开关信息

（2）门磁传感器

单击门磁传感器图标上的“编辑”按钮，进入“编辑”界面。“传感名称”填“门磁”，“标识名称”填“menci”，“传感类型”已默认，单击“确定”完成配置，如图2-4-8所示。

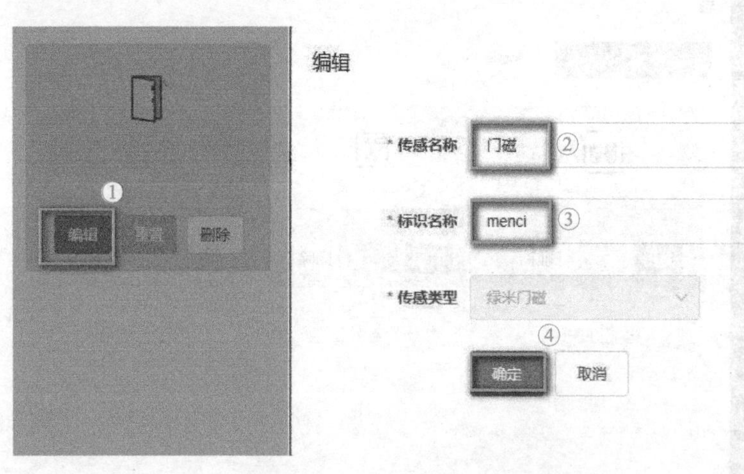

图2-4-8　编辑门磁传感器信息

三、配置云平台

（1）同步物联网网关设备信息

登录云平台，进入物联网网关设备页面，在网关设备在线的情况下（小绿灯图标亮起），单击“数据流获取”，完成云平台与物联网网关中的传感器、执行器同步。完成后在传感器区块与执行器区块会显示物联网网关中所有添加的传感器与执行器。智能开关、门磁传感器、智能插座信息如图2-4-9所示。

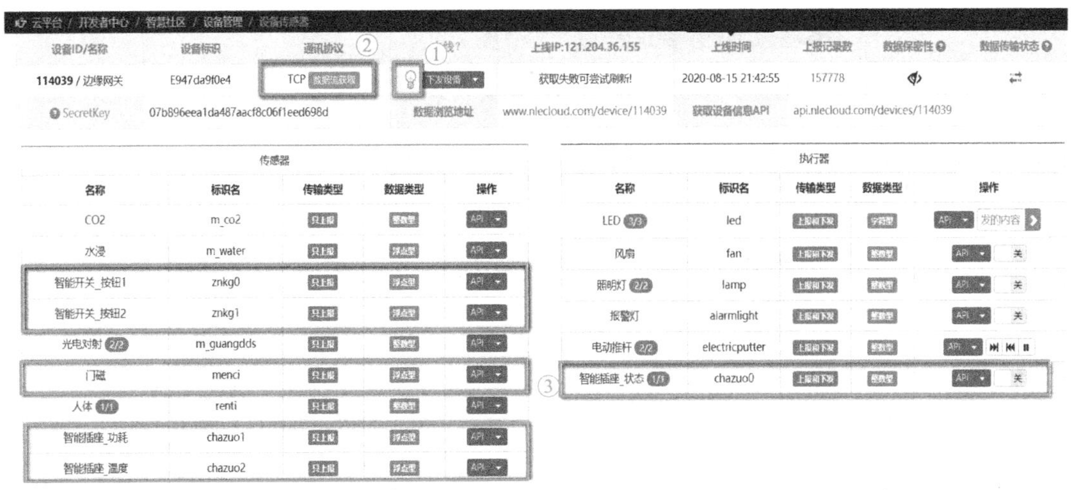

图2-4-9　云平台同步物联网网关设备信息

（2）设置策略

客户希望工作区在进行重要事项讨论时如有人闯入要有提示。小陆根据要求，计划做如下设置。运用智能开关长按与短按设置两个场景，短按为门磁布防场景，长按为门磁撤防场景。用智能插座连接小电器作为报警提示，既起到提示作用又不会使误闯人员感觉尴尬。

设置门磁布防场景时，有人进入则连通插座，插座上连接的灯通电工作。智能开关短按时在云平台上的值为1，有人进入时门磁值为0。设置策略："智能开关_按钮1等于1并且门磁等于0（有人进入）"时"智能插座_状态"为"打开"，如图2-4-10所示。

图2-4-10　设置门磁布防策略

设置门磁撤防场景时，无人进入则插座断电。智能开关长按时在云平台上的值为3，无人进入时门磁值为1。设置策略："智能开关_按钮1等于3或者门磁等于1"时"智能插座_状态"为"关闭"，如图2-4-11所示。

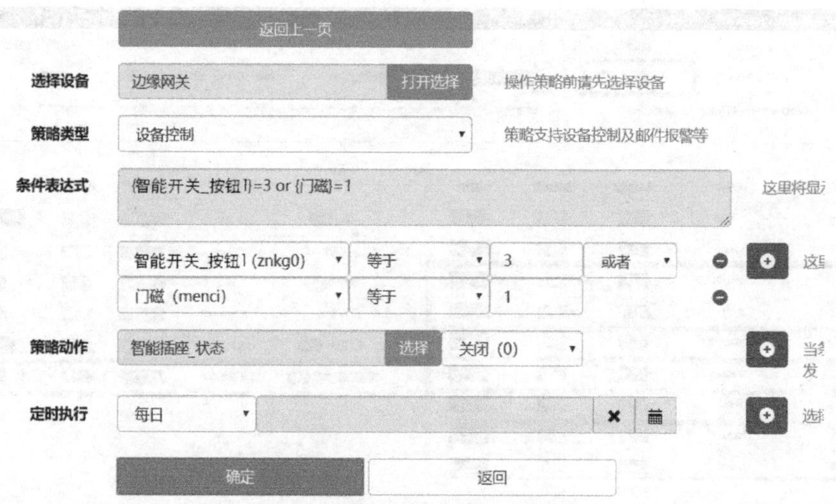

图2-4-11　设置门磁撤防策略

四、安装与配置Android应用

移动端安装Android应用首先要求移动端使用安卓系统，物联网应用安装与配置过程：将应用程序复制到移动端→安装应用→配置相关参数。

1．复制应用程序

复制应用程序常用方法有三种，以下方法任选一种。

1）用数据线连接计算机。需要开启开发者模式USB调试。

连续单击手机的版本号，开启开发人员模式，打开手机“系统和更新”，选择“开发人员选项”，打开“USB调试”开关。即可通过USB访问手机存储空间，如图2-4-12所示。

图2-4-12　设置USB调试模式

将要安装的APP复制到手机“内部存储”的文件夹下，如图2-4-13所示。

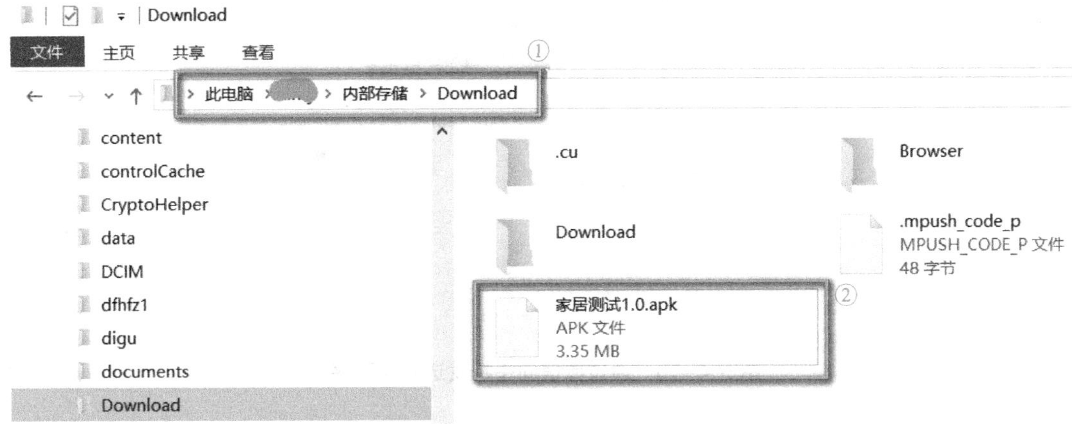

图2-4-13　复制APP到手机

2）通过各类手机助手将计算机与移动端相连，有线连接与无线连接方式皆可。连接后可直接安装应用到手机上，如图2-4-14所示。

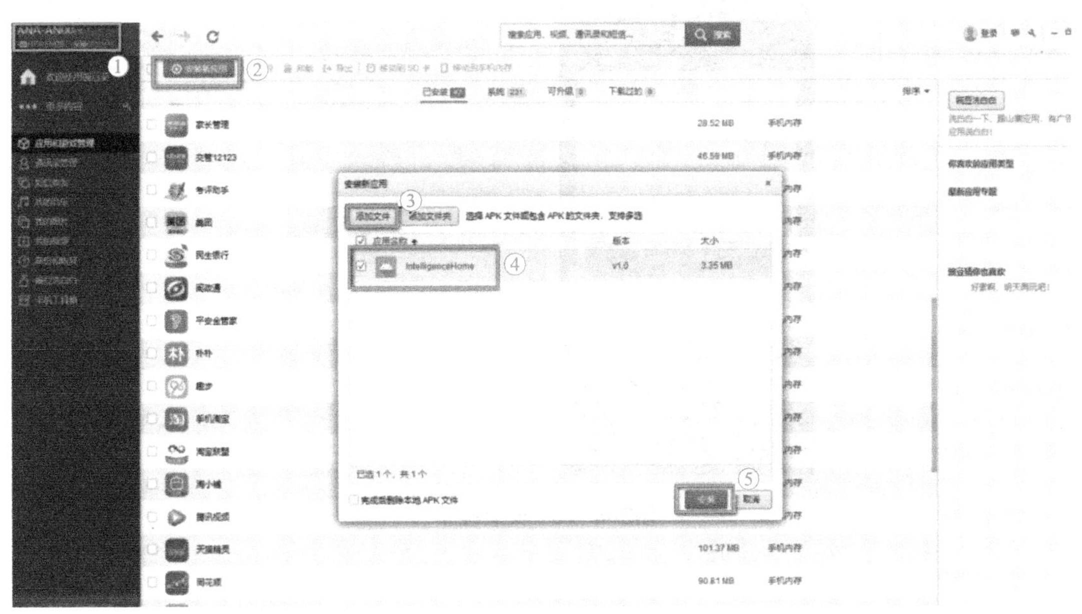

图2-4-14　手机助手安装软件

3）借助即时通信工具发送应用程序至移动端，计算机需要连接外网，如图2-4-15所示。

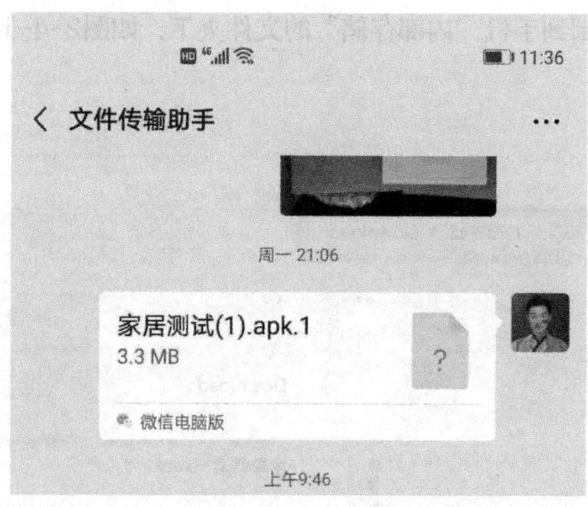

图2-4-15　通过微信向手机发送应用程序

2．安装程序

用手机找到相应的文件存放目录，单击程序开始安装，根据系统提示进行安装，安装完成后单击“完成”退出，如图2-4-16所示。

图2-4-16　安装程序

3．应用程序配置

（1）登录

打开手机端应用程序“IntelligenceHome”，单击右上角三个点图标，选择“设置”进入设备设置页面。“项目ID”与“设备ID”要与云平台上的一致，“服务器地址”输入“api. nlecloud. com”，“服务器端口”输入“80”，单击“保存”返回“登录”界面。输入云平台的用户名与密码，单击“登录”，如图2-4-17所示。

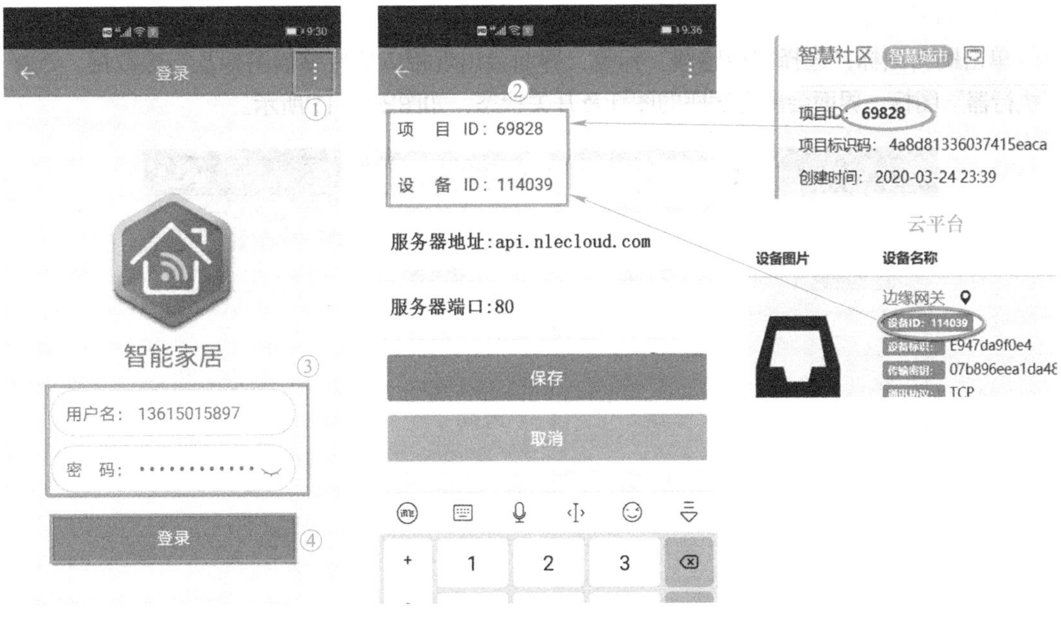

图2-4-17 APP登录

（2）绑定设备

单击右上角三点图标，弹出“设备绑定”窗口。各传感标识根据云平台上相应的传感器标识进行填写，填写完毕单击“保存”完成设备绑定，如图2-4-18所示。

图2-4-18 绑定设备

（3）查看数据

单击刷新图标，选择“传感器”标签，界面会出现相应的传感器图标及相应数据。选择“执行器”图标，界面会出现插座的图标及开关状态，如图2-4-19所示。

图2-4-19 查看数据

任务检查与评价

完成任务实施后，进行任务检查与评价，具体检查评价单见表2-4-5。

表2-4-5 任务检查评价单

项目名称	部署智能办公系统				
任务名称	部署智能工作区系统				
评价方式	可采用自评、互评、老师评价等方式				
说　明	主要评价学生在项目学习过程中的操作技能、理论知识、学习态度、课堂表现、学习能力等				
序号	评价内容	评价标准		分值	得分
1	专业技能（60%）	设备安装与连线（10%）	设备安装牢固，布局合理（5分）	10分	
			设备连线正确（5分）		
2		配置物联网网关（20%）	正确添加ZigBee连接器（5分）	20分	
			正确添加ZigBee设备串号（5分）		
			3个ZigBee设备成功入网（5分）		
			正确编辑ZigBee设备标识（5分）		
3		配置云平台（10%）	云平台数据获取正确（3分）	10分	
			云平台策略配置正确（7分）		
4		安装与配置Android应用（20%）	成功连接移动端设备（5分）	20分	
			成功安装APP（5分）		
			正确配置APP参数，并获取数据（10分）		

（续）

序号	评价内容	评价标准	分值	得分
5	核心素养（20%）	具有自主学习能力（10分）	20分	
		具有分析解决问题的能力（10分）		
6	课堂纪律（20%）	设备无损坏、设备摆放整齐、工位区域内保持整洁、不干扰课堂秩序（20分）	20分	
总得分				

任务小结

通过部署智能工作区系统任务，读者可了解Android应用的安装与配置方法，通过APP配置知晓移动端如何获取云平台数据，强化物联网网关的配置及云平台策略配置。

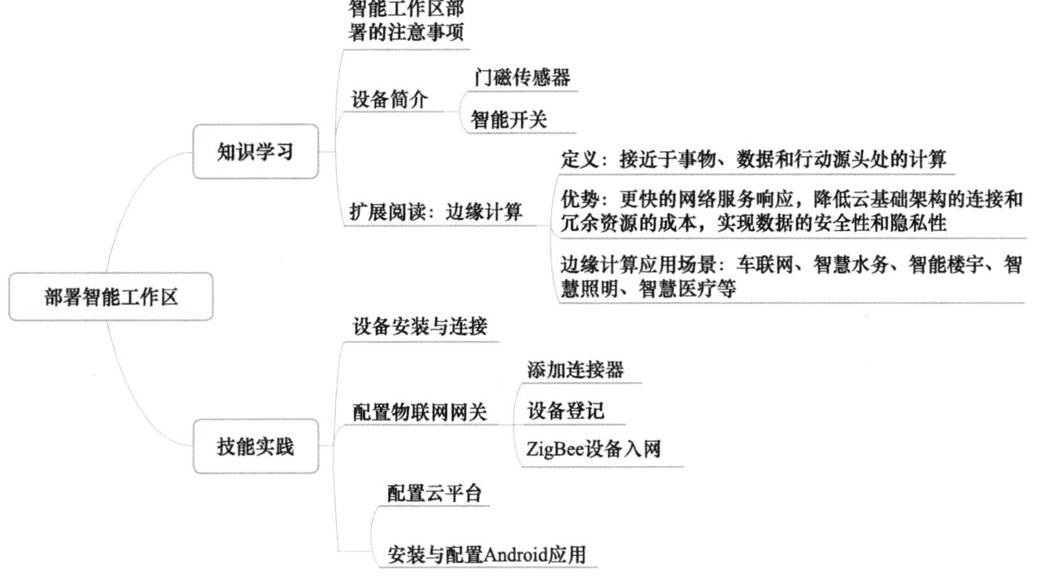

素养提升

在国外操作系统处于垄断地位多年的背景下，鸿蒙操作系统突出重围。鸿蒙系统从诞生到发展标志着我国自研操作系统开始普及和应用，它逐步改变操作系统全球格局，完美地摆脱了欧美国家对我国的科技封锁，有效地防止"卡脖子"局面出现。特别是近年来，5G技术推动了物联网的快速发展，世界将进入第四次工业革命时代，这就要求未来在各类电子设备如计算机、手机、电视、汽车、家电上安装的操作系统必须相互连接。在这样的背景条件下，现有视窗化、iOS以及安卓等操作系统还难以满足各设备之间互联互通的需要，而鸿蒙一直以将实现万物智联作为发展的主基调。

任务拓展

将智能工作区系统所有设备信息上传云平台，设计相应Web应用程序，并下载部署于本地的IIS网站上。

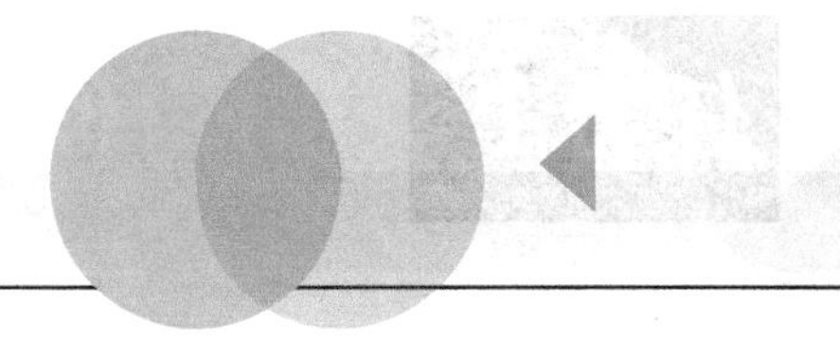

Project 3

项目 3

智能车库设备的运行与维护

引导案例

物联网系统运维是指项目运维团队采用相关的方法、手段、技术、制度、流程和文档等，对项目软硬件运行环境、项目业务系统和项目运维人员进行的综合管理。物联网系统集成项目完成初步验收后，就进入了运维阶段。设备运维在一定程度上影响设备的使用寿命及整个系统功能的正常使用。日常生活中我们会发现身边有这样的情况，同样的两台计算机给两个人使用，一段时间后，两台计算机的状况有可能就有天壤之别，使用过程中的维护在这里就起到重要作用。

物联网系统结构比较复杂，由感知层、网络层及应用层组成，包含了硬件设备、网络通信及应用系统，其运维工作也相对丰富。物联网系统运维工作主要内容为感知设备、网关、服务器、网络设备、安全设备、数据库、中间件、应用系统软件等项目交付物的检查、监控，软件升级更新，故障处理，安全防护，数据备份等。

本项目通过智能车库的3个分场景分别就设备运行监控内容及方法、设备运行过程中出现的软硬件故障检测及排除进行模拟。智能车库如图3-0-1所示。

图3-0-1　智能车库

任务1 车库环境系统设备的运行监控

职业能力

- 能根据拓扑图及连线图正确安装及连接设备。
- 能根据项目要求，正确配置环境云、物联网网关及云平台。
- 能根据设备运行监控的日常管理要求，通过监控设备信息，了解设备运行情况。
- 能依据监控规范中时间、程序、路线、项目等要求，定时完成设备巡检，如实上报巡检结果。

任务描述与要求

任务描述

小陆所在的公司承接A客户的智能车库项目已建设完成。目前处于运维交接阶段，小陆负责向客户交接运维工作，由于项目内容比较简单，设备数量与种类不多，小陆建议客户采用基础的运维手段及内容，运维过程需要掌握相关平台与软件的使用，能够远程监控设备，查看设备运行情况；通过现场巡检方式了解硬件设备运行情况，并做好相关记录。

任务要求

- 根据布局图及连线图，正确安装及连接设备。
- 正确配置环境云。
- 正确配置网络设备。
- 正确配置云平台参数及策略。
- 通过监控设备信息，准确了解设备运行情况。
- 定时完成设备巡检，如实上报巡检结果，准确填写巡检报告。

知识储备

1．设备运行监控的方式

物联网设备运行监控是指通过运维工具实现终端设备、网关、服务器、网络设备、网络安全设备等硬件设备的运行状态检测、监视和控制，判断设备是否发生故障，并详细记录。目前物联网系统集成项目设备运行监控主要采用现场巡检，结合远程监控的方式。

（1）现场巡检方式

物联网系统集成项目运维期内，运维工程师需定期或不定期到设备现场进行巡检。运维工程师在不影响系统正常运行的情况下，通过现场观察，结合使用万用表、网线检测器、ZigBee信号检测仪、串口调试助手等本地使用的软硬件工具和应用系统的数据情况，判断设备是否正常运行，并记录，若设备故障则进行现场维护。

（2）远程监控方式

远程监控方式通常采用设备运维监控和告警工具对设备监控，是对设备相关信息的采集分析过程。数据采集模式通常分为轮询类、主动推送类两种，采集过程是通过设备接口上运行的通信

协议实现的。部分设备采用一些通用协议，如TCP、UDP、SNMP、Modbus协议等，部分设备采用厂商独立协议。设备运维监控和告警工具可以自行编程开发或者直接采用第三方工具。

通过部署设备运行监控和告警工具采集设备信息，设置相应的规则来判断设备运行状态，若设备运行异常则发出告警，运维工程师根据告警信息进行设备故障排查。采集的信息主要包括传感器设备运行状态、数据状态等，控制设备的运行状态、指令执行状态等，网关的运行状态、日志状态、数据传输状态等，服务器的电源状态、CPU状态、内存状态、硬盘状态、网卡状态、HBA卡状态和服务器日志等，网络设备的电源状态、VLAN状态、配置状态和设备日志等，安全设备的电源状态、配置状态、安全状态和设备日志等。

2. 常见设备监控内容

（1）终端设备监控

终端设备安装在网络拓扑结构的前端，是物联网中连接传感网络层和传输网络层，实现采集数据及向网络层发送数据的设备。监控内容包括设备运行状态、数据状态等。具体为：设备是否在线；设备是否运行；设备温度多少（若有，可判断是否存在高温隐患）；设备备用电量（若有）；设备数据采集是否正常；设备数据是否发送正常等。

（2）网络设备监控

网络设备监控的内容主要包括设备状态、设备日志。具体为：设备是否在线；设备端口资源使用情况，如端口流量、速率；设备受攻击情况；设备软件服务状态，如网络安全设备的服务是否到期，病毒库是否更新；设备日志等。

3. 设备简介

（1）二氧化碳传感器

二氧化碳传感器是利用非色散红外（NDIR）原理对空气中存在的CO_2进行探测，将成熟的红外吸收气体检测技术与精密光路设计、精良电路设计紧密结合，并且内置温度传感器，进行温度补偿，具有很好的选择性，无氧气依赖性，使用寿命长。二氧化碳传感器简况及安装方法见表3-1-1。

表3-1-1　二氧化碳传感器简况及安装方法

设备名称	设备简况
二氧化碳传感器	
	电源：DC 24V 输出：485输出 量程：0～5000ppm 接线：红线　接+24V　黑线　接GND 黄线　RS485A　绿线　RS485B
安装方法	
	1. 传感器背部有一块可拆卸的小板，小板上有两个固定孔位，通过这两个孔位用M4螺钉将小板固定 2. 通过传感器后面的4个卡槽对准小板上的4个挂钩，将传感器挂在小板上

（2）485中继器

485中继器是光隔离的RS-485/422的数据中继通信产品，可以中继延长RS-485/422总线网络的通信距离，增强RS-485/422总线网络设备的数目。485总线中如果485传输线达到一定的距离，而且处于复杂的外部环境，容易受到外部环境的电磁感应等干扰。485中继器的防雷管可以有效地抑制闪电和ESD，并且提供每线600W的雷击浪涌保护功率，可以吸收外部环境的电磁感应等干扰，可以将485总线进行光电隔离，防止共模电压干扰。485中继器简况及安装方法见表3-1-2。

表3-1-2　485中继器简况及安装方法

设备名称 485中继器	设备简况
	电源：DC 24V 电气接口：RS-485输入端两位接线端子连接器，RS-485输出端两位接线端子连接器 工作方式：异步半双工 信号指示：三个信号指示灯电源（PWR）、发送（TXD）、接收（RXD） 传输介质：双绞线或屏蔽线 传输速率：300bit/s～115.2Kbit/s
安装方法	
	两侧配有固定的孔位，通过固定孔位用M4螺钉将设备固定于墙上或安装面板上

（3）NS模拟传感器

NS模拟传感器可以烧写不同的程序，使之成为LoRa网关、LoRa节点或者电流输出型的模拟传感器。在模拟教学的环境下搭配环境云使用。NS模拟传感器简况及安装方法见表3-1-3。

表3-1-3　NS模拟传感器简况及安装方法

设备名称 NS模拟传感器	设备简况
	电源：DC 12V 接口：1个485接口（用于接收环境云数据） 1个IO输出接口（用于模拟电流输出型传感器，4～20mA电流输出）
安装方法	
	两侧配有固定的孔位，通过固定孔位用M4螺钉将设备固定于墙上或安装面板上

4. 设备记录表样表

设备记录表基本需要包含时间、设备名称、设备位置、编号、运行情况、记录人、故障上报情况等信息，如图3-1-1所示。

设备记录表

项目名称：智能车库项目　　　　　　　　　　　　编号：*ZNCK-2020-YXJL-01*

序号	日期	时间	设备名称	位置	编号	设备运行情况	记录人	故障处理情况
1	××××.××.××	17:36	边缘服务器	中心机房	ZNCK-ZXJF-FWQ-A-01	当前状态： □正常　□故障　□未知 设备详情： 16:36～17:36时间段设备运行情况如下。 ①17:17边缘服务器重启，持续时间74s。 ②设备硬件情况。 CPU利用率：最高19.6809%，平均1.3933%，最低0.151%。 内存利用率：最高43.732%，平均40.5893%，最低17.2294%。 硬盘……网络……	×××	处理情况： □已处理 □未处理 故障处理人：××× 联系方式：××× 设备故障排查记录表：ZNCK-2020-GZPC……
……	……	……	……	……	……	……	……	……

图3-1-1　设备记录表样表

任务计划与决策

1. 任务分析

（1）网络拓扑分析

车库离中心机房较远，为防止通信故障，用了485中继器将二氧化碳信息及4017采集到的水浸信息连接至物联网网关，再经路由器上传给云平台。由云平台对数据进行处理，并根据相关策略控制报警灯。智能车库环境系统拓扑图如图3-1-2所示。

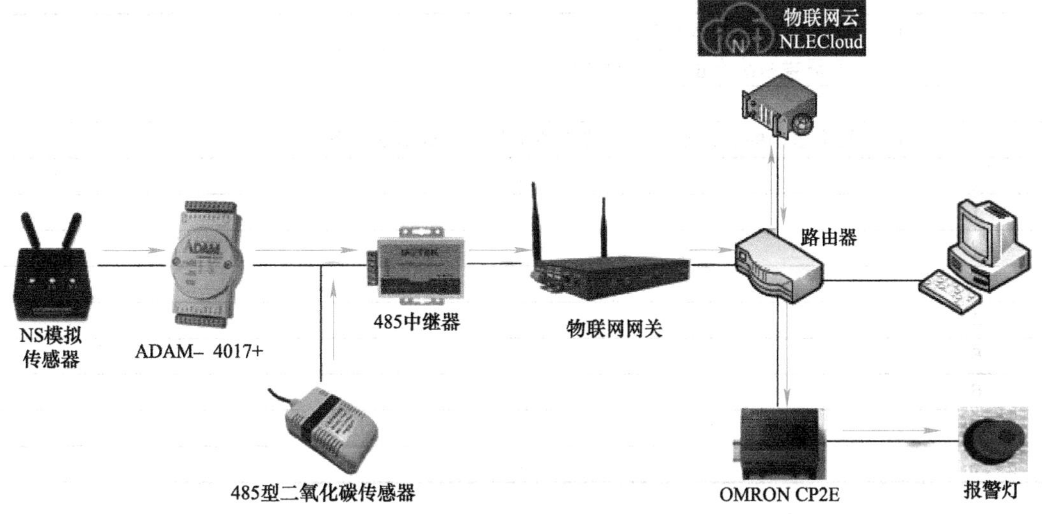

图3-1-2　智能车库环境系统拓扑图

（2）设备监控流程分析

设备监控任务总体流程如图3-1-3所示。

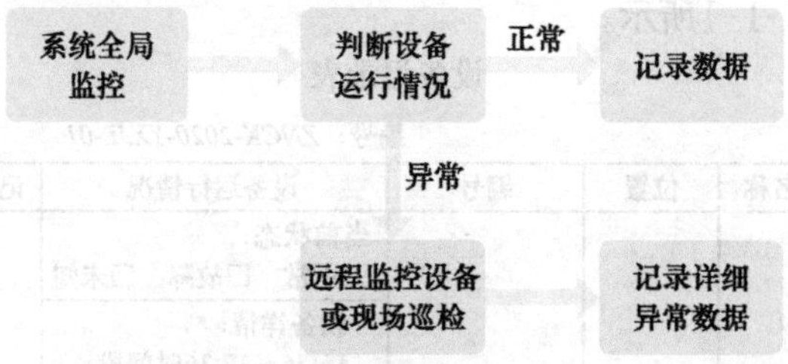

系统全局监控
判断设备运行情况
正常
记录数据
异常
远程监控设备或现场巡检
记录详细异常数据

图3-1-3　设备监控任务总体流程

运维过程一般会有一个平台或系统汇总所有设备运行信息，可以在这个平台上对所有设备进行全局监控。设备正常运行情况下记录相关运行数据，出现异常情况，可以通过远程方式或者现场巡检方式监控相关设备，查明异常原因，并记录异常数据。对于终端的硬件设备还需要定期进行现场巡检，以保证设备安全稳定运行。

物联网平台基于IaaS（基础设施即服务）、PaaS（平台即服务）、SaaS（软件即服务）三种云计算服务模型，对外提供数据服务。物联网平台繁多，有华为OceanConnect云平台、新大陆云平台、小米IoT开发者平台、研华科技WISE-PaaS、美的IoT开发者平台等。以新大陆云平台为例，设备传感信息上传至云平台，在云平台上可以监控设备在线情况及传感信息采集情况。

部分在线设备可以通过专用软件或IP访问两种方式远程监控了解设备运行情况。现场巡检需要巡检人员借助相应工具完成。设备监控数据应如实登记，如有异常情况应及时上报，以便后续排故等工作顺利开展。

2. 制订计划

根据所学相关知识，请制订完成本次任务的实施计划，见表3-1-4。

表3-1-4　任务计划

项目名称	智能车库设备的运行与维护
任务名称	车库环境系统设备的运行监控
计划方式	自行设计
计划要求	用8个以内的计划步骤来完整描述出如何完成本次任务
序　　号	任务计划
1	
2	
3	
4	
5	
6	
7	
8	

3. 设备与资源准备

任务实施前必须先准备好以下设备与资源，见表3-1-5。

表3-1-5　设备与资源

序号	设备/资源名称	数量	是否准备到位（√）
1	D-LINK	1	
2	物联网网关	1	
3	OMRON CP2E	1	
4	报警灯	1	
5	ADAM- 4017+	1	
6	485中继器	1	
7	485型二氧化碳传感器	1	
8	NS模拟传感器	1	
9	设备说明文档	1	
10	安装工具	1套	
11	安装耗材	若干	

任务实施

要完成本次任务，可将实施步骤分成以下5步：

- 安装与连线系统。
- 部署系统。
- 远程监控设备运行。
- 现场巡检设备。
- 登记设备运维记录。

具体实施步骤如下。

一、安装与连线系统

1）参照图3-1-4所示车库环境系统参考布局图安装设备。要求设备安装牢固，布局合理。

车库环境系统

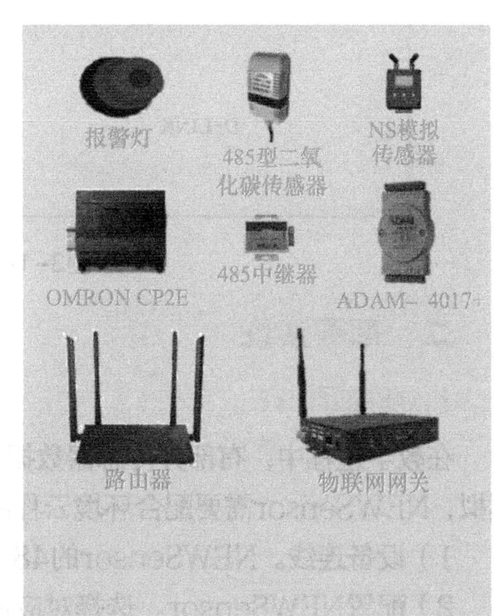

图3-1-4　车库环境系统参考布局图

2）根据车库环境系统连线图进行连线，如图3-1-5所示。

连线注意事项：电源大小及极性切勿接错；各信号线接口确保正确；连线工艺规范，保证良好电气连接。

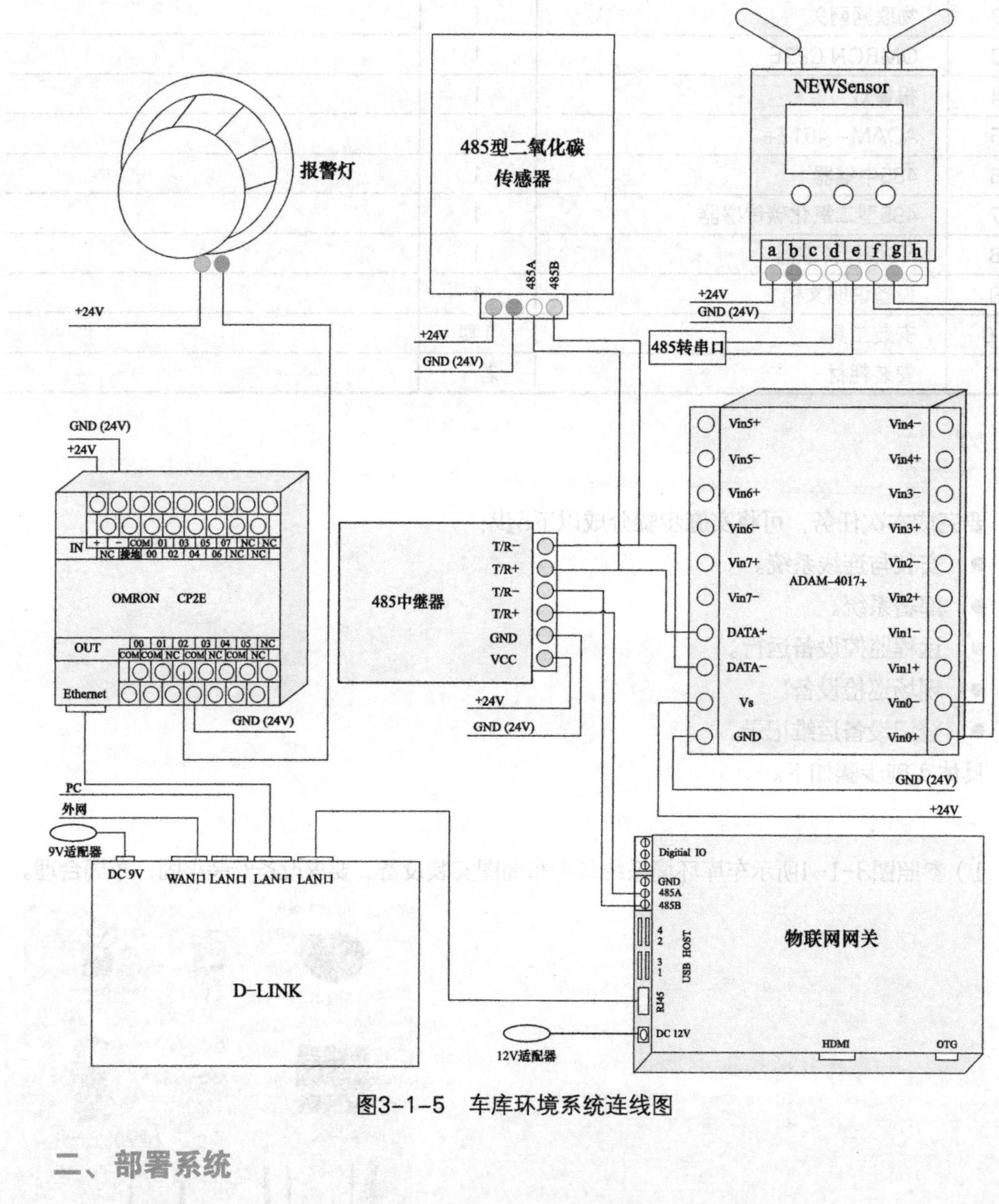

图3-1-5　车库环境系统连线图

二、部署系统

1．环境云配置

在教学过程中，有部分传感器数据不好采集，如水浸的高度，因此采用NEWSensor进行模拟，NEWSensor需要配合环境云程序使用。环境云使用步骤如下。

1）设备连线。NEWSensor的485接口连接RS485转232转接头，连至计算机串口。

2）配置NEWSensor。选择对应串口，单击“读取”，获取NEWSensor信息，各栏自动填充相应信息。NEWSensor有两种模式，LoRa模式下作为LoRa节点通过无线发送信息，

AO模式下IOUT输出电流。本任务将“设备地址”填“1”，单击“设置地址”按钮，日志出现设置地址成功，根据系统需要“工作模式”选择“AO”，单击“设置模式”按钮，日志出现设置模式成功，如图3-1-6所示。

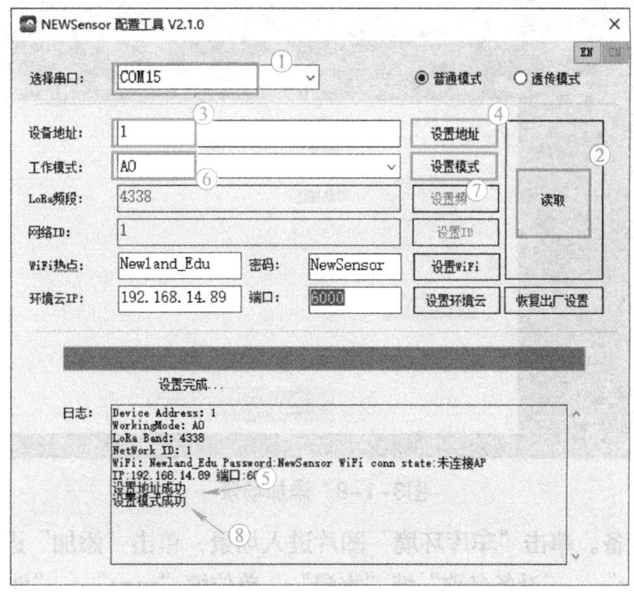

图3-1-6　配置NEWSensor地址与模式

3）配置串口。打开环境云软件，单击右上角配置图标，选择对应串口，单击“保存”，完成串口配置，如图3-1-7所示。

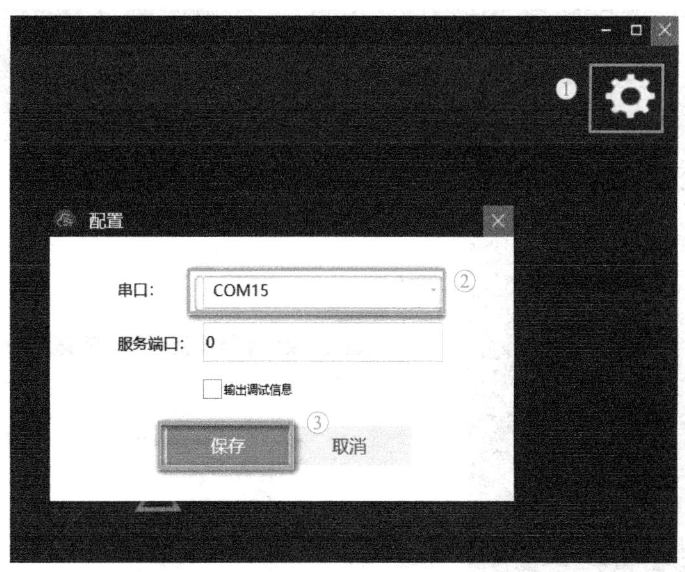

图3-1-7　配置串口

4）添加场景。单击“添加”，“场景名称”填写“车库环境”，单击“保存”，完成场景添加，如图3-1-8所示。

图3-1-8　添加场景

5）添加传感设备。单击“车库环境”图片进入场景，单击“添加”进行设备配置。“标识码”填“m_water”，“设备名称”填“水浸”，单位填“mm”，“地址”填配给NS的地址，“通道”0~3任选，“数据范围”填“0—100”。添加随机数据，值的范围要在数据范围内，由于模拟水浸，数据变化范围不宜过大，单击“保存”生成随机数据。“连接方式”选择“串口”，“发送间隔”选择填“5”，单击“保存”生成水浸传感设备，如图3-1-9所示。

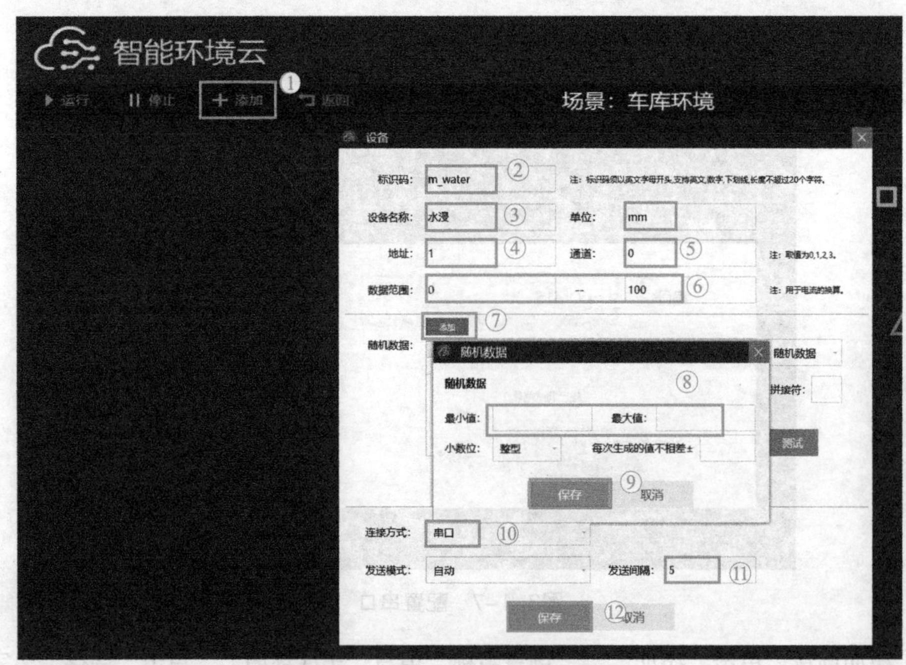

图3-1-9　水浸传感设备添加

6）运行环境云。单击“运行”，环境云向NEWSensor发送数据，NEWSensor接收到环境云数据，如图3-1-10所示。

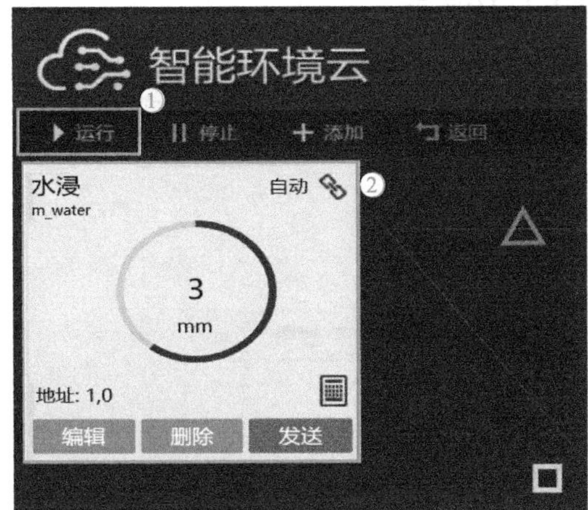

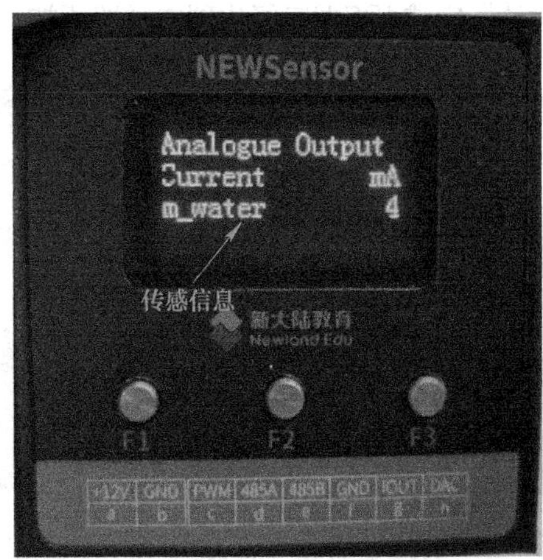

图3-1-10　运行环境云

2. 配置物联网网关

在物联网网关中需要添加1个Modbus连接器（用于转发RS485信号）及1个PLC连接器。然后分别在对应的连接器下面添加相应的设备。

（1）新增Modbus连接器

通过IP访问，进入物联网网关配置页面，单击“新增连接器”，选择“串口设备”，“设备接入方式”选择“串口接入”，“连接器名称”自行填写（如RS485），“连接设备类型”选择“Modus over Serial”，“波特率”选择“9600”，“串口名称”选择“/dev/ttyS3”，单击“确定”按钮完成RS485连接器添加，如图3-1-11所示。

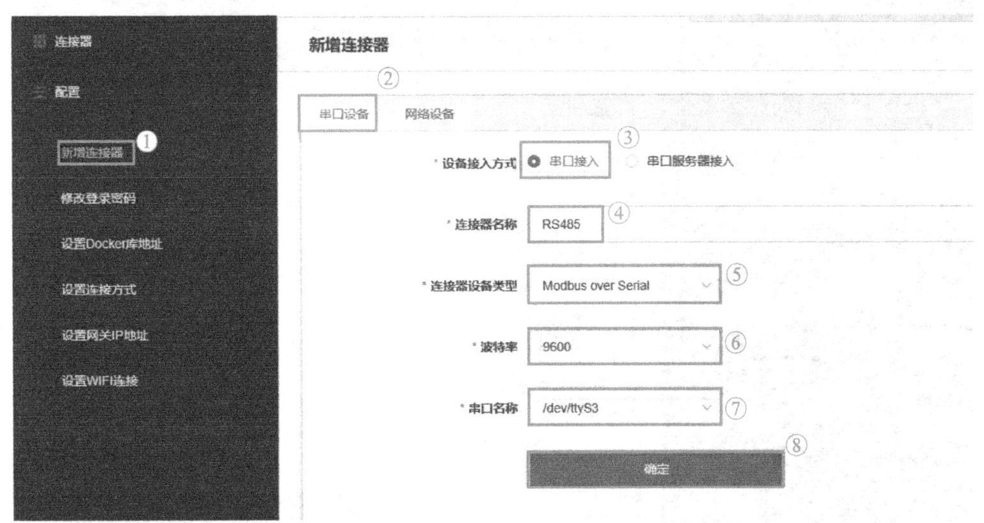

图3-1-11　新增 Modbus连接器

（2）新增485型二氧化碳传感器

单击“RS485”连接器，单击“新增”，在“新增”页面填写要添加的设备信息。“设备名称”填“CO_2”，“设备类型”选择“二氧化碳传感器（485型）”，“设备地址”填“01”，“标识名称”填“m_CO_2”，“传感类型”选择“485总线CO_2传感器”，单击“确认”完成485型二氧化碳传感器添加，如图3-1-12所示。

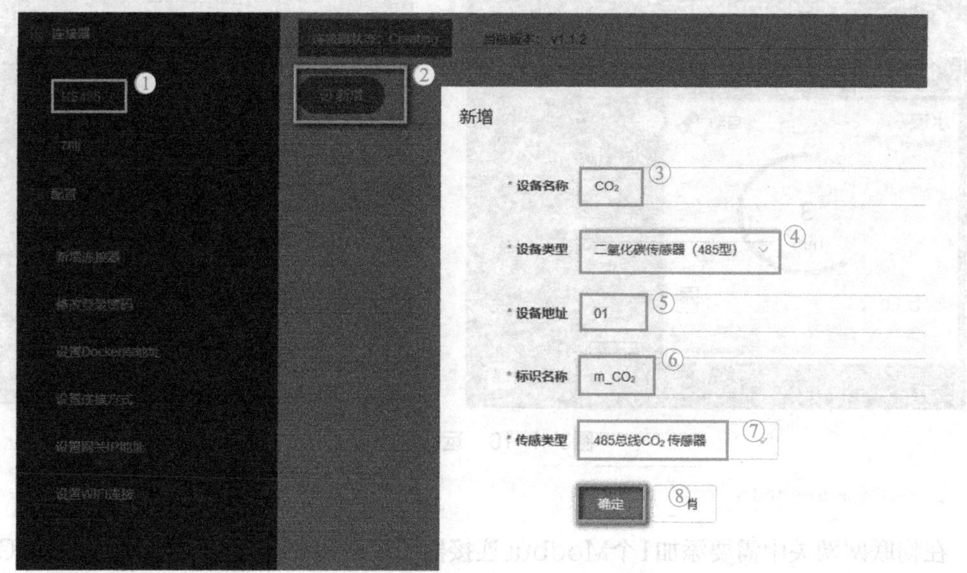

图3-1-12　新增485型二氧化碳传感器

（3）新增ADAM-4017+

在“RS485”连接器页面，单击“新增”，在“新增”页面填写要添加的设备信息。“设备名称”填“adam_4017”，“设备类型”选择“4017”，“设备地址”填“02”单击“确认”完成设备添加，如图3-1-13所示。

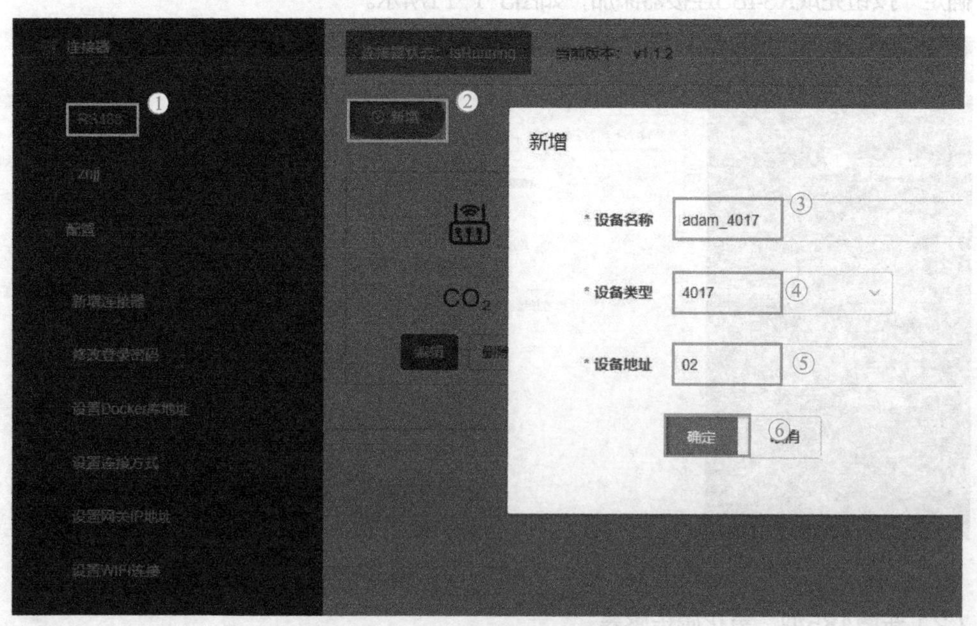

图3-1-13　新增adam_4017

(4) adam_4017下添加传感器

单击"adam_4017"设备图标,单击"新增传感器"按钮,在"新增"页面填写要添加的传感器信息。"传感名称"填"水浸","标识名称"填"m_water","传感类型"选择"水位",通道号根据传感器连接的adam_4017通道选择(如VIN0),单击"确定"按钮完成传感器添加,如图3-1-14所示。

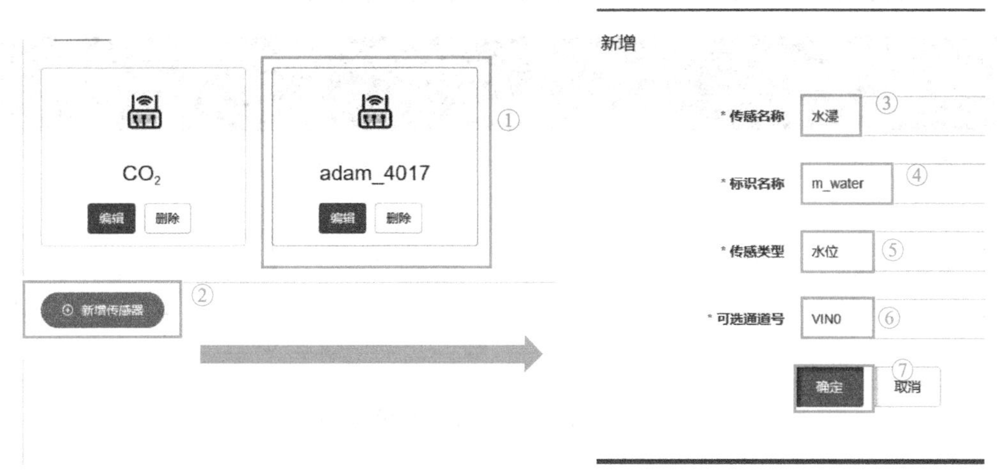

图3-1-14　添加传感器

(5) OMR下添加警示灯

单击"OMR"设备图标,单击"新增执行器"按钮,在"新增"页面填写要添加的执行器信息。"传感名称"填"报警灯","标识名称"填"alamlight","传感类型"选择"警示灯",通道号根据执行器连接的OMR通道选择(如DO2),单击"确定"按钮完成执行器添加,如图3-1-15所示。

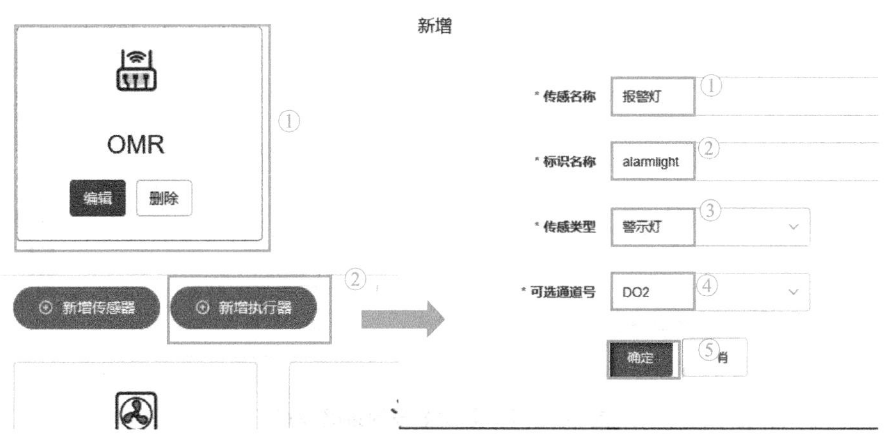

图3-1-15　添加警示灯

3．配置云平台

云平台需要同步物联网网关的设备信息，并根据需求设置相应策略。

（1）同步物联网网关设备信息

登录云平台，进入物联网网关设备页面，在网关设备在线的情况下（小绿灯图标亮起），单击“数据流获取”，完成云平台与物联网网关中的传感器、执行器同步。在传感器区块与执行器区块会显示物联网网关中所有添加的传感器与执行器。操作如图3-1-16所示。

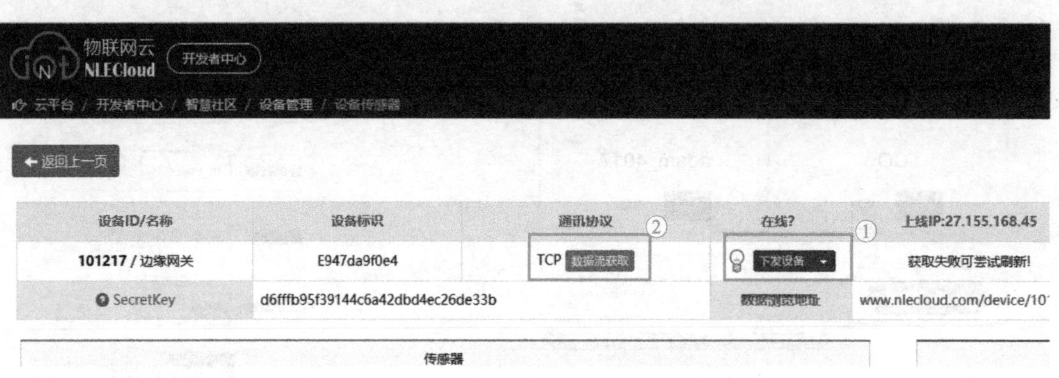

图3-1-16　云平台同步物联网网关设备信息

（2）设置策略

设置二氧化碳浓度过高或水位超过设定值触发警报。二氧化碳浓度超过1000ppm就会让人感觉到空气浑浊，引起身体不适。当水浸高度超过30cm时，水有可能通过汽车进气口进入发动机内，引发汽车故障。因此，设置策略“CO2（m_co2）大于1000或者水浸（m_water）大于等于30时打开报警灯”，如图3-1-17所示。

图3-1-17　触发警报的策略设置

设置二氧化碳浓度正常且水位低于设定值解除警报。二氧化碳浓度低于800ppm时，人体呼吸比较顺畅，水位降到20cm以下对大部分车辆不会引发发动机进水问题。因此，设置策略“二氧化碳（m_co2）小于800并且水浸（m_water）小于20时关闭报警灯”，如图3-1-18所示。

云平台 / 开发者中心 / 智慧社区 / 逻辑控制 / 策略管理 / 新增策略

返回上一页

选择设备　边缘网关　打开选择　操作策略前请先选择设备

策略类型　设备控制　策略支持设备控制及邮件报警等

条件表达式　{二氧化碳}<800 and {水浸}<20　这里将显示通

二氧化碳（m_co2）　小于　800　并且　这里设

水浸（m_water）　小于　20

策略动作　报警灯　选择　关闭（0）　当条件

定时执行　每日　选择整

确定　返回

图3-1-18　解除警报的策略设置

设置好策略后，回到“策略管理”页面，左键单击策略开关，启用以上两个策略，如图3-1-19所示。

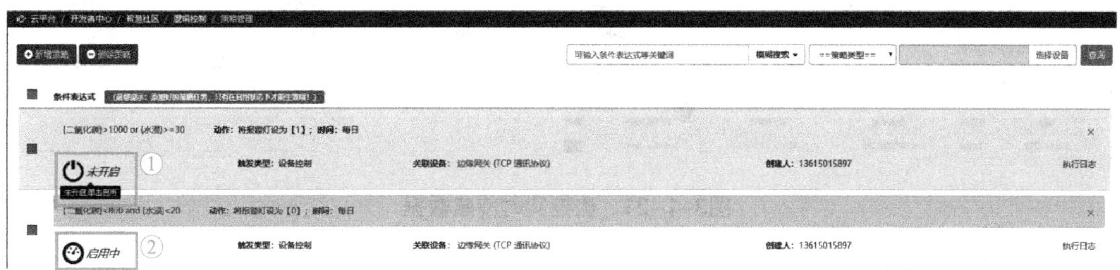

图3-1-19　启用策略

三、远程监控设备运行

1. 云平台远程全局监控

大部分的云平台或者专用的系统都能够对设备运行情况进行全局监控。本任务以新大陆云平台为例介绍如何监控设备在线情况、监控实时传感数据及查询历史数据（以下内容只介绍相应界面，具体设备情况应根据实际情况判断）。

（1）监控设备在线情况

在设备管理页面可查看各设备的在线情况，如图3-1-20所示可知NB设备离线，边缘网关设备在线。

图3-1-20　查看设备在线情况

（2）监控实时传感数据

单击设备名称进入相应设备传感器界面，左键单击“下发设备”后的向下小箭头，打开实时数据开关，数据收发正常的传感器和执行器会显示数据及发送时间，离线或故障的设备会显示“【无数据】”，如图3-1-21所示。

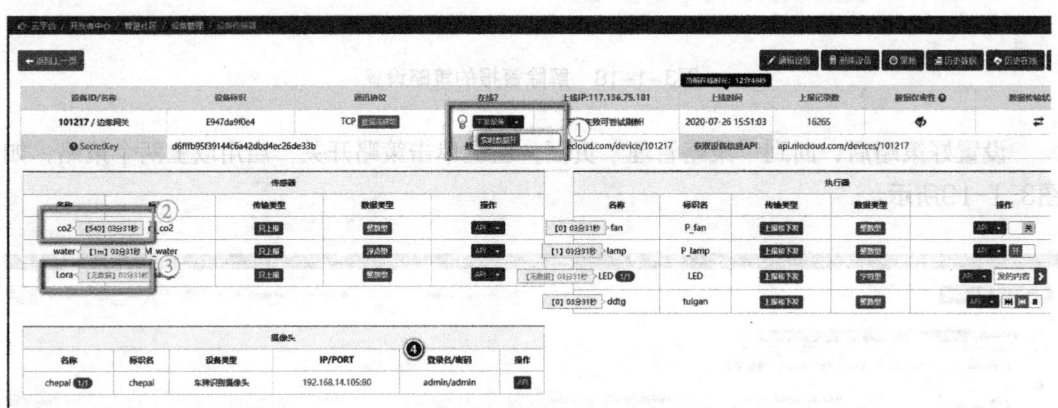

图3-1-21　监控实时传感数据

（3）查询历史数据

通过单击设备传感器界面右上角“历史在线”及“历史数据”可以查询设备历史在线情况及各传感器的历史数据，如图3-1-22所示。

图3-1-22　历史在线与历史数据

历史在线情况包含设备名、设备标识、状态、上下线时间、通信协议、连接的服务、连接的服务端口、上下线IP、上下线地区、下线类型及在线时长等信息。重点要关注下线类型，对于异常退出及超时退出情况需要进行记录，如图3-1-23所示。

记录ID	设备名	设备标识	状态	上下线时间	通信协议	连接的服务	连接的服务端口	上下线IP	上下线地区	下线类型	在线时长(分)	备注	记录时间
5999051	边缘网关	E947da9f0e4	离线	2020-07-26 16:28:09	TCP	TCP设备接入服务	8800	117.136.75.181		正常退出	37.1		2020-07-26 16:28:09
5999011	边缘网关	E947da9f0e4	上线	2020-07-26 15:51:03	TCP	TCP设备接入服务	8800	117.136.75.181	福建福州市		0		2020-07-26 15:51:03
5998925	边缘网关	E947da9f0e4	离线	2020-07-26 15:22:03	TCP	TCP设备接入服务	8800	27.155.166.45		正常退出 ①	55.2		2020-07-26 15:22:03
5998829	边缘网关	E947da9f0e4	上线	2020-07-26 14:26:48	TCP	TCP设备接入服务	8800	27.155.166.45	福建福州市		0		2020-07-26 14:26:49
5949160	边缘网关	E947da9f0e4	离线	2020-07-16 14:28:54	TCP	TCP设备接入服务	8600	112.111.49.29		异常退出 ②	0.9		2020-07-16 14:28:54
5949155	边缘网关	E947da9f0e4	上线	2020-07-16 14:28:00	TCP	TCP设备接入服务	8600	112.111.49.29	福建福州市		0		2020-07-16 14:28:01
5948962	边缘网关	E947da9f0e4	离线	2020-07-16 13:56:51	TCP	TCP设备接入服务	8600	112.111.49.29		超时退出 ③	11.4		2020-07-16 13:56:51
5948807	边缘网关	E947da9f0e4	上线	2020-07-16 13:45:24	TCP	TCP设备接入服务	8600	112.111.49.29	福建福州市		0		2020-07-16 13:45:24
5948712	边缘网关	E947da9f0e4	离线	2020-07-16 13:36:31	TCP	TCP设备接入服务	8600	112.111.49.29		正常退出	11.6		2020-07-16 13:36:31
5948634	边缘网关	E947da9f0e4	上线	2020-07-16 13:24:58	TCP	TCP设备接入服务	8600	112.111.49.29	福建福州市		0		2020-07-16 13:24:58
5948455	边缘网关	E947da9f0e4	离线	2020-07-16 12:56:47	TCP	TCP设备接入服务	8600	112.111.49.29		正常退出	5.4		2020-07-16 12:56:47
5948424	边缘网关	E947da9f0e4	上线	2020-07-16 12:51:26	TCP	TCP设备接入服务	8600	112.111.49.29	福建福州市		0		2020-07-16 12:51:26
5948423	边缘网关	E947da9f0e4	离线	2020-07-16 12:51:25	TCP	TCP设备接入服务	8600	112.111.49.29		正常退出	0.5		2020-07-16 12:51:25
5948420	边缘网关	E947da9f0e4	上线	2020-07-16 12:50:53	TCP	TCP设备接入服务	8600	112.111.49.29	福建福州市		0		2020-07-16 12:50:53
5948363	边缘网关	E947da9f0e4	离线	2020-07-16 12:41:42	TCP	TCP设备接入服务	8600	112.111.49.29		异常退出	0.3		2020-07-16 12:41:42

图3-1-23　设备历史在线情况

历史数据包括传感ID、传感名称、传感标识名及传感值等信息，由于物联网系统的传感信息收发比较频繁，可以根据需要采用三种方式查询：默认方式查询，这种方式按时间排序；选择指定的传感器进行查询；指定时间段进行查询，如图3-1-24所示。

记录ID	记录时间	传感ID	传感名称	传感标识名	传感值/单位	设备标识
1372538267	2020-07-26 16:24:08	500807	ddtg	tuigan	0	E947da9f0e4
1372538266	2020-07-26 16:24:08	487231	fan	P_fan	0	E947da9f0e4
1372538265	2020-07-26 16:24:08	499013	Lora	guangz	100	E947da9f0e4
1372538264	2020-07-26 16:24:08	493886	water	M_water	1 m	E947da9f0e4
1372538263	2020-07-26 16:24:08	487234	co2	m_co2	540	E947da9f0e4
1372538235	2020-07-26 16:24:05	500807	ddtg	tuigan	0	E947da9f0e4
1372538234	2020-07-26 16:24:05	487231	fan	P_fan	0	E947da9f0e4
1372538233	2020-07-26 16:24:05	499013	Lora	guangz	100	E947da9f0e4
1372538232	2020-07-26 16:24:05	493886	water	M_water	1 m	E947da9f0e4
1372538231	2020-07-26 16:24:05	487234	co2	m_co2	540	E947da9f0e4
1372538219	2020-07-26 16:24:02	500807	ddtg	tuigan	0	E947da9f0e4
1372538218	2020-07-26 16:24:02	487231	fan	P_fan	0	E947da9f0e4
1372538217	2020-07-26 16:24:02	499013	Lora	guangz	100	E947da9f0e4
1372538216	2020-07-26 16:24:02	493886	water	M_water	1 m	E947da9f0e4
1372538215	2020-07-26 16:24:02	487234	co2	m_co2	540	E947da9f0e4

图3-1-24　查询历史数据

2. 远程监控设备

在网络通畅的情况下，部分设备可以通过远程访问设备进行配置及监控设备工作情况。访问的方式有两类，一类可以通过IP进行Web访问，另一类需要通过专用软件进行访问。以D_LINK与PLC为例，D_LINK可以通过IP进行Web访问，PLC设备则需要通过CX-P.exe进行连接。

（1）远程监控D_LINK

通过IP访问D_LINK，可以查看D_LINK的设备联网情况、在线设备情况及系统信息，如图3-1-25所示。

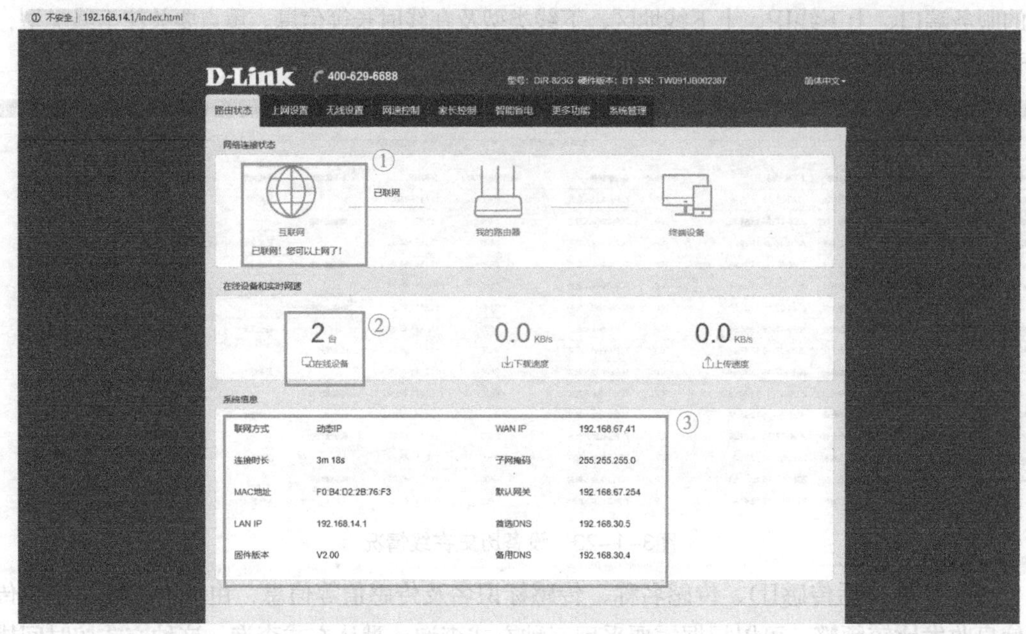

图3-1-25　Web访问设备

（2）远程监控OMRON CP2E

OMRON CP2E监控界面以梯形图的形式远程查看设备内部程序执行情况，如图3-1-26所示。①表示输入端口情况；②表示输出00口截止；③表示输出01口导通。出现错误时，可查看错误日志。

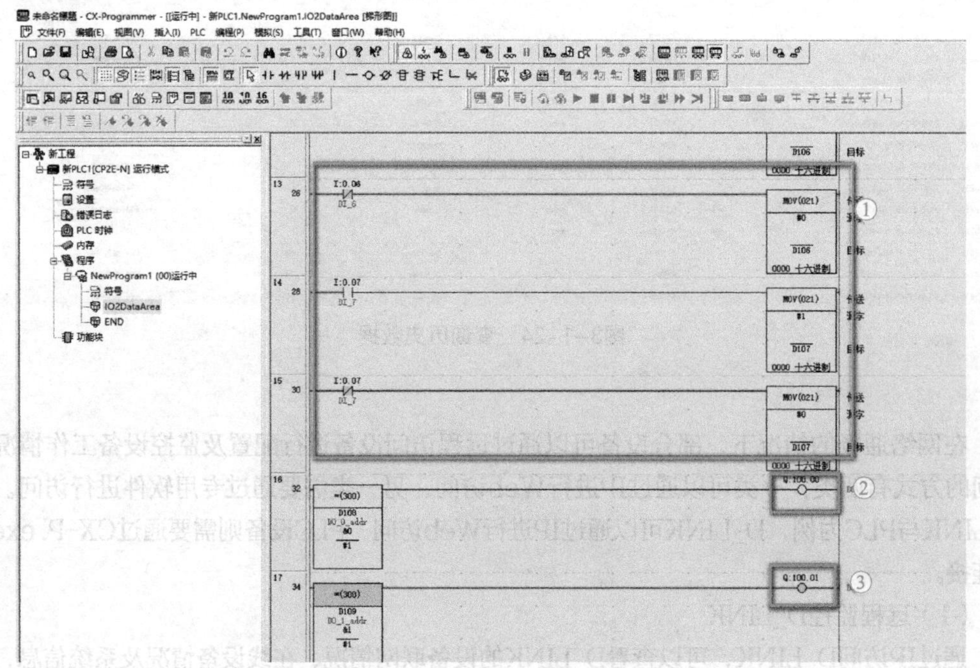

图3-1-26　设备运行监控界面

四、现场巡检设备

远程监控给设备运维带来诸多便利，但还不能完全替代现场巡检工作。现场巡检是检查设备安装的规范性、确认执行器响应指令以及设备硬件故障检测的重要手段。

（1）模拟检查设备安装情况

检查各设备安装是否牢固，传感器安装位置是否合理，设备外观是否破损，布线是否规范，安全隐患是否存在。

（2）确认执行器工作情况

操控执行器，查看执行器是否按要求完成动作。

（3）故障检测

如有故障，结合万用表、串口助手、厂商专用工具等进行检测，寻找故障点。

五、登记设备运维记录

结合设备远程监控及现场巡检，了解设备运行状况，如实登记设备运行记录表，见表3-1-6。

表3-1-6　设备运行记录表

合同名称：车库环境系统项目　　　　编号：*CKHJXT-2020-CK-01*

序号	日期	时间	设备名称	位置	编号	设备运行情况	记录人	故障申报情况
1			物联网网关	机房	*CKHJXT-2020-jf-001*	当前状态：□正常 □故障 □未知 设备详情：		
2			路由器	机房	*CKHJXT-2020-jf-002*	当前状态：□正常 □故障 □未知 设备详情：		
3			OMRON CP2E	监控室	*CKHJXT-2020-jks-001*	当前状态：□正常 □故障 □未知 设备详情：		
4			报警灯	监控室	*CKHJXT-2020-jks-002*	当前状态：□正常 □故障 □未知 设备详情：		
5			485中继器	车库	*CKHJXT-2020-ck-001*	当前状态：□正常 □故障 □未知 设备详情：		
6			ADAM-4017+	车库	*CKHJXT-2020-ck-002*	当前状态：□正常 □故障 □未知 设备详情：		
7			485型二氧化碳传感器	车库	*CKHJXT-2020-ck-003*	当前状态：□正常 □故障 □未知 设备详情：		
8			NS模拟传感器	车库	*CKHJXT-2020-ck-004*	当前状态：□正常 □故障 □未知 设备详情：		

任务检查与评价

完成任务实施后，进行任务检查与评价，具体检查评价单见表3-1-7。

表3-1-7 任务检查评价单

项目名称		智能车库设备的运行与维护			
任务名称		车库环境系统设备的运行监控			
评价方式		可采用自评、互评、老师评价等方式			
说　明		主要评价学生在项目学习过程中的操作技能、理论知识、学习态度、课堂表现、学习能力等			
序号	评价内容	评价标准		分值	得分
1	专业技能（60%）	安装与连线系统（15%）	设备安装牢固、布局合理（10分）	15分	
			设备连线正确（5分）		
2		部署系统（10%）	环境云配置正确（5分）	15分	
			物联网网关配置正确（5分）		
			云平台数据获取及策略配置正确（5分）		
3		远程监控设备运行（15%）	正确使用云平台监控（5分）	15分	
			正确使用工具对设备进行监控（10分）		
4		现场巡检设备（10%）	完成设备安装情况检查（5分）	10分	
			完成执行器功能检查（5分）		
5		登记设备运维记录（5%）	如实填写设备运维记录（5分）	5分	
6	核心素养（20%）	具有良好的自主学习能力（10分）		20分	
		具有分析解决问题的能力（10分）			
7	课堂纪律（20%）	设备无损坏、设备摆放整齐、工位区域内保持整洁、不干扰课堂秩序（20分）		20分	
总得分					

任务小结

通过车库环境系统设备的运行监控任务，读者可了解设备运行监控的基本内容与方式，强化设备安装与接线的技能，初步了解云平台的项目与设备添加过程、策略设置方法及数据查询方法。

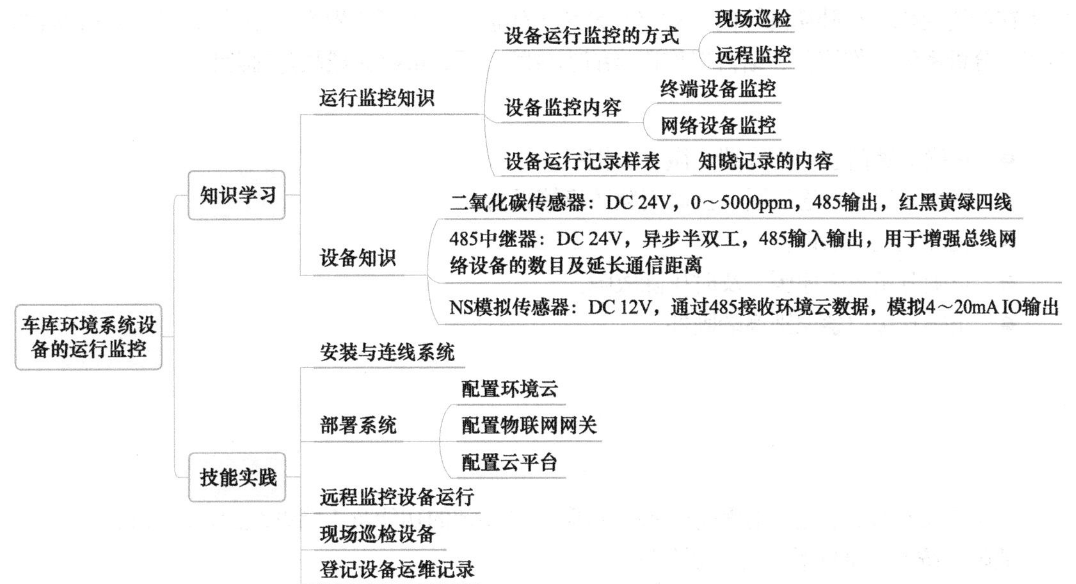

任务拓展

本任务仅对二氧化碳超标及水位超限进行预警，但在真实情景下除了发出警报外还需要启动相关设备自动处理问题，如开启排气扇加大通风以降低二氧化碳浓度，开启排水泵进行排水以降低水位。请在原有系统基础上优化系统功能，用风扇模拟排气，小灯模拟排水泵，添加警报自动处理功能（提示：可在PLC输出端添加设备，并在云平台配置相关策略）。

任务2 智能停车门禁系统的故障维护

职业能力

- 根据设备说明文档，正确配置门禁识别终端及微卡口相机。
- 能根据拓扑图及连线图正确安装及连接设备。
- 能根据项目要求，正确配置物联网网关及云平台。
- 能根据设备故障现象，准确查询相应的设备信息和配置信息，分析、恢复设备配置参数。
- 能检测通信设备的供电和数据信号，分析故障原因，及时排除故障。
- 能根据售后服务要求，维护与升级设备的固件。

任务描述与要求

任务描述

小陆被公司指派到故障维护部门，从事系统故障维护工作。系统运维监控人员上报了设备不在线的故障，小陆初到部门，对整个系统工作运行状态还不熟悉，小陆通过模拟简化版的系统，分析系统工作流程、结合操作逐步缩小故障范围，最终完成故障排除任务。

任务要求

- 正确配置门禁识别终端及微卡口相机。
- 根据布局图及连线图，正确安装及连接设备。
- 正确配置网络设备。
- 正确分析故障原因，及时排除故障。
- 正确升级门禁识别终端固件。

知识储备

1．故障定义与分类

故障定义：设备在运行过程中，丧失或降低其规定的功能及不能继续运行的现象。

故障可按不同维度进行类型划分等。

1）按工作状态划分：间歇性故障、永久性故障等。

2）按发生时间划分：早发性故障、突发性故障、渐进性故障、复合性故障等。

3）按产生的原因划分：人为故障、自然故障等。

4）按表现形式划分：物理故障、逻辑故障等。

5）按严重程度划分：致命故障、严重故障、一般故障、轻度故障等。

6）按单元功能类别划分：通信故障、硬件故障、软件故障等。

2．常见物联网设备故障及原因

（1）传感器不能发送数据

常见故障原因：SIM卡欠费、电源断路、信号线断路、信号干扰、网络攻击、设备损坏等。

（2）传感器数据发送不稳定

常见故障原因：供电不稳或不足、信号干扰、信号传输不稳定、信号线接触不良等。

（3）物联网终端无法与传感器通信

常见故障原因：终端程序故障、终端参数配置错误、传感器地址与终端不匹配、多传感器地址冲突、信号线缆松动或接线错误、终端与传感器通信距离超限等。

（4）物联网终端无法与网关通信或无法发送数据到数据中心

常见故障原因：终端程序故障、终端参数配置错误、终端通信模块故障、终端SIM卡欠费、终端通信线缆故障、终端供电故障、终端与网关通信距离超限等。

（5）物联网网关不能连接感知设备或物联网终端

常见故障原因：网关配置错误、网关供电故障、信号接线松动或错误等。

（6）交换机不转发数据

常见故障原因：交换机供电故障、VLAN配置错误、ACL配置错误、网络形成环路、端口损坏、网线故障、光模块损坏、光纤故障等。

（7）路由器不转发数据

常见故障原因：路由器供电故障、路由配置错误、地址错误、流量过载、规则设置错误、端口损坏、网线故障、光模块损坏、光纤故障等。

（8）服务器不能正常开机

常见故障原因：主板故障、硬盘故障、内存金手指氧化或松动、显卡故障、与其他插卡冲突、操作系统故障、电源或电源模组故障、电源线故障等。

（9）服务器不能与交换机或路由器通信

常见故障原因：网线松动、网卡故障、服务器地址配置错误、网络攻击等。

3．常用故障分析和查找的方法

设备故障分析、查找的方法多种多样，运维过程中几种常用的方法如下。

（1）仪器测试法

借助各种仪器仪表测量各种参数，以便分析故障原因。例如，使用万用表测量设备电阻、电压、电流判断设备是否硬件故障，利用Wi-Fi信号检测软件检测设备Wi-Fi通信网络故障原因。

（2）替代法

怀疑某个设备/器件故障，而其有备品/备件时，可以替换试验，查看故障是否恢复。

（3）直接检查法

在了解故障原因或根据经验针对出现概率高的故障，或一些特殊故障，可以直接检查怀疑的故障点。

（4）分析缩减法

根据系统的工作原理及设备之间的关系，结合故障进行分析，减少测量、检查等环节，迅速判断故障发生的范围。

4．设备故障排查记录表样表

故障排查人员接收到系统运维监控人员提交的异常情况，就相应的故障描述对系统进行排查与处理，并及时填写故障排查记录表，收集系统故障及解决方案，为故障维护工作累积资料。一般设备故障排查记录应包含故障描述、故障原因及处理详情、排查时间、排查人员等内容，如图3-2-1所示。

设备故障排查记录表

合同名称：智慧科技园项目　　　　**编号：*ZHKJY-2020-GZPC-01***

序号	故障描述	故障原因及处理详情	排查时间	排查人员
1	（1）故障现象：应用系统显示ZHMKJY-1HL-XF-YWBJ-0309编号Wi-Fi烟雾探测器离线，其余同楼层烟雾探测器正常。 （2）设备位置：科技园1号楼3层第9个烟雾报警器	故障原因：元器件虚焊 处理措施：使用电烙铁重新焊接虚焊的电阻	××××.××.×× 15:00	×××
2	……	……	……	……

图3-2-1　设备故障排查记录表样表

5．设备简介

（1）门禁识别终端

门禁识别终端是一款高性能、高可靠性的人脸识别类门禁产品。把人脸识别技术完美地融合到门禁产品中，依托深度学习算法，支持刷脸核验开门，实现人员的精确控制。外来人员可呼叫住户室内机远程开门。该设备具备高识别率、大库容、识别快等特点，可广泛应用于智慧小区、公安、园区等楼宇系统中。门禁识别终端简况及安装方法见表3-2-1。

表3-2-1　门禁识别终端简况及安装方法

设备名称	设备简况
门禁识别终端	
	电源：DC 12V 接口：100M网络接口×1、韦根输出×1、韦根输入×1、RS485×1、告警输入×2、I/O输出 ×1、音频输入×1、音频输出×1、USB×1 人脸识别率：>99% 人脸识别距离：0.3m～3.2m 人脸库容：最高50000，可选 屏幕尺寸及分辨率：触摸屏，7英寸，600×1024 工作环境：-30℃～60℃
安装方法	
	1．将背板卸下，用M4螺钉通过背板上的固定孔位将背板固定于墙体或面板上 2．将门禁识别终端挂在背板上，并将下方的两个螺钉旋紧，固定

（2）微卡口相机

本任务采用的微卡口相机是一款200万像素的工业摄像机，低照度光学感应器，适合于低照度环境车辆抓拍及识别应用，自动增益、自动白平衡、宽动态处理，适应于复杂光照条件环境。先进的 H.265编码算法，压缩效率更高。微卡口相机简况及安装方法见表3-2-2。

表3-2-2　微卡口相机简况及安装方法

设备名称	设备简况
微卡口相机	
	电源：12V电源适配器 图片分辨率：1920×1080 通信接口：网口 识别速度：0.1s极速识别 车辆捕获率：≥99.5% 车牌识别率：≥99.8% 工作温度：-40℃～70℃
安装方法	
	通过底座的四个孔位将设备固定在墙体或者支架上

（3）LED屏

本任务采用的显示屏是一款LED点阵图文显示屏，由发光二极管组成的点阵显示模块，适于播放文字、图像信息。LED屏具有存储及自动播放的能力，编辑好的文字通过串口传入LED屏，然后由LED屏脱机自动播放。LED屏简况见表3-2-3。

表3-2-3　LED屏简况

设备名称	设备简况
LED屏	
	电源：AC 220V 通信接口：串口 16×80点阵

（4）交换机

交换机从网桥发展而来，属于OSI第二层即数据链路层设备。它根据MAC地址寻址。交换机最大的好处是快速，由于交换机只需识别帧中MAC地址，直接根据MAC地址产生的选择转发端口算法简单，便于ASIC实现，因此转发速度极高。交换机简况及安装方法见表3-2-4。

表3-2-4　交换机简况及安装方法

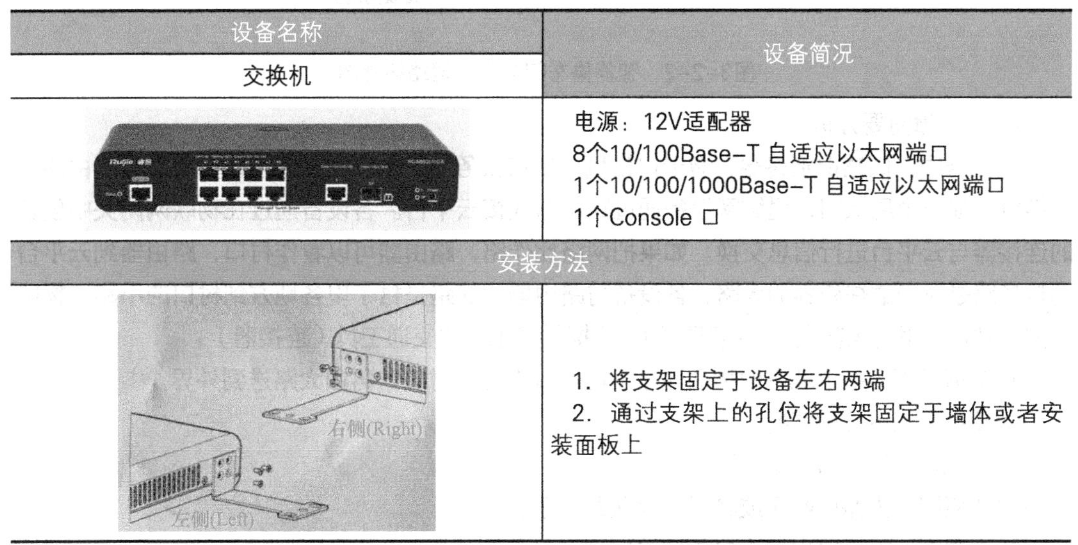

设备名称	设备简况
交换机	
	电源：12V适配器 8个10/100Base-T 自适应以太网端口 1个10/100/1000Base-T 自适应以太网端口 1个Console 口
安装方法	
右侧(Right) 左侧(Left)	1. 将支架固定于设备左右两端 2. 通过支架上的孔位将支架固定于墙体或者安装面板上

任务计划与决策

1. 任务分析

通过远程监控发现系统运行异常，系统出现故障。故障的排除应先动脑后动手，排除过程应分析、检测、判断循环进行，逐步缩小故障范围。软件及通信故障主要由于配置被篡改、运行出错、部分服务未启动等原因造成。

（1）网络拓扑分析

要了解故障，首先要知道系统正常情况下的运行状态，具备什么样的功能。智能停车门禁系统位于车库入口，通过门禁识别终端（人脸识别）判别进入车库的是否为已登记人员。在云服务器上设置策略：输入相关车牌号，当微卡口相机识别的车牌号与云上车牌号吻合，LED屏显示车牌号。智能停车门禁系统网络拓扑图如图3-2-2所示。

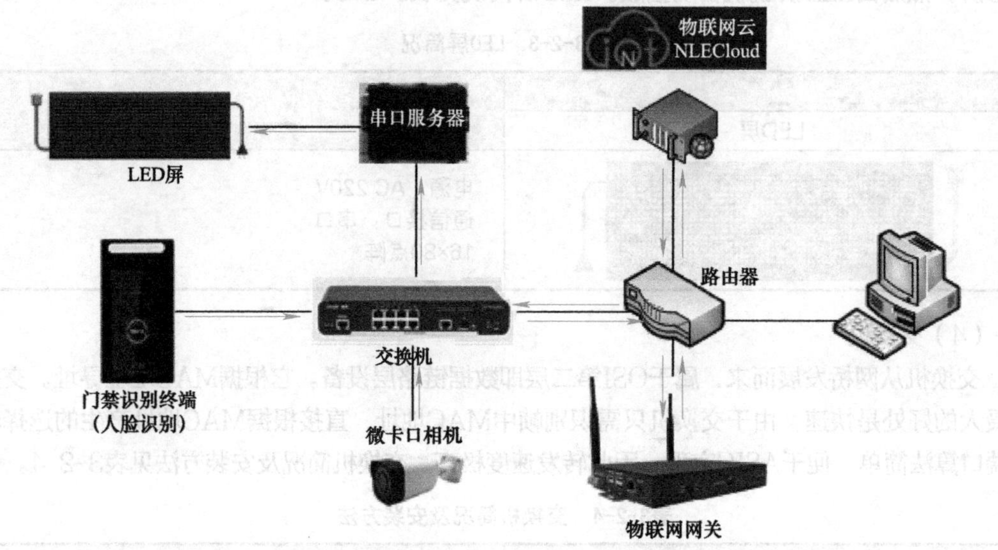

图3-2-2　智能停车门禁系统网络拓扑图

（2）故障简要分析

本任务中，门禁识别终端、微卡口相机、串口服务器、物联网网关与计算机通过路由器、交换机组成一个局域网，局域网设备通过路由器连接云平台。各设备通过在物联网网关中创建的连接器与云平台进行信息交换。如果把网络比作路，路由器可以看作村口，路由器到云平台的这条路是村子通往外界的大路，各设备与路由器间的路是村子里各地方到村口的小路。物联网网关则是村里的运输大队，给不同的设备提供了相应的交通工具（连接器）。

正常情况下，各个地方的物品通过交通工具先送到村口，再由大路送到外界。

故障会有以下几种情况。

1）所有东西外界都收不到。

可能原因：大路中断了或者运输大队罢工了。

检测内容：检查路由器连接外网情况。

检查物联网网关配置及工作情况。

2）部分东西外界收不到。

可能原因：东西不生产了、小路断了或者交通工具问题。

检测内容：检查传感设备是否正常工作。

检查设备网络设置是否正确。

检查物联网网关相应连接器配置是否正确。

2. 制订计划

根据所学相关知识，请制订完成本次任务的实施计划，见表3-2-5。

表3-2-5 任务计划

项目名称	智能车库设备的运行与维护
任务名称	智能停车门禁系统的故障维护
计划方式	自行设计
计划要求	用8个以内的计划步骤来完整描述出如何完成本次任务
序 号	任务计划
1	
2	
3	
4	
5	
6	
7	
8	

3. 设备与资源准备

任务实施前必须先准备好以下设备与资源，见表3-2-6。

表3-2-6 资源与设备

序号	设备/资源名称	数量	是否准备到位（√）
1	D-LINK	1	
2	物联网网关	1	
3	交换机	1	
4	门禁识别终端	1	
5	微卡口相机	1	
6	串口服务器	1	
7	LED屏	1	
8	设备说明文档	1	
9	安装工具	1套	
10	安装耗材	若干	

任务实施

要完成本次任务，将实施步骤分成以下5步：

- 配置自动识别设备。
- 安装与连线系统。
- 部署系统。
- 分析与排除故障。
- 填写故障排查记录。

具体实施步骤如下。

一、配置自动识别设备

参照表3-2-7对各设备IP做个规划，各设备IP按表统一配置。

表3-2-7 设备IP及网关

设备名称	IP	网关
路由器	192.168.14.1	
物联网网关	192.168.14.100	192.168.14.1
门禁识别终端	192.168.14.110	192.168.14.1
微卡口相机	192.168.14.120	192.168.14.1
串口服务器	192.168.14.200	192.168.14.1
PC	自动获取	192.168.14.1

1. 配置门禁识别终端

门禁识别终端初始IP是DHCP自动获取，配置门禁识别终端主要包含设置IP、配置核验模版、添加人脸库及人脸数据等，具体步骤如下。

（1）连接设备并启动

将PC、门禁识别终端连在同一网络内，门禁识别终端通电显示密码配置界面，按提示配置系统密码“admin123456”，单击“确定”完成密码设置，如图3-2-3所示。

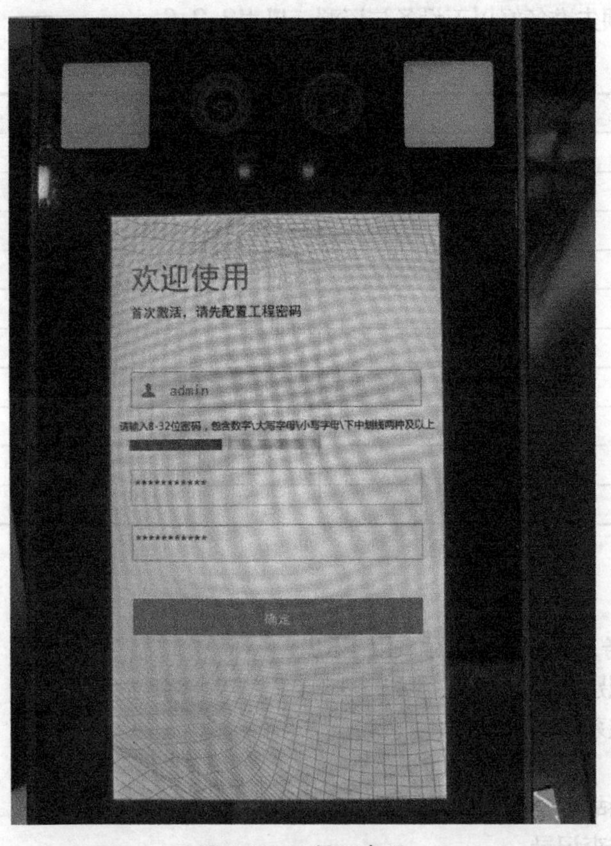

图3-2-3 设置密码

（2）通过IP访问门禁识别终端

门禁识别终端左下角会显示其IP，PC端打开浏览器，在地址栏输入门禁识别终端的IP，连接后会出现登录页面，用户名填“admin”，密码填写刚刚设置的密码

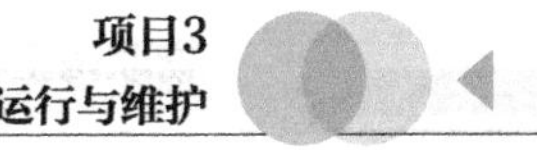

“admin123456”，单击“登录”按钮进入门禁识别终端Web页面。

（3）配置IP

选择“配置”选项卡，单击“常用”，选择“有线网口”，将“获取IP方式”设置成“静态地址”，“IP地址”设置成“192.168.14.110”，“子网掩码”设置成“255.255.255.0”，“默认网关”设置成“192.168.14.1”，单击“保存”，完成IP设置，如图3-2-4所示。

图3-2-4　设置IP

（4）添加核验模板

单击“智能监控”，选择“核验模板”，单击“添加”，添加一个名为“车库门禁”的模板，单击“车库门禁”，对模板进行配置。前两栏是时间段，第三栏是核验的内容，在第三栏，选择“人脸白名单”。若要每天都按同一模板比对，在“全选”前面打勾，单击“复制”，即可将刚刚的设置复制到每一天，单击“保存”，完成核验模板配置，如图3-2-5所示。

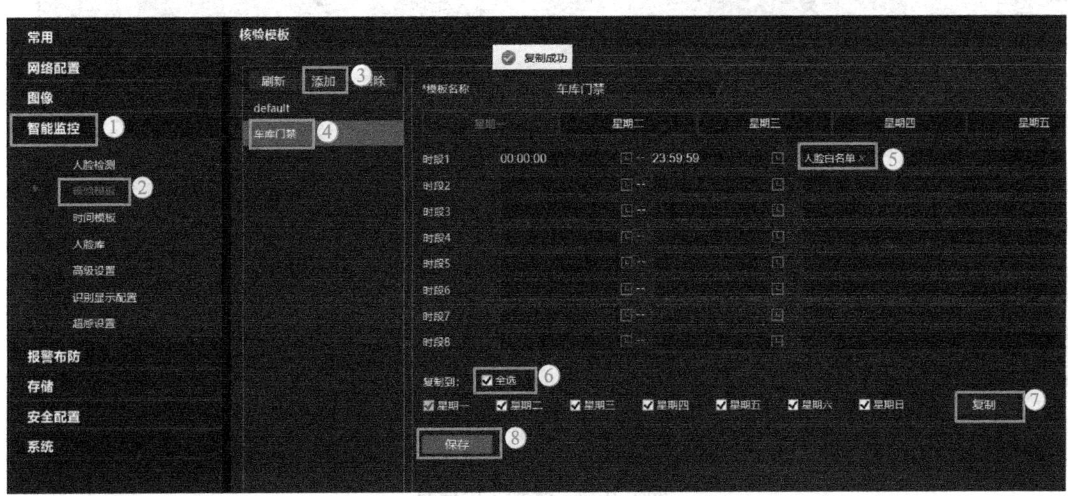

图3-2-5　添加核验模板

（5）添加人脸库

单击“人脸库”，单击“人脸库”下方“添加”，出现“添加库”页面。“库名称”填“车主”，“核验模板”选择“车库门禁”，单击“确定”按钮，完成人脸库添加，如图3-2-6所示。

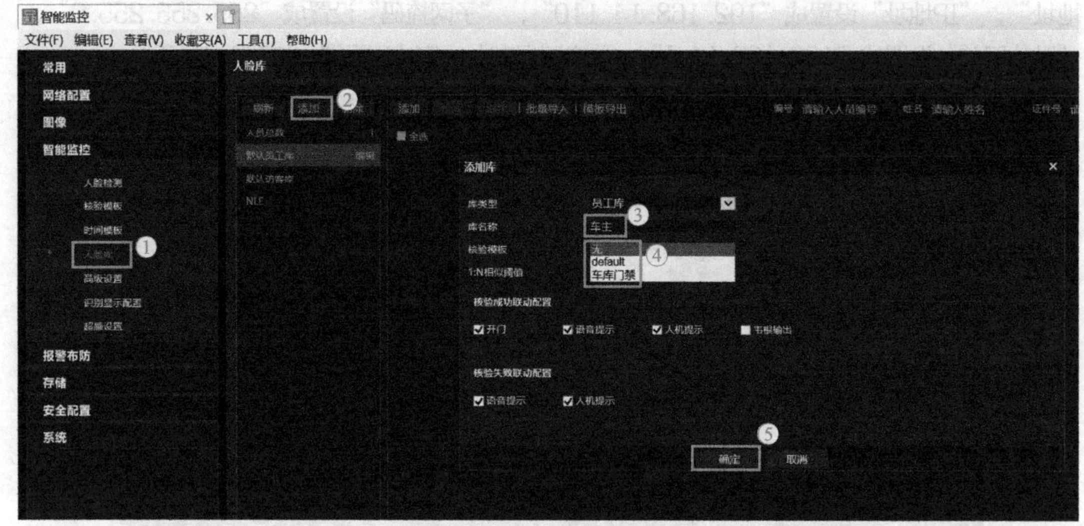

图3-2-6　添加人脸库

（6）添加人脸信息

在“人脸库”中选择“车主”，单击“添加”按钮，添加人脸信息。“基本信息”中编号与姓名为必填项，证件类型与号码可根据需要进行填写，“照片”栏中单击“本地上传”，将需要比对的人脸照片上传到门禁识别终端，注意图片格式与大小需要满足系统要求，如图3-2-7所示。

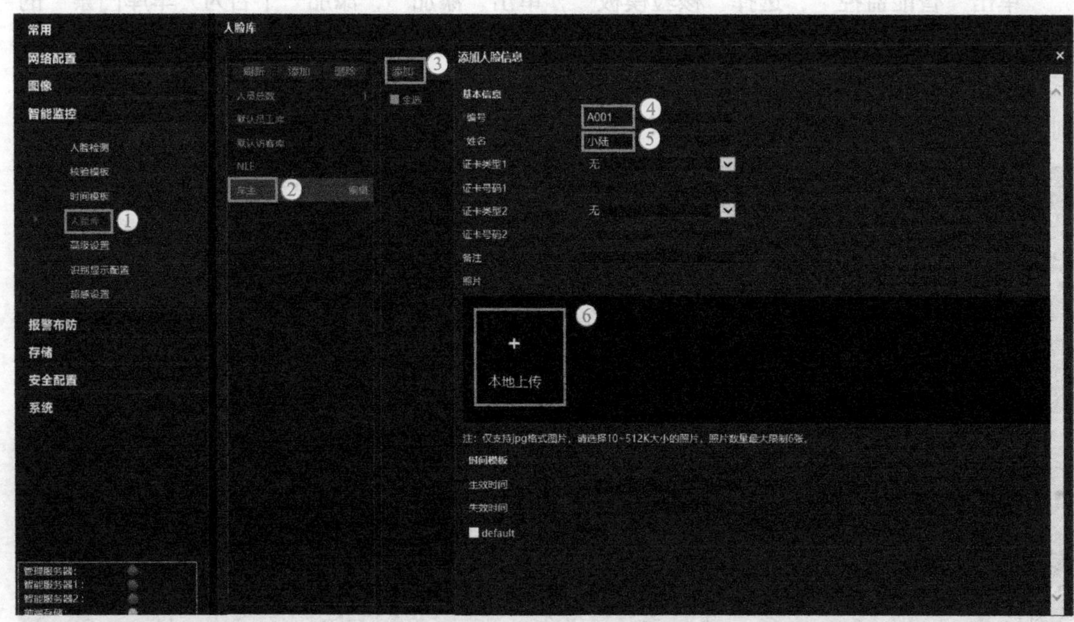

图3-2-7　添加人脸信息

（7）设置服务器

单击“系统”，选择“服务器”，单击“智能服务器”，“服务器地址”填入物联网网关IP（192.168.14.100），“服务器端口”设为“8887”，单击“保存”，完成服务器配置，如图3-2-8所示。

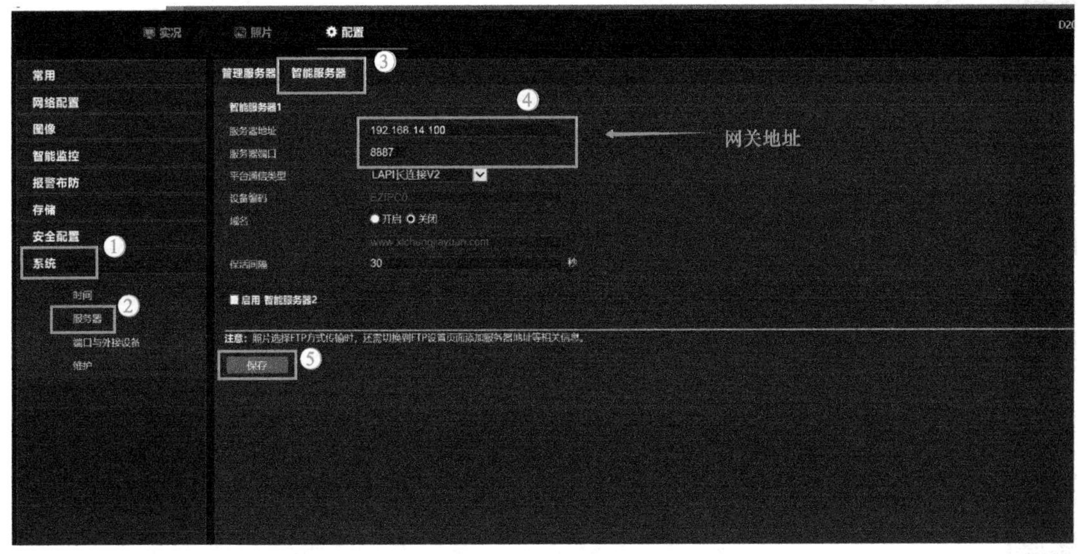

图3-2-8　设置服务器

2. 配置微卡口相机

微卡口相机的初始IP是DHCP自动获取，可以通过厂商的软件查询，默认账号“admin”，密码“admin”。配置主要包含设置IP及配置车牌检测区，具体步骤如下。

（1）查询IP

将微卡口相机与PC连在同一网络内。初次使用，可以借助IP扫描工具或者厂商的软件Guard Tools 2.0进行IP查询，若非初次使用，建议采用厂商软件直接读取IP，如图3-2-9所示。

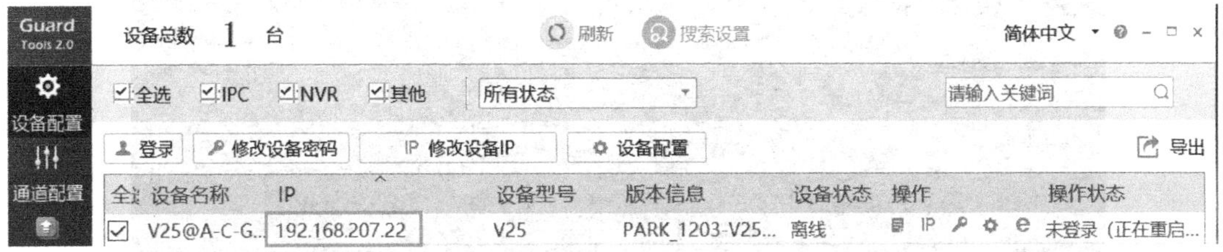

图3-2-9　查询IP

（2）修改IP

IP修改有两种方式，一种可以将PC端的IP改成与相机同网段，然后通过IP访问微卡口相机，进入微卡口相机网络配置页面进行修改。另一种方式可以通过厂商的软件Guard Tools 2.0进行修改。修改过程如下，选中设备，单击“修改设备IP”按钮，输入账号与密码登录后进入“修改设备IP”界面。根据网络规划，“新IP”填写“192.168.14.120”，“子网掩码”填写“255.255.255.0”，“网关”填“192.168.14.1”。单击“确定”完成IP修改，如图3-2-10所示。

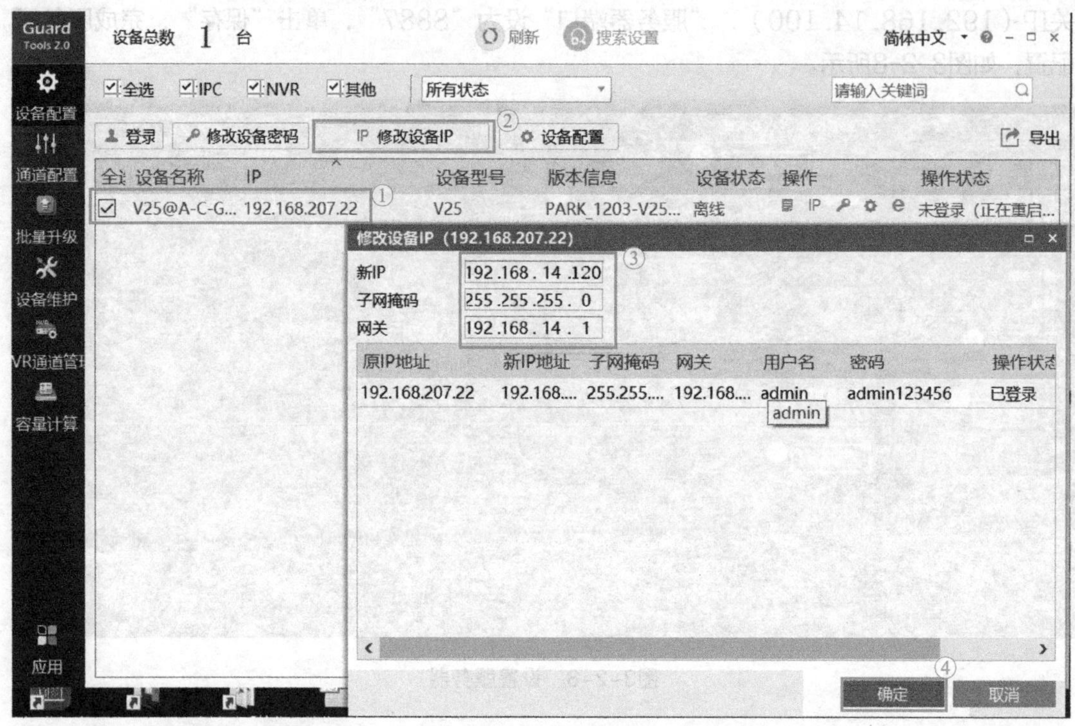

图3-2-10 修改IP

（3）登录微卡口相机

在浏览器地址栏输入微卡口相机IP，出现如图3-2-11所示的登录界面。输入用户名与密码（admin账户默认初始密码为admin）单击“登录”进入微卡口相机Web页面。

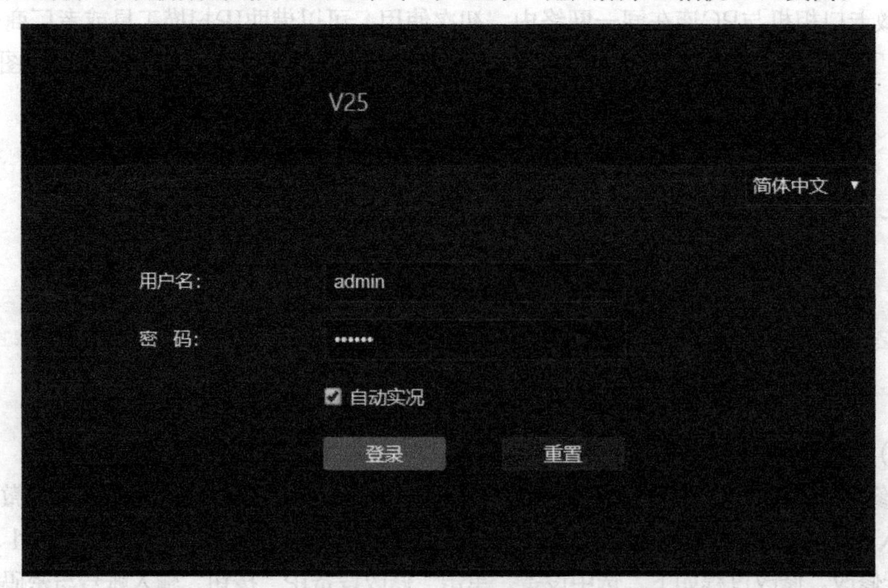

图3-2-11 登录界面

（4）测试识别效果

右下角的区域为功能设置区块，单击相关按钮可进行相应的功能配置。主显示区域为摄像头采集的图像。主显示区正下方记录采集到的过往车辆的信息。主显示区域右侧展示了识别的过程，拍下车辆图片→定位车牌→识别车牌，如图3-2-12所示。

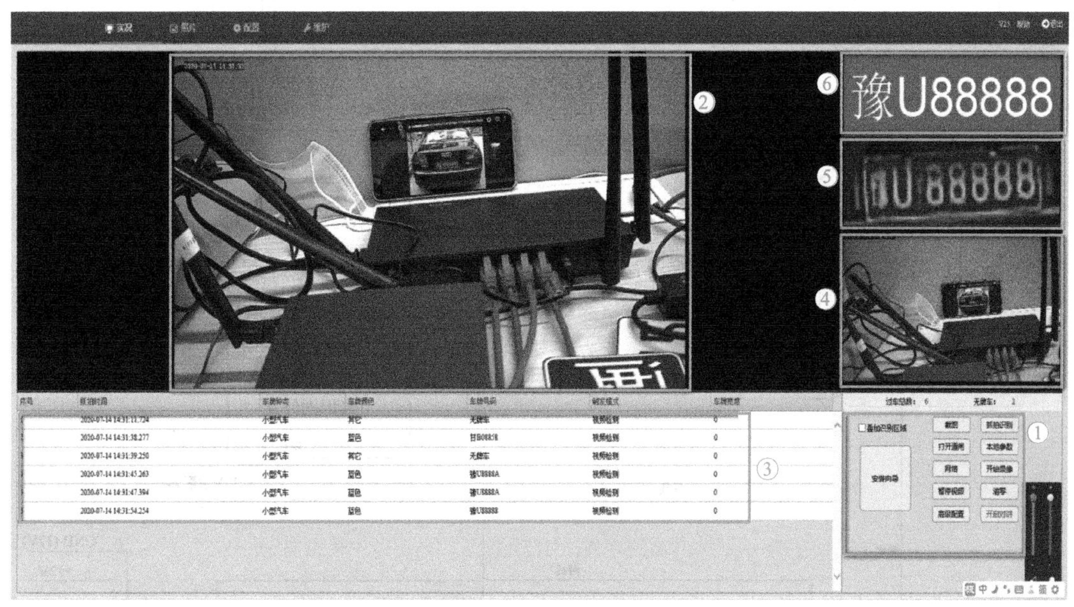

图3-2-12　测试车牌识别效果

二、安装与连线系统

1）参照图3-2-13所示停车门禁系统参考布局图安装设备。要求设备安装牢固，布局合理。

图3-2-13　停车门禁系统参考布局图

2）根据智能停车门禁系统连线图进行连线，如图3-2-14所示。

注意事项：电源大小及极性切勿接错。

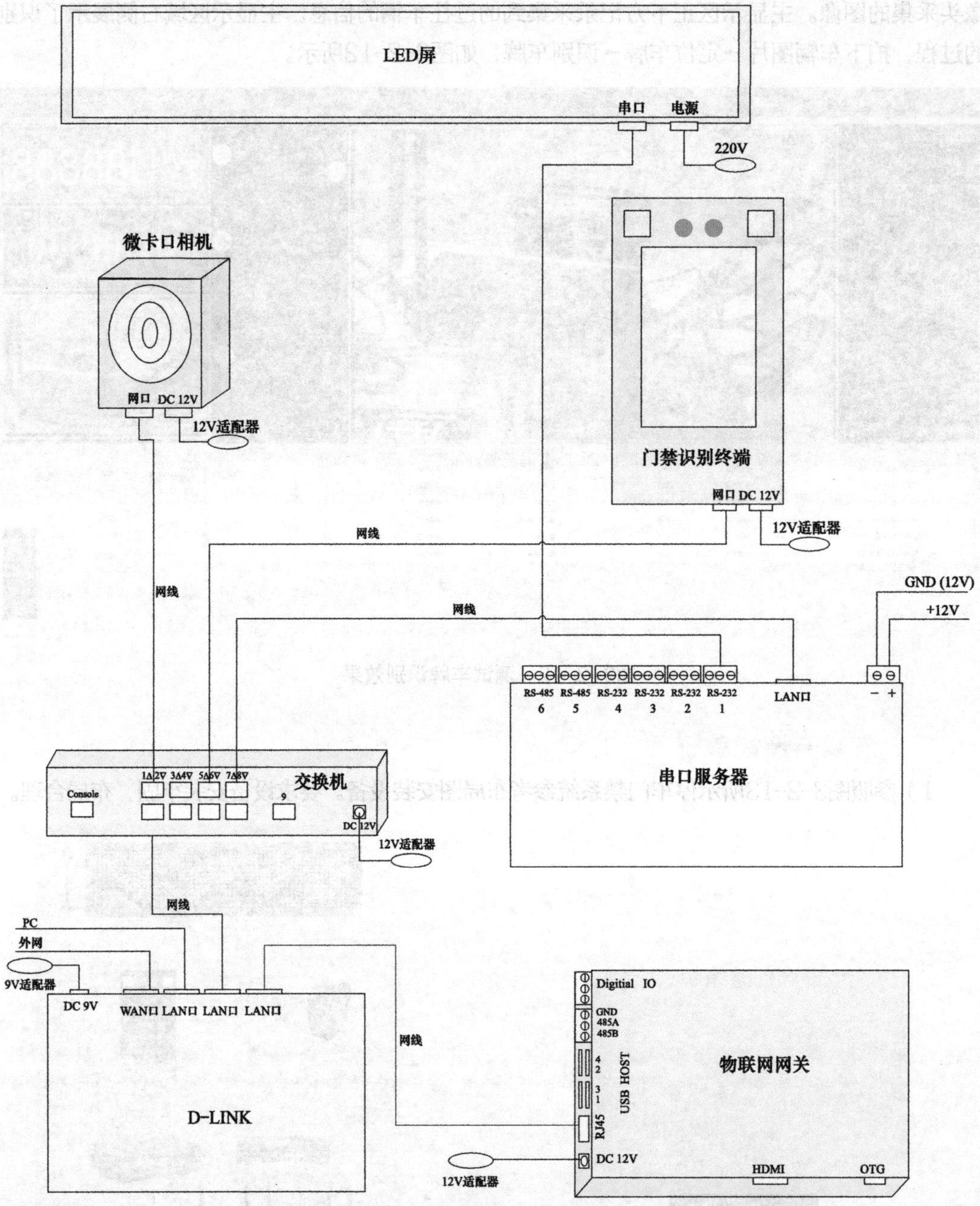

图3-2-14　智能停车门禁系统连线图

三、部署系统

1．配置物联网网关

在物联网网关中，需要配置与云平台的连接方式，添加人脸识别连接器、车牌识别连接器及LED显示连接器，并在相应的连接器下添加传感器。

（1）配置与云平台的连接方式

单击“设置连接方式”，单击cloudclient的编辑图标，如图3-2-15所示。

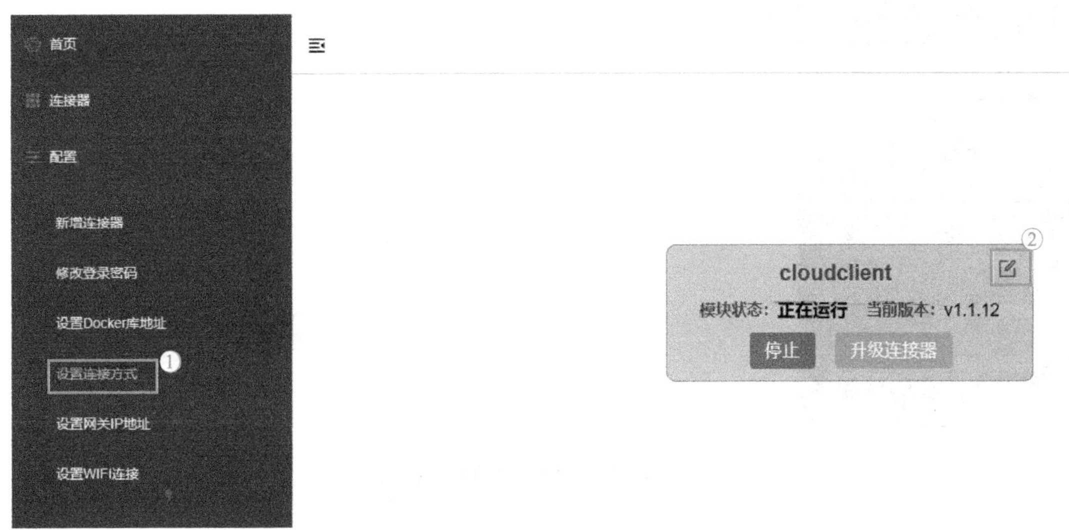

图3-2-15 单击编辑图标

进入“设置TCP连接参数”页面，IP设置为“192.168.68.222”，端口设置为“8600”，如图3-2-16所示。

图3-2-16 设置TCP连接参数

（2）添加人脸识别连接器

单击“新增连接器”，选择“网络设备”，“网络设备连接器名称”可自主填写（如

“face”），“网络设备连接器类型”选择“HAIDAI Face Recognizer”，“端口”填写“8887”，单击“确定”，完成人脸识别连接器的添加，如图3-2-17所示。

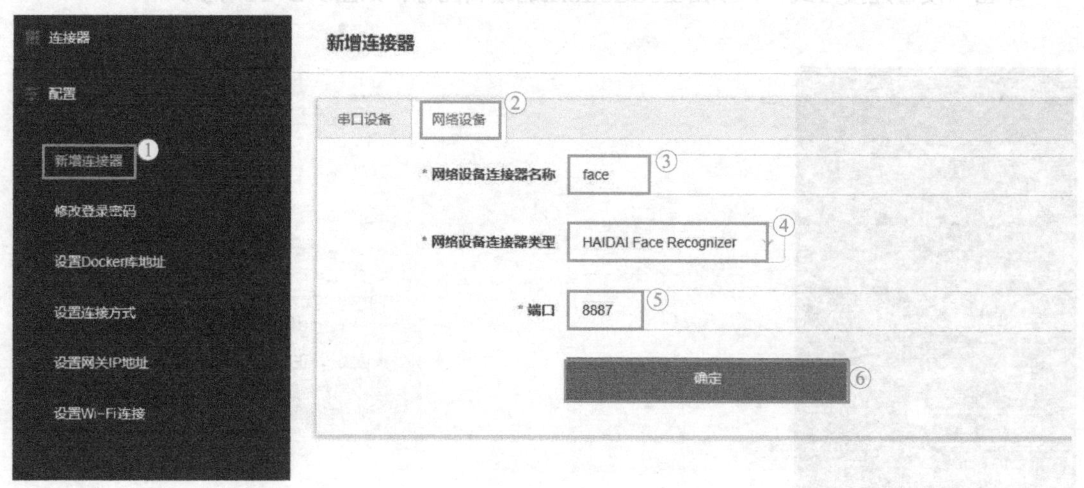

图3-2-17　添加人脸识别连接器

（3）添加车牌识别连接器

单击“新增连接器”，选择“网络设备”，“网络设备连接器名称”可自主填写（如“BRESEE_CAMERA”），“网络设备连接器类型”选择“HAIDAI BRESEE CAMERA”，单击“确定”，完成车牌识别连接器的添加，如图3-2-18所示。

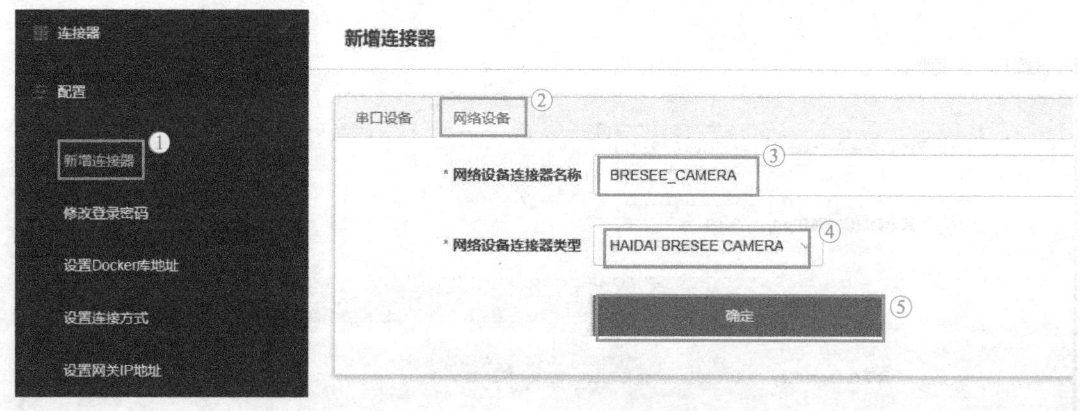

图3-2-18　添加车牌识别连接器

（4）添加LED显示连接器

单击“新增连接器”，选择“串口设备”，“设备接入方式”选择“串口服务器接入”，“连接器名称”可自主填写（如“LED”），“连接器设备类型”选择“LED Display”，“串口服务器IP”填“192.168.14.200”，端口根据具体连线位置填写“6001”，单击“确定”，完成LED显示连接器的添加，如图3-2-19所示。

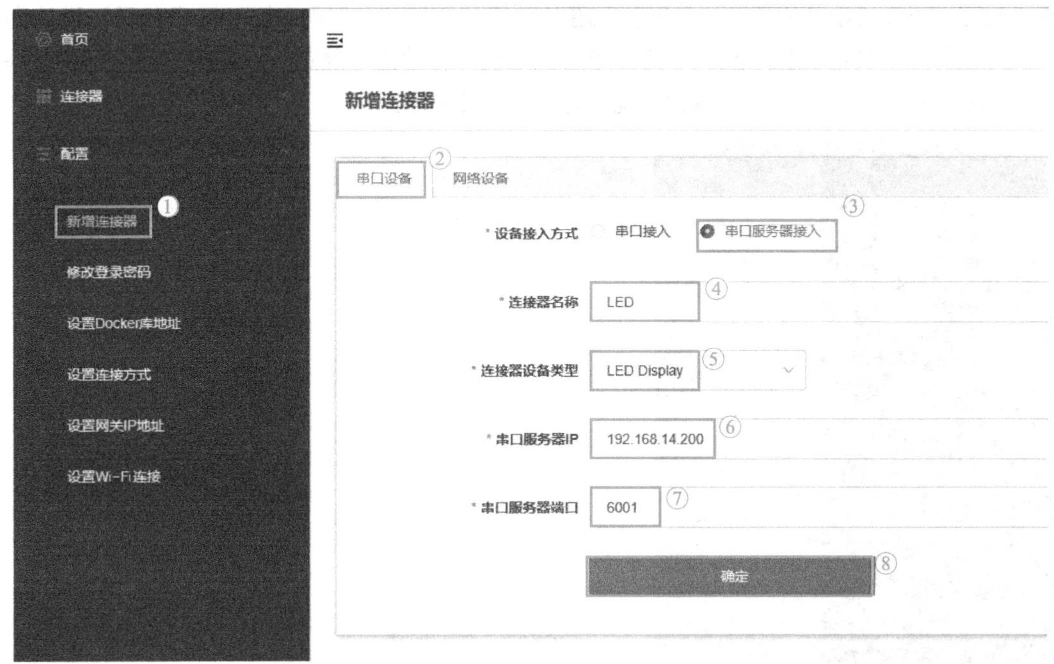

图3-2-19　添加LED显示连接器

（5）添加人脸识别设备

单击“face”连接器，单击“新增”，打开“新增”界面。“传感名称”可自主填写（如“人脸识别”），“标识名称”填“face”，“摄像头IP”填“192.168.14.110”，“摄像头端口”填“80”，“传感类型”默认“海带摄像头”，单击“确定”，完成人脸识别设备的添加，如图3-2-20所示。添加完成会出现人脸识别设备图标。

图3-2-20　添加人脸识别设备

（6）添加车牌识别设备

单击“BRESEE_CAMERA”连接器，单击“新增”，打开“新增”界面。“传感名称”可自主填写（如“车牌识别”），“标识名称”填“chepai”，“摄像头IP”

填“192.168.14.120”，“摄像头端口”填“80”，“用户名”与“密码”默认为“admin”，“传感类型”默认“海带车牌识别机”，单击“确定”，完成车牌识别设备添加，如图3-2-21所示。添加完成会出现车牌识别设备图标。

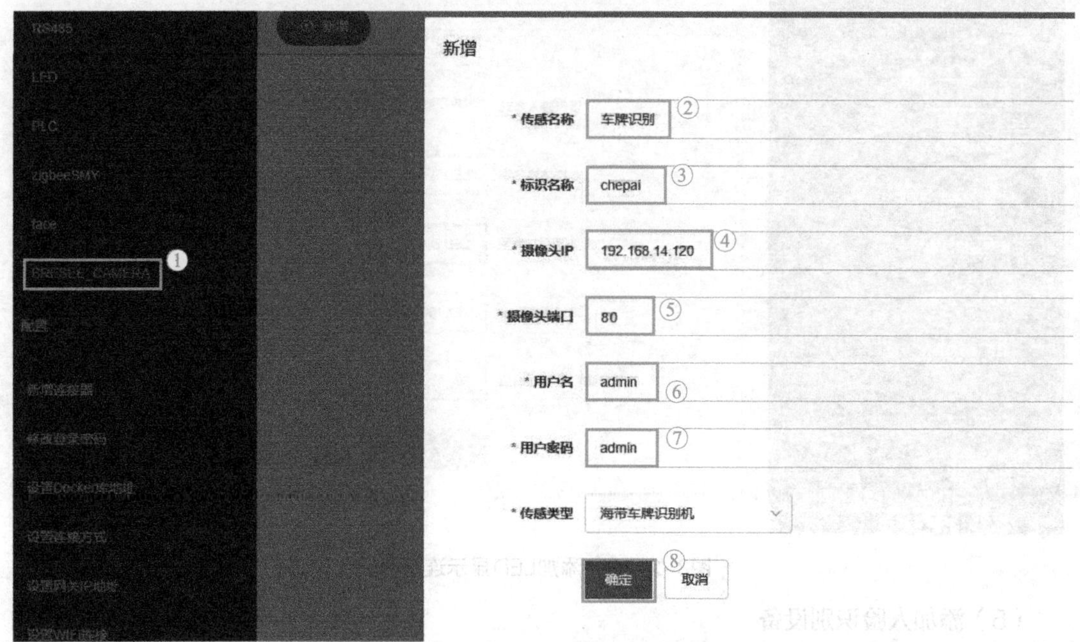

图3-2-21　添加车牌识别设备

（7）添加LED显示设备

单击“LED”连接器，单击“新增”，打开“新增”界面。“传感名称”可自主填写（如“LED”），“标识名称”填“LED”，“序列号”填“01”，“传感类型”默认“led”，单击“确定”，完成LED显示设备添加，如图3-2-22所示。添加完成会出现LED显示设备图标。

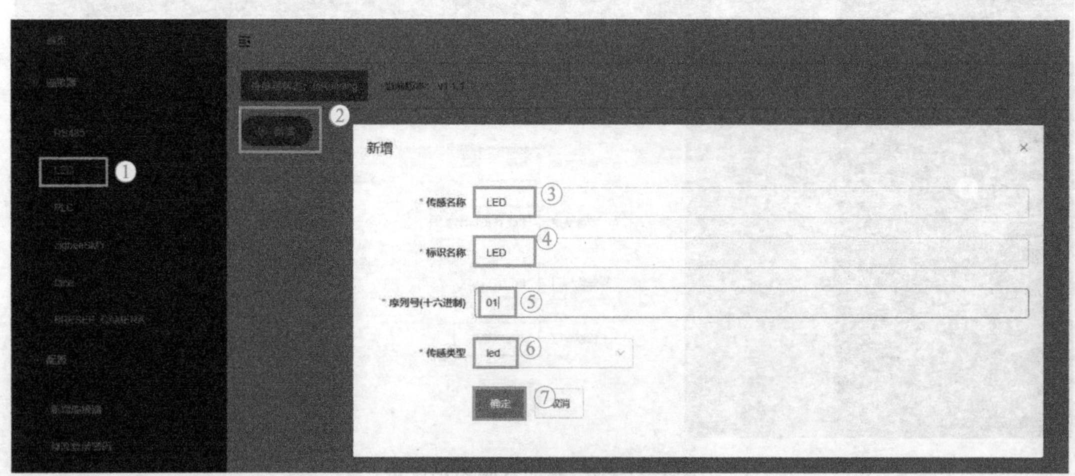

图3-2-22　添加LED显示设备

2. 配置云平台

云平台需要同步物联网网关的设备信息，并根据需求设置相应策略。

（1）云平台同步物联网网关设备信息（如发现网关在线请先查看系统故障分析及排除相关内容）

登录云平台，进入物联网网关设备页面，在网关设备在线的情况下（小绿灯图标亮起），单击“数据流获取”，完成云平台与物联网网关中的传感器、执行器同步。完成同步后，在传感器区块与执行器区块会显示物联网网关中所有添加的传感器与执行器。操作如图3-2-23所示。

图3-2-23　云平台同步物联网网关设备信息

（2）设置策略

通过车牌识别摄像头，识别出车牌号，将有进出权限的车牌显示在LED屏上。相应策略的配置过程如下，进入“策略管理”页面，单击“新增策略”，“选择设备”栏选择“边缘网关”（物联网网关），“策略类型”选择“设备控制”。“条件表达式”有三栏，第一栏选择“车牌识别”传感器，第二栏选择“等于”，第三栏输入有进出权限的车牌号码（如闽A0810P）。策略动作中设备选择“LED”，“自定义值”填写前面的车牌号。单击“确定”完成策略添加。添加完成后需要开启该策略。策略设置如图3-2-24所示。

图3-2-24　策略设置

四、分析及排除故障

运维监控人员在系统运行过程中发现几处问题，提交给小陆所在的故障维护部门处理。小陆有自己的排故操作步骤，如图3-2-25所示。

图3-2-25　排故操作步骤

1. 故障分析与排除

（1）故障申报

物联网网关处于离线状态，如图3-2-26所示。

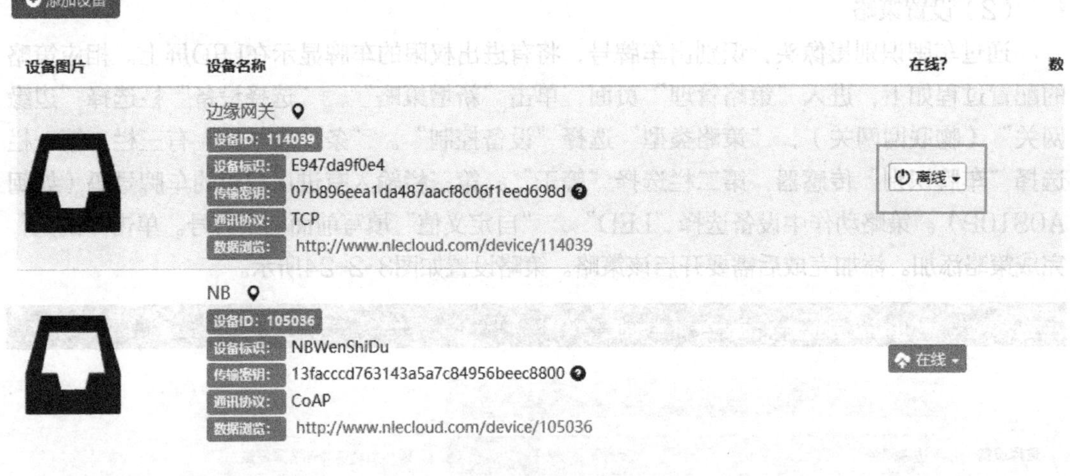

图3-2-26　物联网网关离线故障

（2）故障分析

网关不在线原因可能是网络问题或者网关的网络设置错误。

（3）处理策略

本着先外部后内部的原则，先排查网络问题，再排查网关设置问题。问题可能出现在3个地方：路由器与外网的网络；路由器与物联网网关间的网络通道；物联网网关的网络设置错误。

排查网络可以查看路由器的网络连接状态页面的Internet连接情况，也可通过局域网内的PC访问外网网页，若能访问，说明网关到外网的网络没问题。内网可用ping命令或者IP访问物联网网关，ping不通说明路由器与物联网网关间的网络存在故障。最后核查物联网网关的网络设备问题。

（4）排故操作

1）查看路由器外网连接情况。打开IE，在地址栏输入可用的网址，出现网站页面，说明路由器与外网连接正常，如图3-2-27所示。

图3-2-27　正常访问网站

若无法访问，检查网线及路由器的配置。

2）检查路由器与物联网网关间的网络通道。PC接在路由器上，如果通过ping命令能够接收到物联网网关的回复，说明物联网网关与路由器间是通的，如图3-2-28所示。

管理员: 命令提示符

```
Microsoft Windows [版本 10.0.17763.1039]
(c) 2018 Microsoft Corporation。保留所有权利。

C:\Users\Newland>ping 192.168.14.100

正在 Ping 192.168.14.100 具有 32 字节的数据:
来自 192.168.14.100 的回复: 字节=32 时间=10ms TTL=64
来自 192.168.14.100 的回复: 字节=32 时间=306ms TTL=64
来自 192.168.14.100 的回复: 字节=32 时间=6ms TTL=64
来自 192.168.14.100 的回复: 字节=32 时间=6ms TTL=64

192.168.14.100 的 Ping 统计信息:
    数据包: 已发送 = 4，已接收 = 4，丢失 = 0 (0% 丢失)，
往返行程的估计时间(以毫秒为单位):
    最短 = 6ms，最长 = 306ms，平均 = 82ms
```

图3-2-28　内网连接没问题

如果收不到物联网网关的回复，说明物联网网关与路由器间存在故障，如图3-2-29所示。检查网线是否接好。

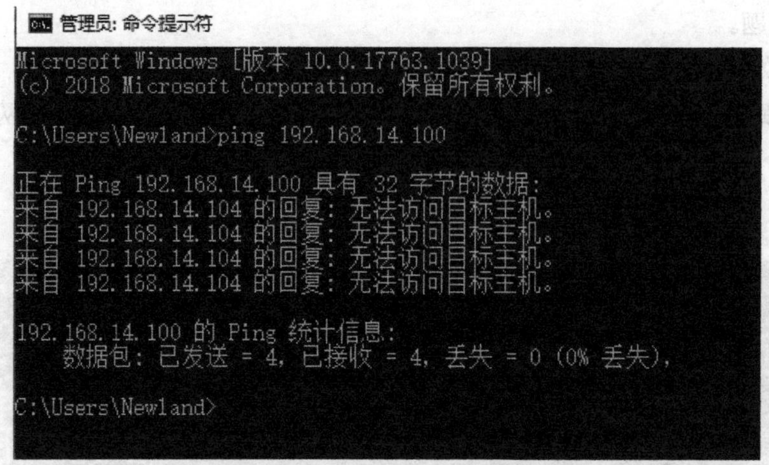

图3-2-29　网关与路由器通信故障

3）检查物联网网关网络配置。在确保网络通畅情况下，通过IP访问进入物联网网关配置页面，进入设置TCP连接参数设置页面。新大陆公有云的IP是“117.78.1.201”或者“120.77.58.34”，之前设置的“192.168.68.222”并非公有云IP，如图3-2-30所示。

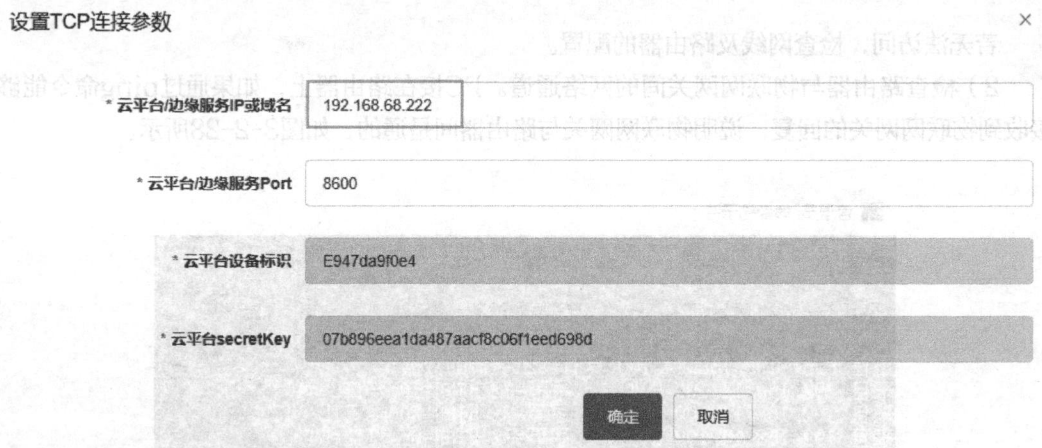

设置TCP连接参数

* 云平台/边缘服务IP或域名　192.168.68.222

* 云平台/边缘服务Port　8600

* 云平台设备标识　E947da9f0e4

* 云平台secretKey　07b896eea1da487aacf8c06f1eed698d

确定　取消

图3-2-30　故障定位

将IP修改为“120.77.58.34”，单击“确定”，如图3-2-31所示。

（5）排故结果查询

登录云平台，查看设备在线情况，物联网网关显示“在线”，故障已修复，如图3-2-32所示。

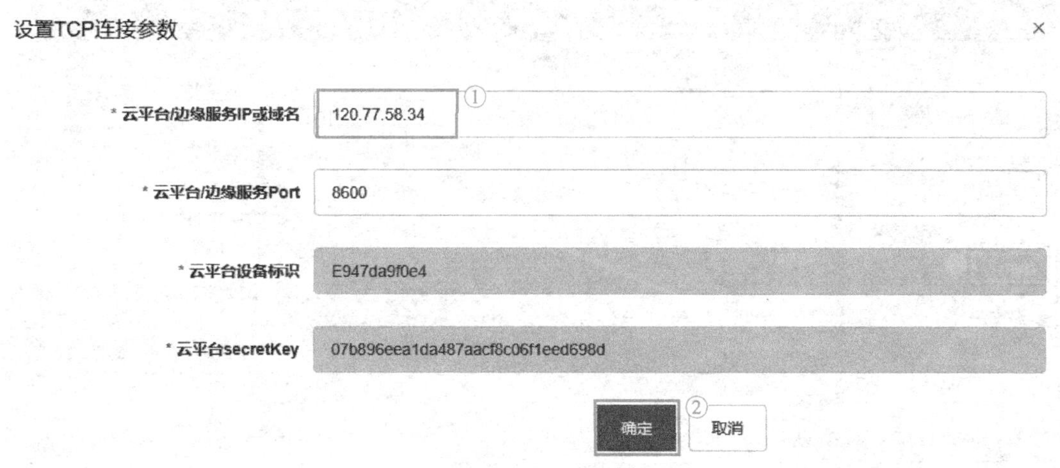

设置TCP连接参数
×
* 云平台/边缘服务IP或域名
120.77.58.34
①
* 云平台/边缘服务Port
8600
* 云平台设备标识
E947da9f0e4
* 云平台secretKey
07b896eea1da487aacf8c06f1eed698d
确定
②
取消

图3-2-31　故障修复

添加设备
设备图片
设备名称
在线?
数据保密性
边缘网关
设备ID：114039
设备标识：
E947da9f0e4
传输密钥：
07b896eea1da487aacf8c06f1eed698d
通讯协议：
TCP
数据浏览：
http://www.nlecloud.com/device/114039
在线
NB
设备ID：105036
设备标识：
NBWenShiDu
传输密钥：
13facccd763143a5a7c84956beec8800
通讯协议：
CoAP
数据浏览：
http://www.nlecloud.com/device/105036
在线

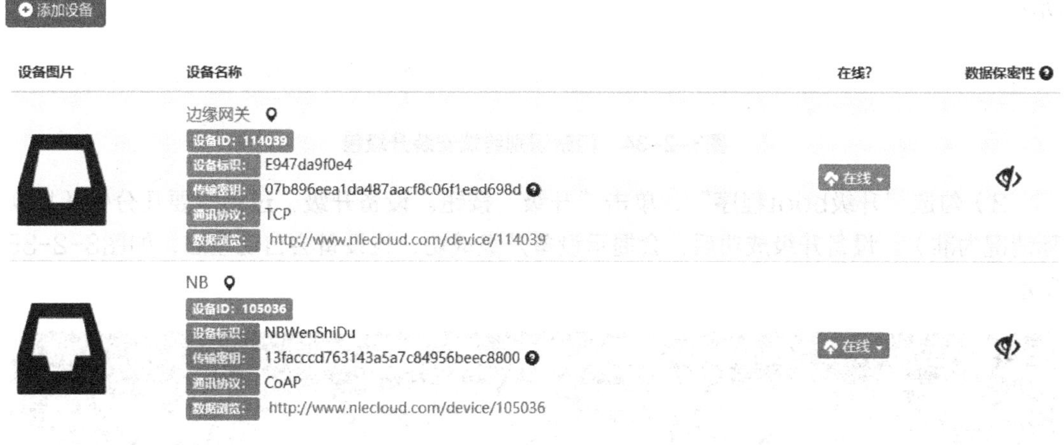

图3-2-32　物联网网关正常在线

2．固件升级

异常提示：厂家提示需要对门禁识别终端进行固件升级，以修复Bug。

固件的升级一般有两种方式，一种是在线升级的方式，另一种是本地安装升级包的方式。门禁识别终端在有本地安装升级包的情况下可采用本地安装升级包的方式升级。过程如下。

1）Web端访问门禁识别终端，进入“配置”→“系统”→“维护”→“浏览”（选择对应的安装升级包文件），如图3-2-33所示。

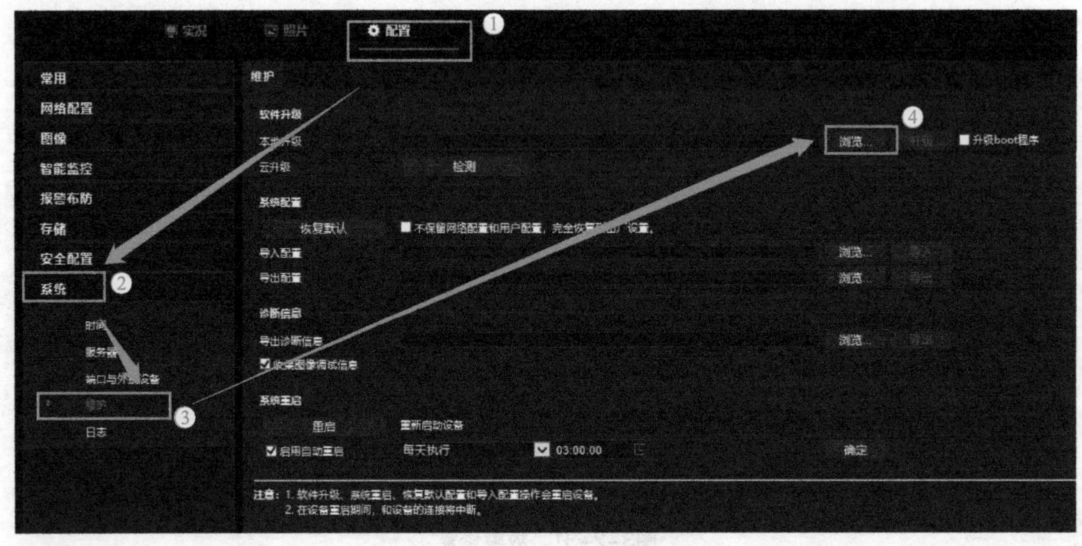

图3-2-33　选择安装升级包

浏览目标文件夹后，安装升级包导入“DFDM-1101.3.11-OldLic.zip”，如图3-2-34所示。

DFDM-1101.3.11-OldLic.zip　　2020/7/8 9:50　　WinRAR ZIP 压缩...　　260,623 KB

图3-2-34　门禁识别终端安装升级包

2）勾选“升级boot程序”，单击“升级”按钮。设备升级，过程需要几分钟（以实际情况为准）。设备升级成功后，会提示设备升级成功，且设备会自动重启，如图3-2-35所示。

图3-2-35　设备升级

3）升级完成后，选择“配置”→“系统”→“维护”，勾选“不保留网络配置及用户配置，完全恢复到出厂设置。”，单击“恢复默认”，使得设备完全恢复出厂设置（此配置会导致设备内所有配置丢失，请知悉），如图3-2-36所示。

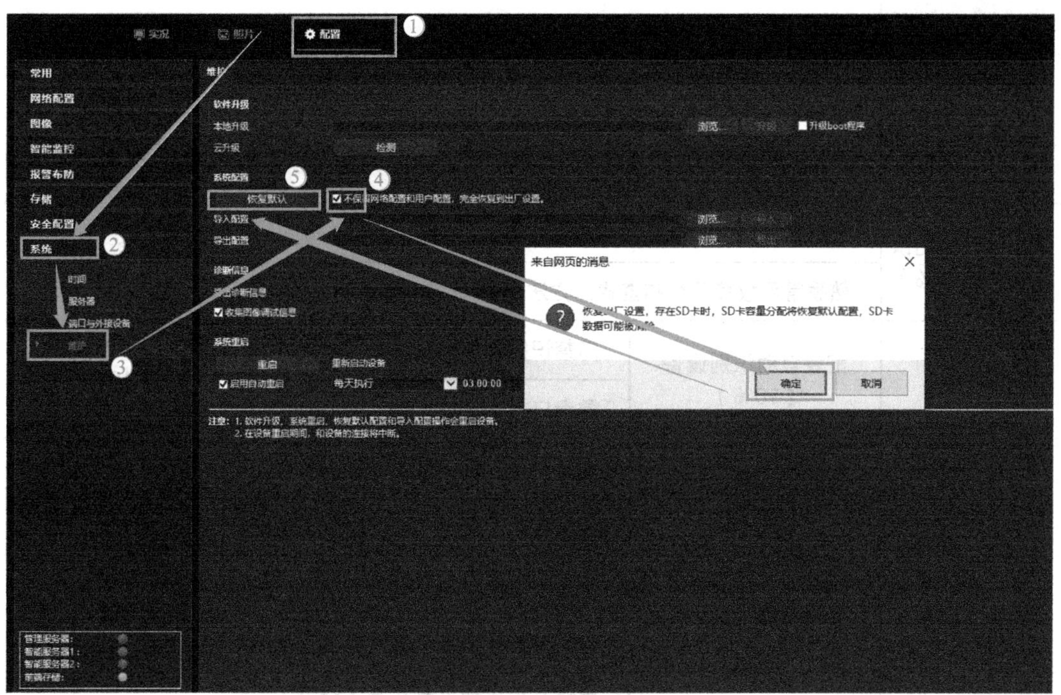

图3-2-36　恢复出厂设置

五、填写故障排查记录

根据系统故障如实填写故障排查记录表（见表3-2-8）。

表3-2-8　故障排查记录表

合同名称：智能停车门禁系统项目　　　　　　　　编号：*ZNTCMJ-2020-GZPC-01*

序号	故障描述	故障原因及处理详情	排查时间	排查人员
1	物联网网关处于离线状态			
2				
3				
4				

任务检查与评价

完成任务实施后，进行任务检查与评价，具体检查评价单见表3-2-9。

表3-2-9　任务检查评价单

<table>
<tr><td colspan="2">项目名称</td><td colspan="4">智能车库设备的运行与维护</td></tr>
<tr><td colspan="2">任务名称</td><td colspan="4">智能停车门禁系统的故障维护</td></tr>
<tr><td colspan="2">评价方式</td><td colspan="4">可采用自评、互评、老师评价等方式</td></tr>
<tr><td colspan="2">说　明</td><td colspan="4">主要评价学生在项目学习过程中的操作技能、理论知识、学习态度、课堂表现、学习能力等</td></tr>
<tr><td>序号</td><td>评价内容</td><td colspan="2">评价标准</td><td>分值</td><td>得分</td></tr>
<tr><td rowspan="2">1</td><td rowspan="2">理论知识（10%）</td><td colspan="2">了解常见物联网设备故障及原因（5分）</td><td rowspan="2">10分</td><td rowspan="2"></td></tr>
<tr><td colspan="2">熟悉常用故障分析和查找的方法（5分）</td></tr>
<tr><td rowspan="2">2</td><td rowspan="10">专业技能（50%）</td><td rowspan="2">配置自动识别设备（10%）</td><td>门禁识别终端配置正确（5分）</td><td rowspan="2">10分</td><td rowspan="2"></td></tr>
<tr><td>微卡口相机配置正确（5分）</td></tr>
<tr><td rowspan="2">3</td><td rowspan="2">安装与连线系统（10%）</td><td>设备安装牢固、布局合理（5分）</td><td rowspan="2">10分</td><td rowspan="2"></td></tr>
<tr><td>设备连线正确（5分）</td></tr>
<tr><td rowspan="2">4</td><td rowspan="2">部署系统（10%）</td><td>物联网网关配置正确（5分）</td><td rowspan="2">10分</td><td rowspan="2"></td></tr>
<tr><td>云平台数据获取及策略配置正确（5分）</td></tr>
<tr><td rowspan="2">5</td><td rowspan="2">分析及排除故障（15%）</td><td>正确分析排查设备故障（10分）</td><td rowspan="2">15分</td><td rowspan="2"></td></tr>
<tr><td>正确升级设备固件（5分）</td></tr>
<tr><td>6</td><td>填写故障排查记录（5%）</td><td>如实填写故障排查记录（5分）</td><td>5分</td><td></td></tr>
<tr><td rowspan="2">7</td><td rowspan="2">核心素养（20%）</td><td colspan="2">具有良好的自主学习能力指导他人（10分）</td><td rowspan="2">20分</td><td rowspan="2"></td></tr>
<tr><td colspan="2">具有分析解决问题的能力（10分）</td></tr>
<tr><td>8</td><td>课堂纪律（20%）</td><td colspan="2">设备无损坏、设备摆放整齐、工位区域内保持整洁、不干扰课堂秩序（20分）</td><td>20分</td><td></td></tr>
<tr><td colspan="4">总得分</td><td colspan="2"></td></tr>
</table>

任务小结

通过停车门禁系统的故障维护任务，读者可了解设备故障的定义与分类、常见的物联网设备故障及原因等，了解常用故障分析与查找的方法，强化设备安装与接线、系统配置的技能，初步实践排故的过程与设备固件的升级方法。

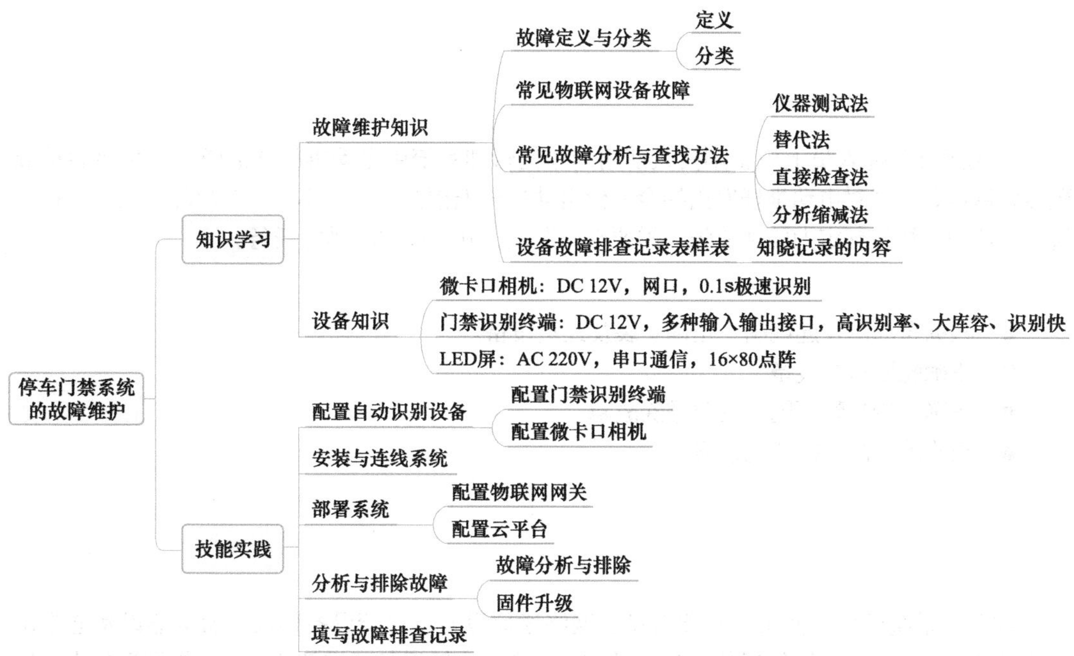

素养提升

随着智能汽车往辅助驾驶、自动驾驶前进，高算力的芯片就成为国产汽车芯片的热门赛道。AI 芯片是自动驾驶算法训练的重要支撑，国内的电动汽车市场已经如火如荼，并且销量领先全球，作为电动汽车的高端应用领域，国内的自动驾驶市场正在慢慢起步。国内科技公司和智能汽车厂商纷纷投资AI算力基础设施，我国车规芯片领域正呈现“百舸争流”的态势。

任务拓展

请将常见的软件及通信故障汇总，分析原因并总结排除故障的方法，填写表3-2-10。

表3-2-10　故障排查记录

序号	故障现象	分析故障原因	故障处理方法
1			
2			
3			

任务3　车位管理系统的故障维护

职业能力

- 能根据拓扑图及连线图正确安装及连接设备。
- 能根据项目要求，正确配置物联网网关及云平台。
- 能根据设备故障现象，分析故障原因，及时排除故障。

任务描述与要求

任务描述

系统运维监控人员上报了刚投入使用的车位管理系统中电动推杆的故障。云平台有接收到传感器信息，并对电动推杆发出指令，但电动推杆无相关动作。小陆针对故障现象，分析系统工作流程，初步判定为硬件故障，需要现场巡检，并完成故障排除任务。

任务要求

- 根据布局图及连线图，正确安装及连接设备。
- 正确配置网络设备。
- 正确分析故障原因，及时排除故障。
- 正确填写故障排查记录表。

知识储备

1．常见的硬件故障

物联网系统硬件主要由服务器设备、网络通信设备及终端设备构成。服务器设备通常由服务运营商负责运维，网络通信设备由通信运营商与本地设备运维部门管理，终端设备由本地运维部门负责。因此在运维过程中能够由运维部门处理的硬件设备主要是本地的网络通信设备及终端设备。

物联网通信及终端设备硬件故障主要集中在以下几个方面：

1）设备电源故障。

2）设备间连线故障。

3）设备通信接口故障。

4）设备老化产生的故障。

5）受外力影响产生的设备故障。

2．排除硬件故障的基本方法

1）设备电源故障首先排查外部供电线路是否正常，一般可以用测电笔或万用表进行测量。发现电源故障可以采用替代法，重新连接可用电源。

2）设备通信接口故障，可采用相关软件工具监测相应接口，查看数据是否合理，实现故障排查。接口故障属于设备质量问题，应返厂维修。因此如果发现接口故障，可采用替代法，用通信正常的设备替换，以解决故障。

3）设备连线故障。设备连线故障多发于系统安装初期及自然灾害天气影响。断路及短路是最常见的故障。在现场巡检过程中，分析电路情况后，使用万用表等工具进行检测，检测故障点后用螺丝刀、尖嘴钳等安装工具对电路进行修复。

4）设备老化产生故障。设备老化是不可避免的，维护得当会延长设备使用寿命，当设备老化，一般采用替代法，用同款新设备替代，以解决故障。

3．设备简介

（1）光电开关

光电开关又称为光电传感器。本任务采用的是对射型光电传感器，可与单片机、电子计数器、继电器等产品配合使用。发射器对准接收器不间断发射光束，接收器把接收到的光能量转换成电流传输给后面的检测线路。光电开关简况及安装方法见表3-3-1。

表3-3-1　光电开关简况及安装方法

设备名称	设备简况
光电开关	
	电源：DC 24V 发射端：红　+24V　蓝　GND 接收端：红　+24V　蓝　GND　黑　信号线 发射端光线被遮挡后，黑线输出低电平
安装方法	
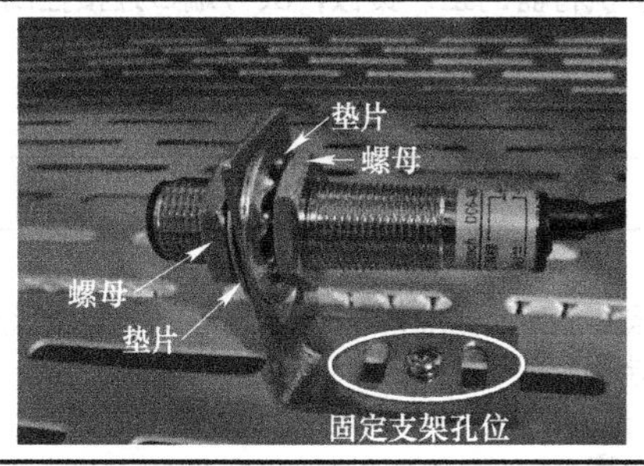	1. 先将支架固定于墙体或者安装面板上（注意高度要保持一致） 2. 通过专用垫片与螺母将光电对射组件固定于支架上

（2）电动推杆

在工业系统中，常用的现场执行器有电动推杆。电动推杆是直线运动驱动器，是由电机推杆和控制装置等组成的一种新型直线执行器材。电动推杆简况及安装方法见表3-3-2。

表3-3-2　电动推杆简况及安装方法

设备名称	设备简况
电动推杆	
	工作电压：DC 24V 工作行程：50mm 红接24V，黑接GND（24V）正转 红接GND（24V），黑接24V反转
安装方法	
固定件	使用固定件将电动推杆固定于墙体或安装面板上

（3）继电器

继电器是一种电控制器件，是一种当输入量（激励量）的变化达到规定要求时，在电气输出电路中使被控量发生预定的阶跃变化的电器。它具有控制系统（又称输入回路）和被控制系统（又称输出回路）之间的互动关系，通常应用于自动化的控制电路中。它实际上是用小电流去控制大电流运作的一种“自动开关”。故在电路中起着自动调节、安全保护、转换电路等作用。继电器简况及安装方法见表3-3-3。

表3-3-3　继电器简况及安装方法

设备名称	设备简况
继电器	
	线圈控制电源：DC 24V 接线：5、6口根据设备情况连接相关电源，3、4口连接执行器的正、负极，8、7端口连接控制系统
安装方法	
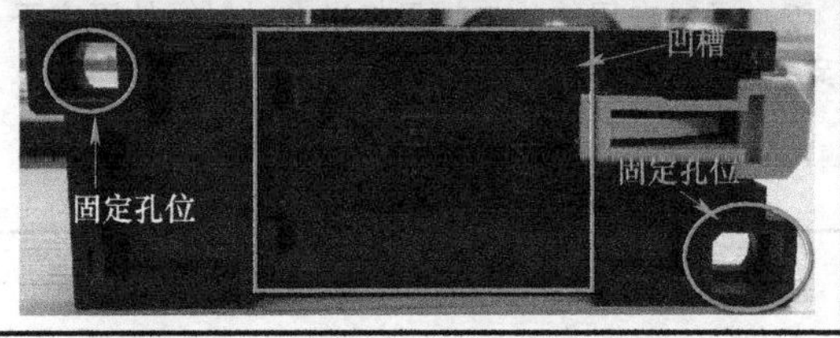	方法1：采用标准导轨安装的形式，将背面卡扣卡在导轨上即可 方法2：通过左上角与右下角两个孔位，用M4螺钉固定

扩展阅读：继电器互锁接法

1．互锁概念

两个继电器通过自身的常闭辅助触头，相互使对方不能同时得电动作的作用称为互锁。电磁式继电器一般由铁芯、线圈、衔铁、触点簧片等组成。只要在线圈两端加上一定的电压，线圈就会流过一定的电流，从而产生电磁效应，衔铁就会在电磁力的作用下克服返回弹簧的拉力，吸向铁芯，从而带动衔铁的动触点与静触点（常开触点）吸合。当线圈断电后，电磁的吸力也随之消失，衔铁就会在弹簧的反作用力作用下返回原来的位置，使动触点与原来的静触点（常闭触点）吸合。这样吸合、释放，从而达到了电路的导通、切断的目的，进而实现互锁。

2．互锁换向电路分析

电路功能：继电器1与继电器2互锁，只能有一个继电器工作。继电器1控制推杆电机正转，继电器2控制推杆电机反转，通过控制继电器1与2实现推杆伸出与缩进。继电器互锁换向电路如图3-3-1所示。

工作过程：继电器的2端是常闭端，在电磁铁释放的状态下与6相连，此时2的电位也是24V。以继电器1为例分析。控制线圈的接口8接继电器2的2口（+24V），如果7口接低电平（0V），控制线圈有电流通过，电磁铁磁力增大，吸合衔铁，开关状态发生变化，4与6连通，3与5连通。由于4接电机红线，3接电机黑线，此时电机正转。同时继电器的2口与6口断开，2口失去高电平状态处于悬空状态，即继电器2的8口也悬空，实现对继电器2的锁定。同样道理，继电器2连通时，电机反转，锁定继电器1。

继电器工作时都有前提条件：8端非锁定，7端低电位。

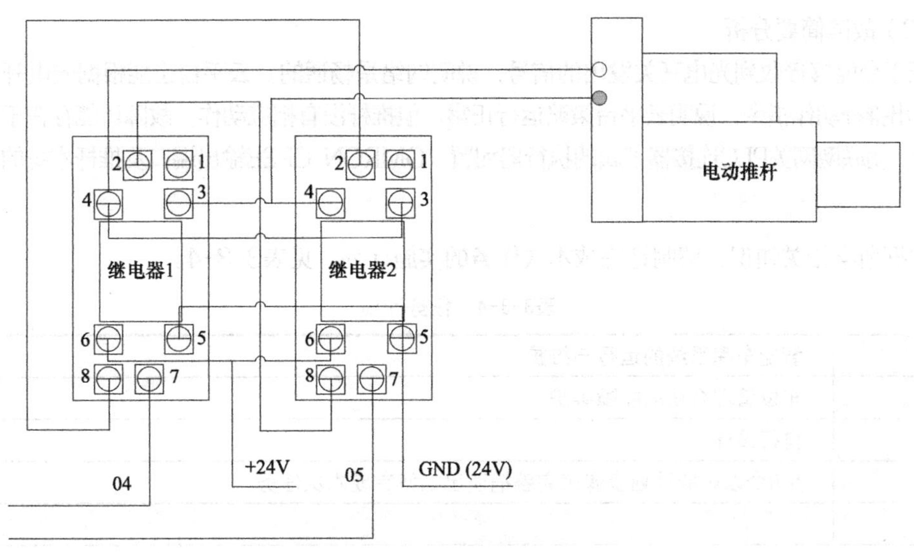

图3-3-1　继电器互锁换向电路

任务计划与决策

1. 任务分析

通过远程监控发现系统运行异常，当排除软件及通信故障后，可以结合现场巡查，对相关设备进行重点排查。发现硬件问题，可以采用替代法、仪器测试法等进行故障确认。

（1）网络拓扑分析

光电开关连接OMRON　CP2E的输入端，OMRON　CP2E将采集的车位停车数据通过路由器传递到物联网网关上的连接器，物联网网关将数据转发给云平台。云平台对收集到数据进行处理，根据车位上的停车情况对LED屏及电动推杆发出相应指令。LED屏指令通过串口服务器发送给LED屏，OMRON　CP2E通过输出端口实现对电动推杆的控制。车位管理系统网络拓扑图如图3-3-2所示。

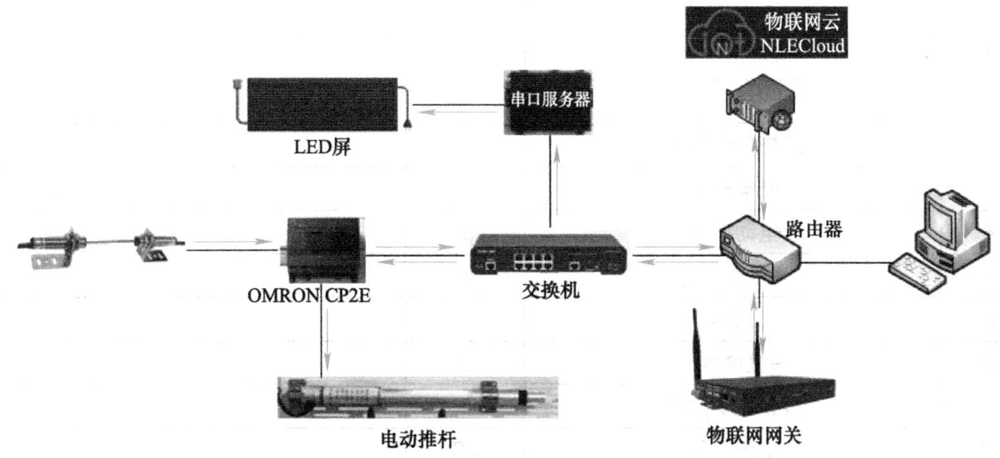

图3-3-2　车位管理系统网络拓扑图

（2）故障简要分析

云平台能够接收到光电开关发出的信号，说明网络是畅通的。云平台也能根据光电开关信号相应发出推杆动作指令，说明云平台策略运行正常。但推杆没有相应动作，故障可能存在于以下几个地方：物联网网关PLC连接器下属的执行器配置、OMRON CP2E输出端口及推杆本身的质量。

2．制订计划

根据所学相关知识，请制订完成本次任务的实施计划，见表3-3-4。

表3-3-4　任务计划

项目名称	智能车库系统的运行与维护
任务名称	车位管理系统的故障维护
计划方式	自行设计
计划要求	用8个以内的计划步骤来完整描述出如何完成本次任务
序　　号	任务计划
1	
2	
3	
4	
5	
6	
7	
8	

3．设备与资源准备

任务实施前必须先准备好以下设备与资源，见表3-3-5。

表3-3-5　设备与资源

序号	设备/资源名称	数量	是否准备到位（√）
1	D-LINK	1	
2	物联网网关	1	
3	交换机	1	
4	OMRON CP2E	1	
5	光电开关	1	
6	电动推杆	1	
7	串口服务器	1	
8	LED屏	1	
9	继电器	2	
10	设备说明文档	1	
11	安装工具	1套	
12	安装耗材	若干	

任务实施

要完成本次任务，将实施步骤分成以下4步：

- 安装与接线系统。
- 部署系统。
- 分析及排除硬件故障。
- 填写故障排查记录。

具体实施步骤如下。

一、安装与接线系统

1）参照图3-3-3所示车位管理系统参考布局图安装设备。要求设备安装牢固，布局合理。

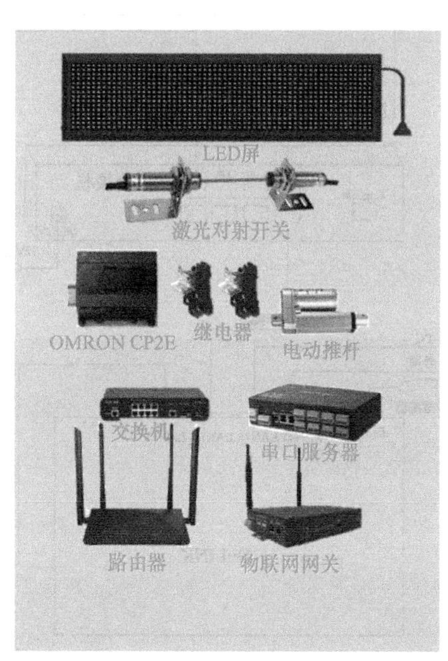

图3-3-3　车位管理系统参考布局图

2）根据车位管理系统连线图进行连线，如图3-3-4所示。

注意事项：电源大小及极性切勿接错；各信号线接口确保正确；连线工艺规范，保证电气连接良好。

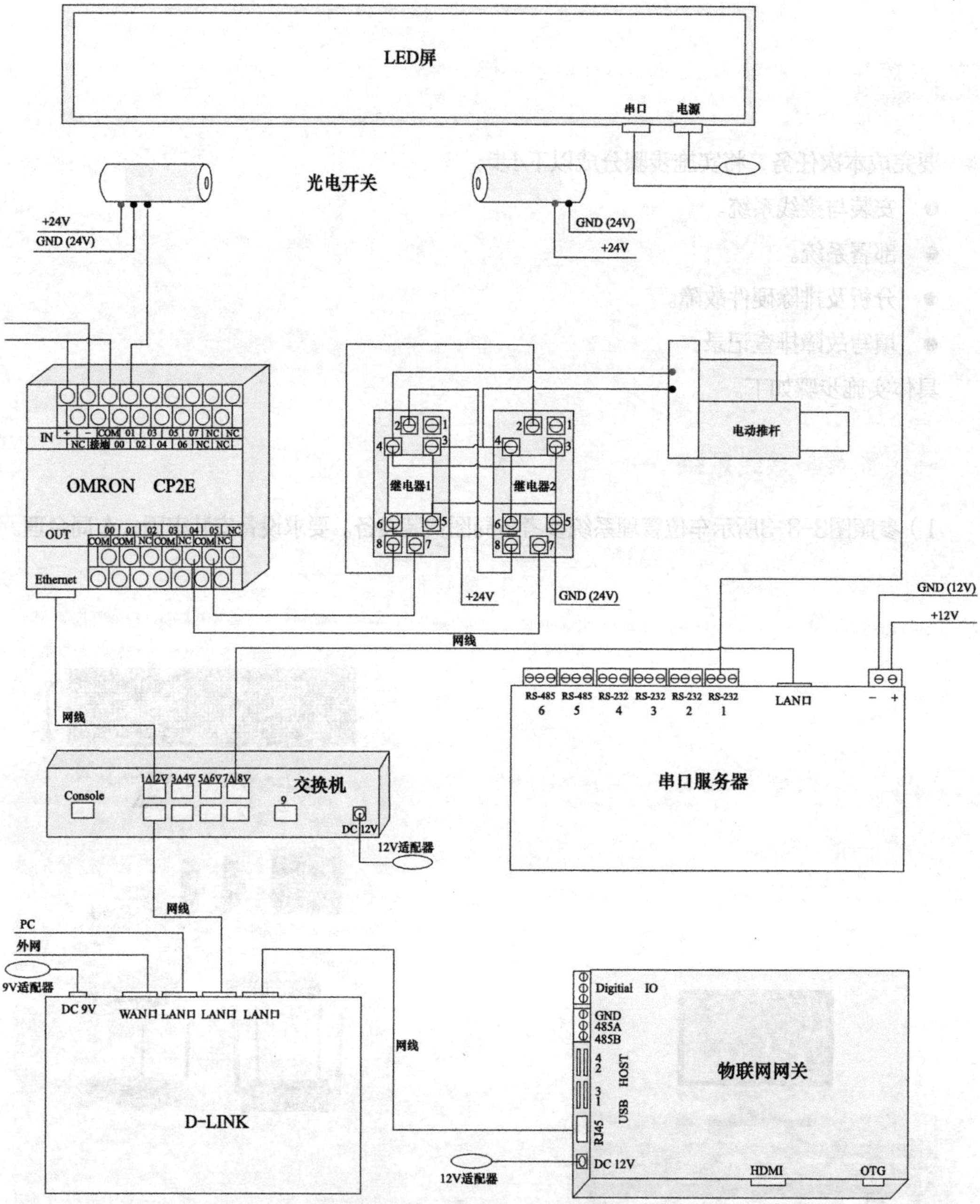

图3-3-4　车位管理系统连线图

二、部署系统

1．配置物联网网关

在物联网网关中，需要在PLC连接器下的OMR设备中添加光电对射传感器及电动推杆执行器。

（1）添加光电对射传感器

单击“OMR”设备图标，单击下方“新增传感器”按钮，在“新增”页面填写要添加

的传感器信息。“传感名称”填“光电对射”，“标识名称”填“m_guangdds”，“传感类型”选择“红外对射”，通道号根据执行器连接的PLC通道选择（如“DI1”），单击“确定”按钮完成传感器添加，如图3-3-5所示。

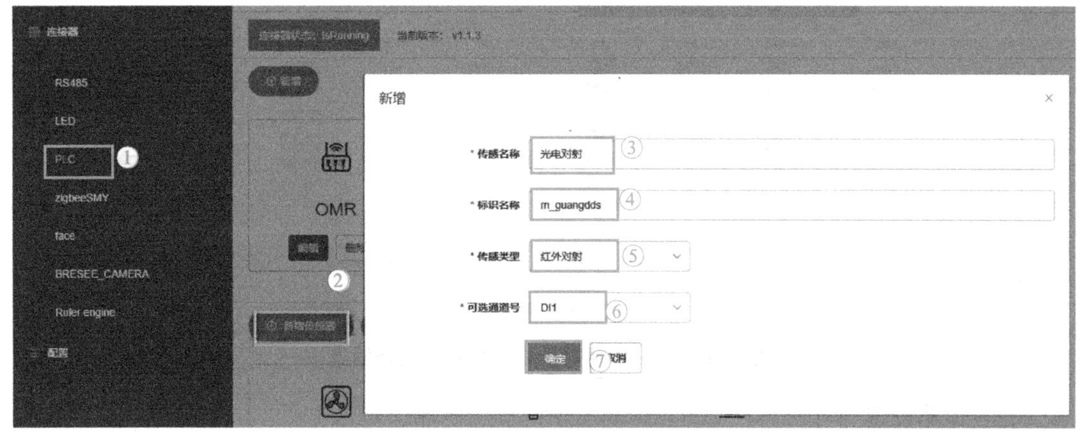

图3-3-5　添加光电对射传感器

（2）添加电动推杆执行器

单击“OMR”设备图标，单击下方“新增执行器”按钮，在“新增”页面填写要添加的执行器信息。“传感名称”填“电动推杆”，“标识名称”填“eletricputter”，“传感类型”选择“电动推杆”，通道号根据执行器连接的PLC通道选择（如“DO4”与“DO5”），单击“确定”按钮完成执行器添加，如图3-3-6所示。

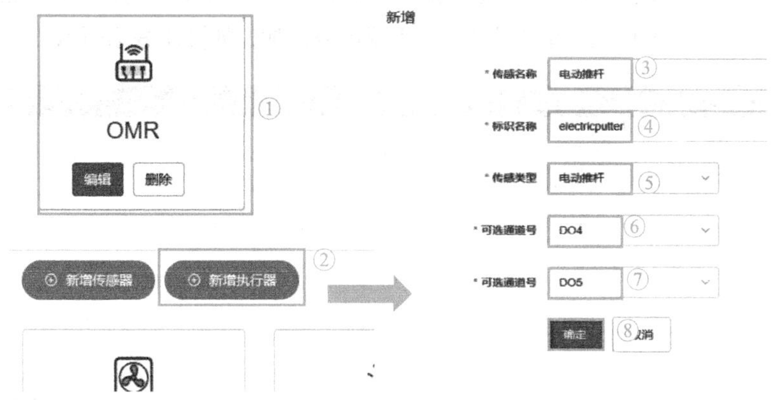

图3-3-6　添加电动推杆执行器

2．配置云平台

云平台需要同步物联网网关的设备信息，并根据需求设置相应策略。

（1）同步物联网网关设备信息

登录云平台，进入物联网网关设备页面，在网关设备在线的情况下（小绿灯图标亮起），单击“数据流获取”，完成云平台与物联网网关中的传感器、执行器同步。完成同步后在传感器区块与执行器区块会显示物联网网关中所有添加的传感器与执行器。操作如图3-3-7所示。

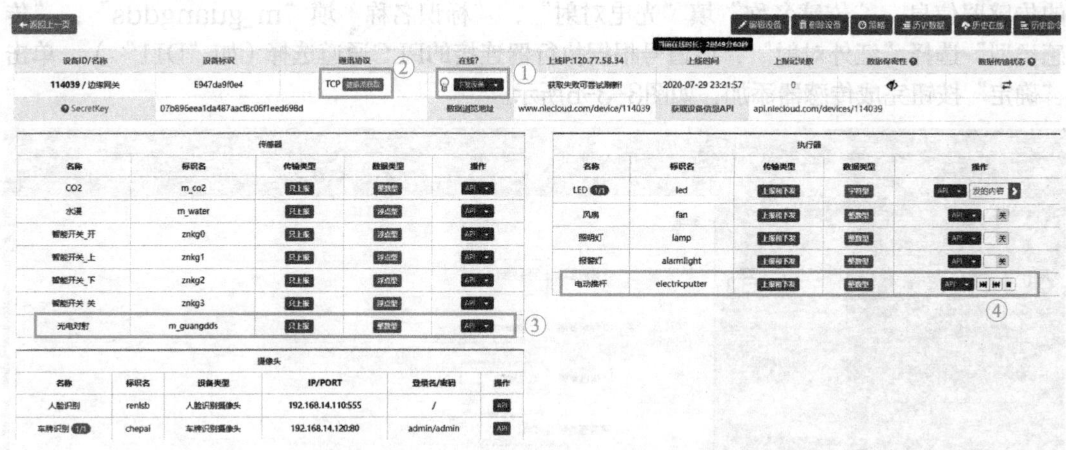

图3-3-7　云平台同步物联网网关设备信息

（2）策略设置

当车位上停有车辆时，光电开关被遮挡，LED显示车位已满，电动推杆伸出，通道关闭。当车位上没有车辆停放时，LED显示车位空闲，电动推杆缩回，通道打开。具体设置如下。

进入“策略管理”页面，单击“新增策略”，“选择设备”栏选择“边缘网关”（物联网网关），“策略类型”选择“设备控制”。“条件表达式”有三栏，第一栏选择“光电对射（m_guangdds）”，第二栏选择“等于”，第三栏输入“1”。“策略动作”中设备选择“LED”，“自定义值”填写“车位已满”。单击“+”添加策略动作，设备选择“电动推杆”，值选择“打开（1）”。单击“确定”完成策略添加，如图3-3-8所示。

云平台 / 开发者中心 / 智慧社区 / 逻辑控制 / 策略管理 / 新增策略

返回上一页

选择设备　边缘网关　打开选择　操作策略前请先选择设备

策略类型　设备控制　策略支持设备控制及邮件报警等

条件表达式　{光电对射}=1　这里将显示通过下面

光电对射（m_guangdds）　等于　1　这里设计您的

策略动作　LED　选择　自定义值　车位已满　当条件表达式

电动推杆　选择　打开（1）　触发

定时执行　每日　选择整点（如

确定　返回

图3-3-8　添加车位已满策略

参照车位已满策略，设置车位空闲策略，如图3-3-9所示。添加完成后需要开启策略。

云平台 / 开发者中心 / 智慧社区 / 逻辑控制 / 策略管理 / 新增策略

返回上一页

选择设备 边缘网关 打开选择 操作策略前请先选择设备

策略类型 设备控制 策略支持设备控制及邮件报警等

条件表达式 {光电对射}=0 这里将⋯

光电对射（m_guangdds） 等于 0

策略动作 LED 选择 自定义值 车位空闲

电动推杆 选择 关闭（0）

定时执行 每日

确定 返回

图3-3-9　添加车位空闲策略

三、分析及排除硬件故障

故障及异常描述如下。

1. 故障申报

云平台可以接收到光电开关数据，云平台对电动推杆发出指令，电动推杆无动作。

2. 故障分析

由于电动推杆是通过OMRON CP2E控制，OMRON CP2E若能接收到云平台指令，物联网网关即为正常，故障就在OMRON CP2E输出口到电动推杆的位置；反之，物联网网关的执行器配置可能存在问题。

3. 故障处理策略

采用逐段分析排查，重点怀疑处结合工具进行排查。首先查看OMRON CP2E输出指示灯状态。其次根据显示结果排查物联网网关或者继电器连线。继电器如果正常点亮，剩下就是电动推杆的问题。

4. 故障排查与修复

（1）检测OMRON CP2E设备

查看OMRON CP2E输出指示灯状态，如图3-3-10所示，OMRON CP2E的04输出端口点亮，说明有接收云平台控制信号。但是04口连接的继电器没有触发，继电器工作指示灯处于熄灭状态，如图3-3-11所示。

检测04、05口及对应COM电位。将黑表笔接电源24V负极，红表笔接04口进行测量。测得电位为22.62V，如图3-3-12所示。同样方法测得05口电位为22.62V，04与05下方的COM电位为22.62V。

将云平台的策略关闭，手动停止电动推杆，04指示灯熄灭，分别测量三点电位，测得04电位22.62V、05点电位22.62V，COM电位0V，如图3-3-13所示。

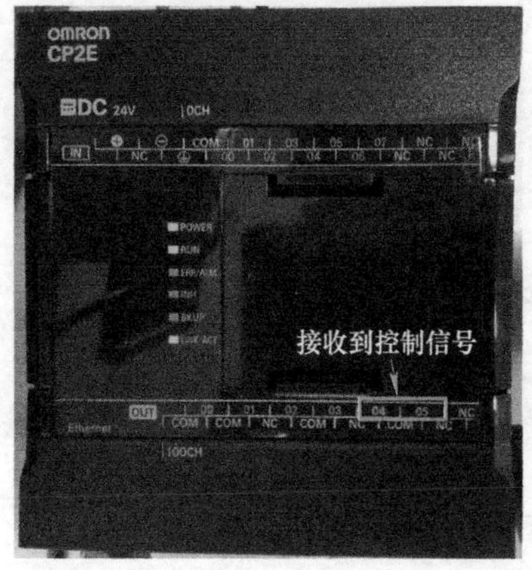

图3-3-10　OMRON CP2E输出端口

图3-3-11　继电器指示灯状态

图3-3-12　测04输出口电位

图3-3-13　测COM口电位

各口电位数据见表3-3-6。

表3-3-6　各口电位数据

	04口	05口	COM
OMRON CP2E指示灯04亮、继电器指示灯全灭	22.62V	22.62V	22.62V
设备指示灯全灭	22.62V	22.62V	0

结合电路图3-3-14分析数据。

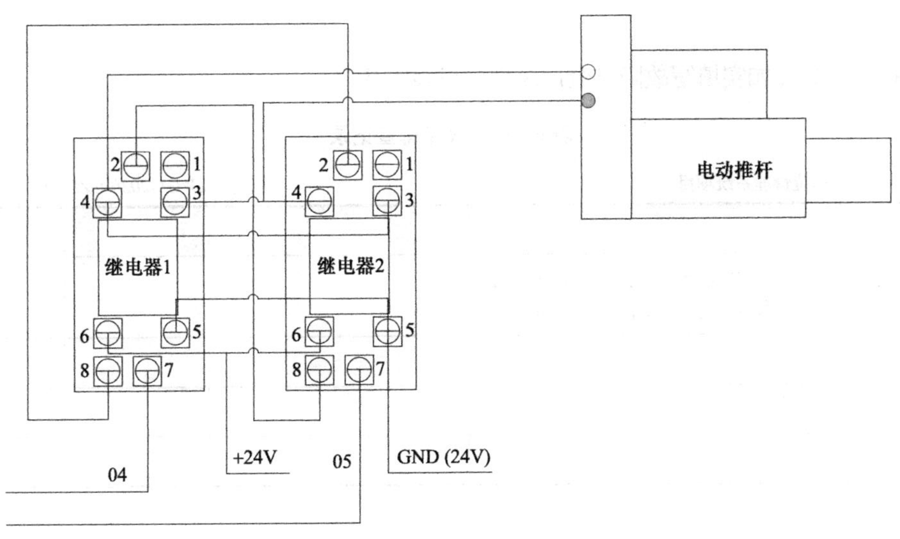

图3-3-14　继电器互锁电路

1）04口、05口是接继电器控制线圈的7口，7口在内部是与8口相连，在断路情况下它们的电位相同。因此电压都接近24V。

2）OMRON　CP2E的04输出口灯亮COM电压升到接近24V，04输出口灯灭COM电压降为0V。说明OMRON　CP2E输出仅仅作为一个开关。灯亮开关接通，灯灭开关断开，并无高低电平输出，因此灯亮的情况下也不能给相应的继电器7口供低电平，也就无法驱动继电器控制线圈。

故障修复

将04、05端口下的COM口与24V负极相连，故障修复电路图如图3-3-15所示。

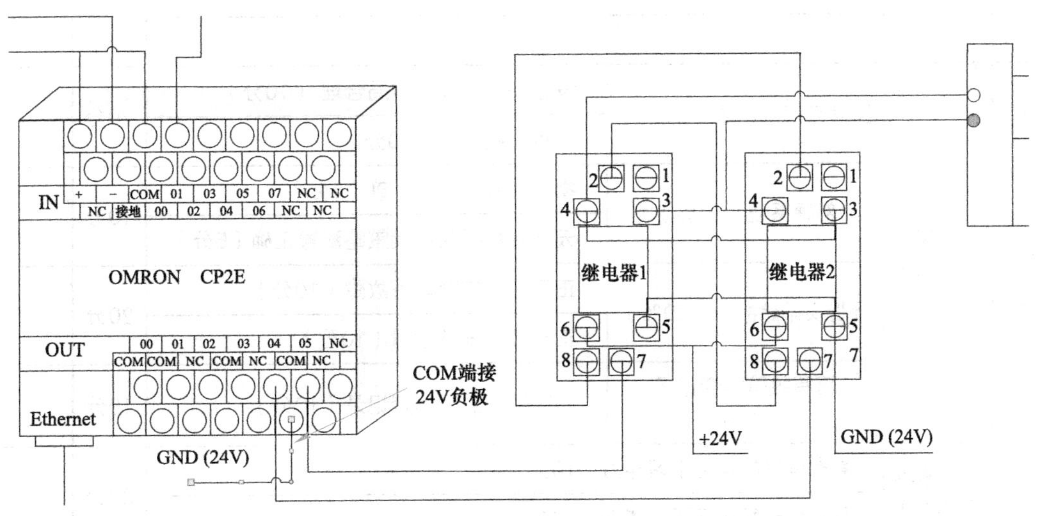

图3-3-15　故障修复电路图

（2）检测电动推杆设备

将电动推杆红黑线直接接24V电源。正接（红接正、黑接负）推杆推出，反接（红接负、黑接正）推杆缩回。电动推杆设备正常。如有异常情况说明电动推杆设备存在故障。

四、填写故障排查记录

根据系统故障如实填写故障排查记录表，见表3-3-7。

表3-3-7 故障排查记录

合同名称：车位管理系统项目　　　　编号：*CWGL-2020-GZPC-01*

序号	故障描述	故障原因及处理详情	排查时间	排查人员
1	云平台可以接收到光电开关数据，云平台对推杆发出指令，推杆无动作			
2				
3				
4				

任务检查与评价

完成任务实施后，进行任务检查与评价，具体检查评价单见表3-3-8。

表3-3-8 任务检查评价单

项目名称	智能车库设备的运行与维护			
任务名称	车位管理系统的故障维护			
评价方式	可采用自评、互评、老师评价等方式			
说　明	主要评价学生在项目学习过程中的操作技能、理论知识、学习态度、课堂表现、学习能力等			

序号	评价内容	评价标准		分值	得分
1	专业技能（60%）	安装与连线系统（20%）	设备安装牢固、布局合理（10分）	20分	
			设备连线正确（10分）		
2		部署系统（10%）	物联网网关配置正确（5分）	10分	
			云平台数据获取及策略配置正确（5分）		
3		分析及排除故障（20%）	正确分析排查设备故障（10分）	20分	
			正确排除设备故障（10分）		
4		填写故障排查记录（10%）	如实填写故障排查记录（10分）	10分	
5	核心素养（20%）	具有良好的自主学习能力（10分）		20分	
		具有分析解决问题的能力（10分）			
6	课堂纪律（20%）	设备无损坏、设备摆放整齐、工位区域内保持整洁、不干扰课堂秩序（20分）		20分	
总得分					

任务小结

通过车位管理系统的故障维护任务，读者可了解物联网常见硬件故障及排除方法，强化设备安装与接线、系统配置的技能，实践硬件排故的过程。

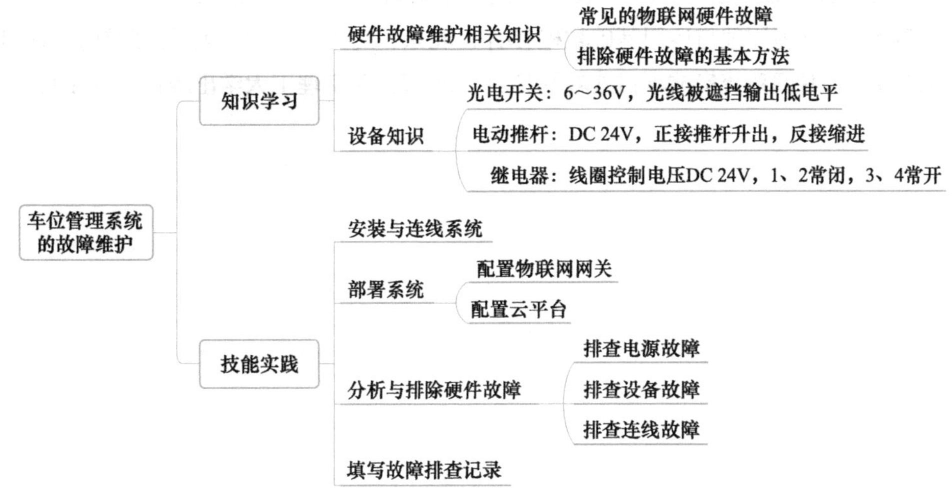

素养提升

2020年6月23日，北斗三号最后一颗全球组网卫星在西昌卫星发射中心成功发射，从2000年北斗一号的首星发射，到北斗三号的末星入轨，二十多年间中国航天人用他们的集体智慧战胜了无数的艰难险阻，完成了这一宏伟的航天工程。目前武汉大学的校企共建项目“5G+北斗高精度定位平台”能通过5G网络连接并形成北斗地面基准站网络，使用载波相位差分算法实现厘米级精度定位，助力智能网联汽车的发展。

任务拓展

请将常见的硬件故障汇总，分析原因并总结排除故障的方法，填写表3-3-9。

表3-3-9　故障排查记录

序号	故障现象	分析故障原因	故障处理方法
1			
2			
3			

参考文献

[1] 卜良桃．土木工程施工[M]．武汉：武汉理工大学出版社，2015．

[2] 赵晓峰．数据库原理与运用基础教程[M]．北京：对外经济贸易大学出版社，2014．

[3] 金佳雷．物联网系统集成项目式教程[M]．北京：北京理工大学出版社，2014．